"十三五" 普通高等教育规划教材

平面图像设计

(Photoshop CS6)(第二版)

PINGMIAN TUXIANG SHEJI (Photoshop CS6)

赵 荣 胡昌杰 主 编
温 然 曾小玲 李 鑫 孙永道 副主编
段 然 纪辉进 龙 燕 朱莉萍 金志雄 参 编

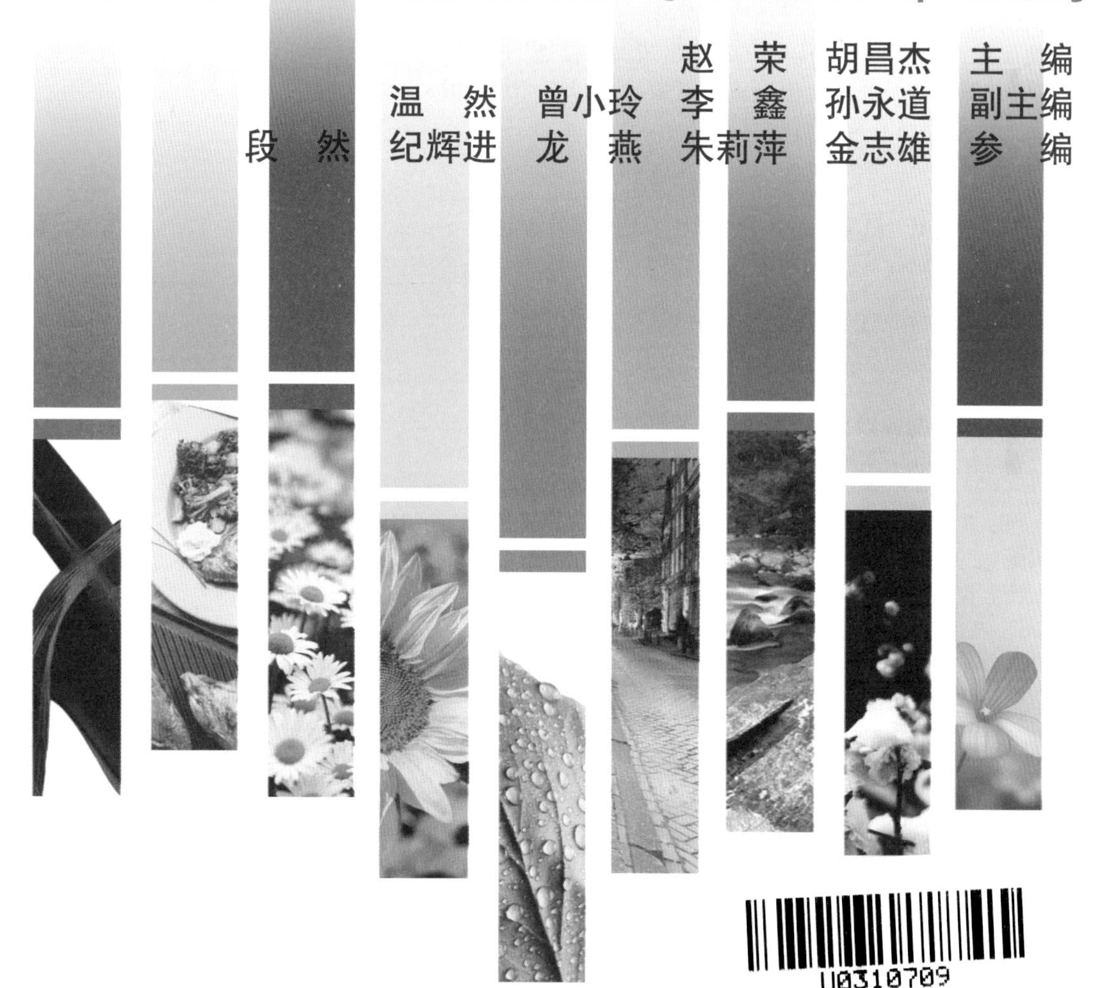

中国铁道出版社有限公司
CHINA RAILWAY PUBLISHING HOUSE CO., LTD.

内容简介

本书是由“平面图像设计”课程开发团队成员与企业资深平面设计师联袂策划和编写的基于工作过程系统化的项目式人才培养创新教程，突出以工作过程为导向，以工作任务为基础，以学生为中心，将课程知识点与任务有机结合，以利于培养学生的职业动手能力。

全书共分3个项目，9个任务，22个子任务。项目1的主要内容为图片编辑基本知识和技能，项目2的主要内容为元素设计，主要介绍标志、艺术字等元素的设计方法和设计技能，项目3的主要内容为平面项目的设计、创意、制作流程与设计方法，主要介绍了海报设计、三折页设计、包装袋设计等内容，帮助读者提高平面图像设计与软件操作的综合应用能力。

本书适合作为高等职业院校、计算机培训学校的教材，也可作为平面设计从业人员以及平面设计爱好者学习参考用书。

图书在版编目（CIP）数据

平面图像设计：Photoshop CS6 / 赵荣，胡昌杰主编. — 2版. — 北京：中国铁道出版社，2016.10（2019.7重印）
“十三五”普通高等教育规划教材
ISBN 978-7-113-22532-2

Ⅰ. ①平… Ⅱ. ①赵… ②胡… Ⅲ. ①图象处理软件—高等学校—教材 Ⅳ. ①TP391.413

中国版本图书馆CIP数据核字（2016）第281015号

书　　名：平面图像设计（Photoshop CS6）（第二版）
作　　者：赵　荣　胡昌杰　主编

策　　划：王春霞　　**读者热线**：（010）63550836
责任编辑：王春霞　田银香
封面设计：刘　颖
封面制作：白　雪
责任校对：汤淑梅
责任印制：郭向伟

出版发行：中国铁道出版社有限公司（100054，北京市西城区右安门西街8号）
网　　址：http://www.tdpress.com/51eds/
印　　刷：中国铁道出版社印刷厂
版　　次：2011年8月第1版　2016年10月第2版　2019年7月第3次印刷
开　　本：787 mm×1 092 mm　1/16　**印张**：15.5　**字数**：356千
书　　号：ISBN 978-7-113-22532-2
定　　价：52.00元

前言

本书打破了学科界限，重构了课程体系，进行了课程内容整合，在第一版的基础上，将Photoshop CS4升级为Photoshop CS6版本，着重将软件知识与平面设计知识有机地融合到一起，尤其侧重理论知识与实践技能的整合。按照典型职业岗位的工作过程，采用仿真项目，形成围绕工作过程系统化的新型的可置换教学项目。通过对教学设计和教学方法的修订，使教材内容涵盖了平面图像设计岗位所需的知识、能力和素质；学生在项目实训过程中，将艺术创意融入Photoshop CS6软件使用中，学生在完成项目中的工作过程后，可逐步形成职业能力和提高职业素养，有利于学生的可持续发展。

本书共分3个项目，9个任务，22个子任务。项目1的主要内容为图片编辑基本知识和技能；项目2的主要内容为元素设计，主要介绍标志、艺术字等元素的设计方法和设计技能；项目3主要介绍了平面项目的设计、创意、制作流程与设计方法，包括海报设计、三折页设计、包装袋设计等内容，帮助读者提高平面图像设计与软件操作的综合应用能力。

为方便教学，本书为教师提供配套多媒体教学资源，其中包括每个项目的电子教案、平面设计常用素材，以及全部实例的相关素材文件及结果文件。

本书由赵荣、胡昌杰任主编，温然、曾小玲、李鑫、孙永道任副主编，段然、纪辉进、龙燕、朱莉萍、金志雄参编。赵荣负责全书的框架结构、内容安排及统稿工作，胡昌杰负责项目1的编写，曾小玲负责项目2的编写，温然、李鑫负责项目3的编写，孙永道、段然、纪辉进、龙燕、朱莉萍、金志雄参与了部分项目任务的编写。

由于编者水平有限，书中难免存在不足之处，希望广大读者朋友批评指正。

编　者

2016年8月

目录

ROSE LOVE
ROSE LOVE

瞬间与永恒
5人会
沙海探险五人行
SHAHAI TANXIAN WUREN XING SHEYING ZHAN
摄影展
SHEYING DAZHAN

亲近自然 盛装一切

项目1 图片处理

在人们的日常工作和生活中，经常会使用到各种类型的图像素材，例如：各种类型的照片、网络下载的图片等等。本项目将通过三个任务，讲解对图片进行调色、抠图、合成、明暗修改、彩度和色度的修改、添加特殊效果、编辑、修复等相关知识。

任务1 照片处理

在人们的日常生活中，经常会拍摄各种类型的照片，如登记照、艺术照等。照片经过后期处理可使色彩更加亮丽，经过图像的合成还可以达到意想不到的效果。

为了使学生了解照片处理的工作过程，现要求学生在参观了“湖北职院澳林摄影工作室”之后，同学之间分组互相照相，并将照片处理成8张1英寸的，进行输出打印。

子任务1　我的照片导入

任务描述

教师带领学生去参观照相馆，熟悉照相馆的工作流程，了解这个行业所需要的知识和技能。从多方面来收集相关的资料，增长见识，开阔眼界，激发学生学习兴趣。参观后回到学校，学生分组照相，最后将拍摄的照片导入计算机中，进行归档分类保存。

任务分析

（1）熟悉“相关知识”。

（2）任务准备。

（3）熟悉 Photoshop CS6 的界面。

（4）分组拍照。

（5）照片导入。

（6）收集整档保存文件。

相关知识

一、图像的基础知识

1. 位图与矢量图

计算机屏幕上显示的各种图片大致分为两种：一种是位图，另一种是矢量图。

位图是由像素组成的，说得通俗一点像素就是一个一个不同颜色的小点，这些不同颜色的点一行行、一列列整齐地排列起来，最终就形成了由这些不同颜色的点组成的画面，我们称之为图像。将照片中的局部放大到 1200%，就可以清楚地看到像素点。

矢量图是以数学的方式，对各种各样的形状进行记录，最终就形成了由不同的形状所组成的画面，我们称之为图形。

归纳起来就是：位图——像素——图像

矢量图——数学——图形

由此可知：图形和图像是两回事。简单地说，图像是人们看到的自然景物的直接反映，比如照片、摄像的画面等等。而图形是人们按照自己的理解表述出来的形状，比如一条线、一个圆、一个卡通人物等等。Photoshop 是图像处理软件，是以处理位图为主的。

2. 图像分辨率

位图是由像素组成的图像。那么，像素数量的多少就会直接影响到图像的质量。在一个单位长度之内，排列的像素多，表述的颜色信息多，这个图像就清晰；排列的像素少，表述的颜色信息少，这个图像就粗糙。这就是图像的精度，我们称之为“分辨率”。

分辨率是指单位长度内排列像素的多少，因而，只有位图才有分辨率，矢量图不存在分辨率。分辨率一般是以像素 / 英寸为单位的，也就是在 1 英寸（1 英寸 =2.54 cm）之内排列多少像素一个图像文件。分辨率是 300 像素 / 英寸，意思就是这个图像是由每英寸 300 像素记录的。所以，在这 1 英寸之内排列的像素越多，图像分辨率越高，图像也就越清晰。

二、文件的基本操作

1. 打开文件

打开文件是指打开已经存储的图像文件，其操作步骤如下：

① 在 Photoshop CS6 的工作显示区双击（或者选择“文件”|“打开”命令，或者按【Ctrl+O】组合键），弹出“打开”对话框。

② 在“查找范围”下拉列表中选择图像文件所在的位置。

③ 在“文件类型”下拉列表中选择文件类型。

④ 选择所要打开的文件，单击“打开”按钮打开文件。

2. 新建文件

新建文件的操作步骤如下：

① 选择“文件”|“新建”命令，或者【Ctrl+N】组合键，弹出“新建”对话框。

② 名称：在此文本框中为新文件命名。

③ 预设：在此下拉列表中选择新文件的大小，或直接在下方“宽度”和“高度”文本框中输入文件的宽度和高度。

④ 分辨率：设置图像的分辨率，如果想得到较好品质的图像，建议输入的分辨率不低于 150 像素 / 英寸。

⑤ 背景内容：在此下拉列表中选择图像的背景色彩。

⑥ 单击“确定”按钮，创建新文件。

3. 关闭文件 / 保存文件

编辑好图像文件后，需要将其存储，以便以后调用。在 Photoshop CS6 中关闭文件、存储文件可采用以下几种方法：

① 选择“文件”|“关闭”命令，或单击窗口中的“关闭”按钮，可将当前文件关闭，如果文件未保存，会弹出保存文件提示框。

② 快速双击图像窗口图标，或按【Ctrl+W】组合键也可关闭当前文件。

③ 选择“文件”|“存储”命令，或按【Ctrl+S】组合键，将保存图像文件，如果是第一次保存，会弹出“存储为”对话框。

④ 选择“文件”|“存储为”命令，或按【Shift+Ctrl+S】组合键可将文件按指定格式存储。

⑤ 选择“文件”|“存储为 Web 所用格式”命令，或按【Alt+Shift+Ctrl+S】组合键可将图像文件优化保存为 Web 页所需的压缩格式图像文件。

4. 置入矢量图形文件

置入矢量图形文件的操作步骤如下：

① 选择“文件”|“置入”命令，弹出“置入”对话框，如图 1-1-1 所示。选择一个矢量文件“矢量人物”，单击“置入”按钮。

② 弹出的“置入 PDF”对话框，如图 1-1-2 所示，单击“确定”按钮。

图 1-1-1 “置入”对话框

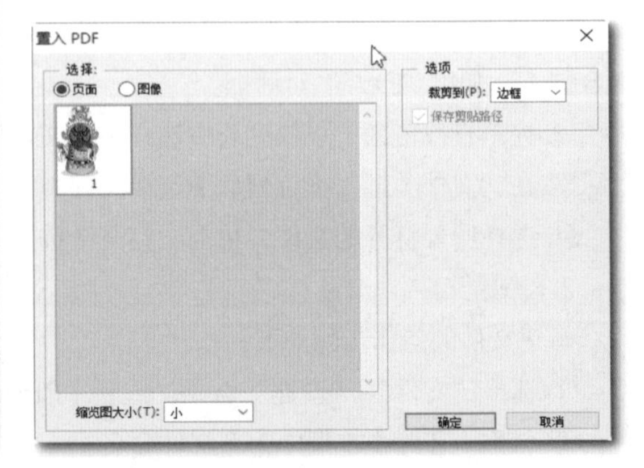

图 1-1-2 “置入 PDF”对话框

③ 打开的“矢量人物”矢量文件如图 1-1-3 所示，在 Photoshop CS6 中可以对矢量图形进行编辑。

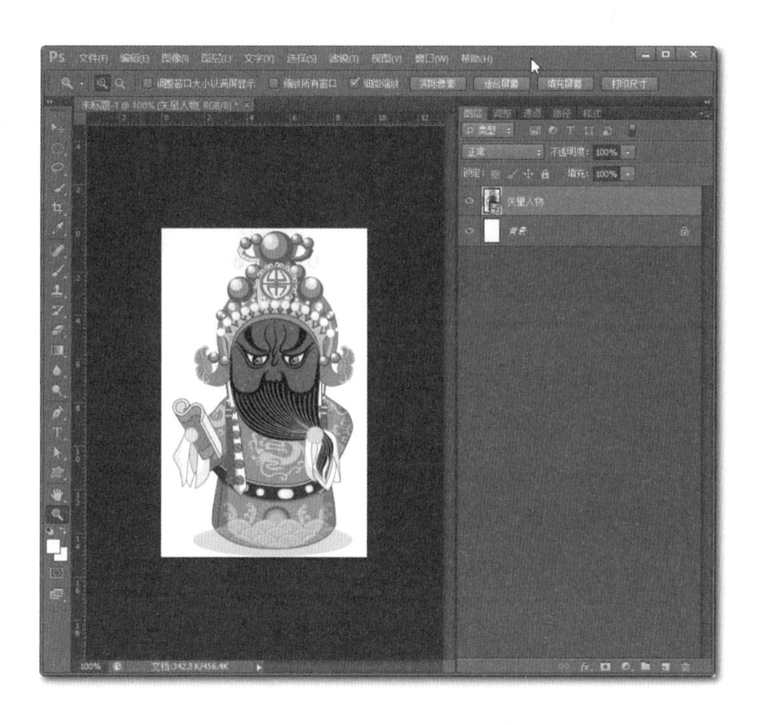

图 1-1-3　打开矢量图像

任务准备

（1）一台装有 Windows 7 操作系统的计算机，且安装了 Photoshop CS6 软件。

（2）数码照相机、数据线、扫描仪。

任务实施

一、通过数码照相机获取图片

步骤 1　教师指导学生如何使用数码照相机，熟悉相关按钮的功能及作用。（本例使用的是佳能 A6100 型数码照相机），如图 1-1-4 所示。

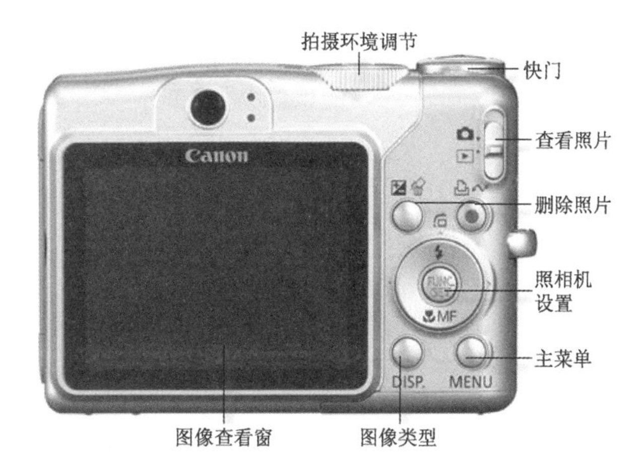

图 1-1-4　数码照相机按钮

图 1-1-5　USB 连接

步骤 2 教师指导学生分组进行照相。并要求学生注意拍照时的注意事项。

步骤 3 照相完成后，用数码照相机随机带的数据线，一端连接照相机；一端插入计算机 USB 接口，如图 1-1-5 所示。

步骤 4 系统自动安装数码照相机驱动程序后，在计算机中会发现照相机的盘符。双击便可查看照相机内容，如图 1-1-6 所示。

步骤 5 将照相机中的照片复制并粘贴到计算机相应的文件夹中即可。

二、使用扫描仪获取图像

步骤 1 将扫描仪与计算机进行连接，并安装好扫描仪的相关驱动程序。

步骤 2 打开 Photoshop CS6，并选择“文件”菜单下的“导入”命令，再选择级联菜单下的“HP LaserJet M1130 MTP TWAIN”命令，如图 1-1-7 所示。

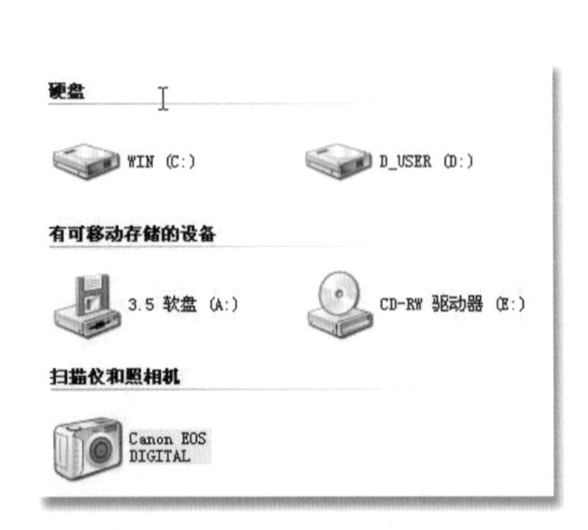

图 1-1-6　数码照相机连好后的“计算机”界面

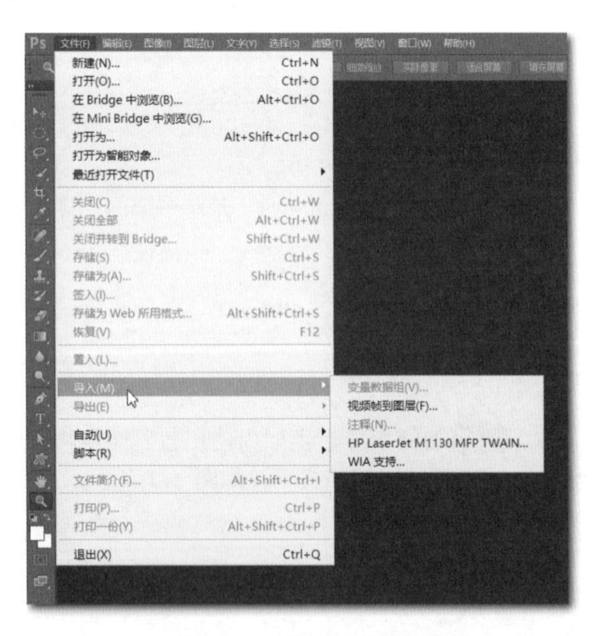

图 1-1-7　从扫描仪导入图片

步骤 3 打开如图 1-1-8 所示的扫描仪设置窗口，进行相应的设置（一般情况下默认设置即可）。

步骤 4 单击扫描仪窗口中的“接受”按钮，如图 1-1-9 所示，开始进行图片的扫描。

步骤 5 扫描后的效果如图 1-1-10 所示。此时可使用 Photoshop CS6 对扫描后的图像进行编辑和调整。

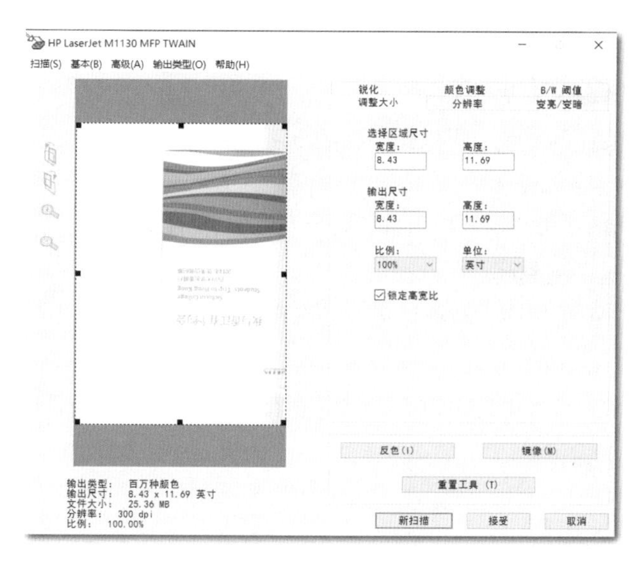

图1-1-8　扫描设置

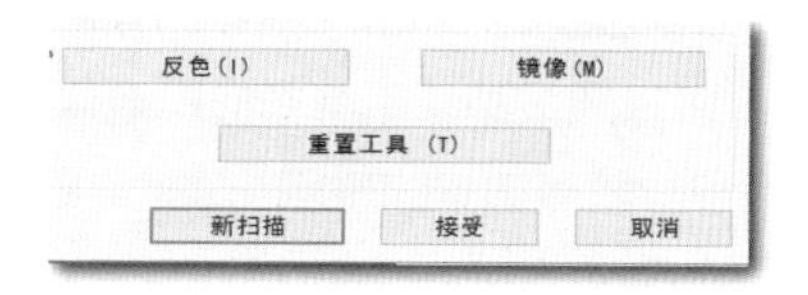

图1-1-9　扫描控制

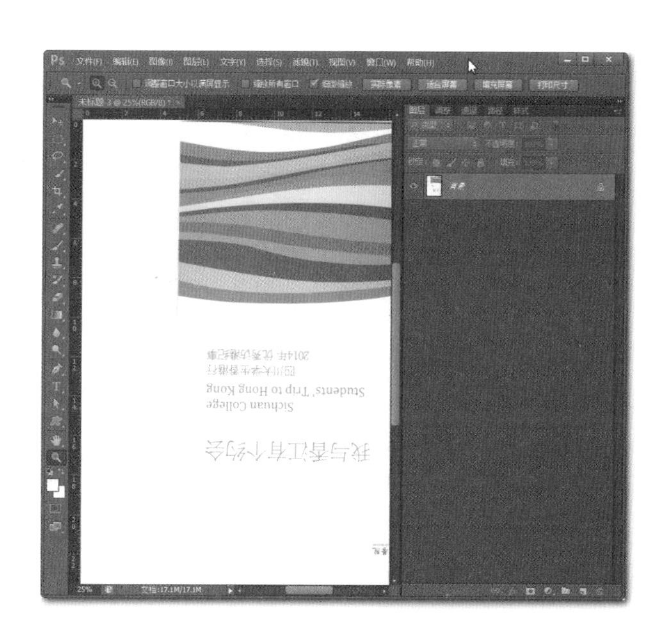

图1-1-10　扫描后的图像效果

知识拓展

裁剪工具的主要作用是可以对图像进行任意的裁剪，选择图像中想要保留的区域。Photoshop CS6 提供了对裁剪图像进行缩放大小、旋转等功能。裁剪工具属性选项栏如图 1-1-11 所示。

图1-1-11　裁剪工具的属性选项栏

当用裁剪工具选择图像中想要保留的区域时，属性选项栏如图 1–1–12 所示。

1. 属性选项栏“设置其他裁切选项”中部分选项说明

：表示未被选中的部分被蒙住的颜色，可以调整为用户所需要的颜色。此命令在选中屏蔽命令时才能使用。

：用来控制被蒙住的颜色的透明度，文本框中可以输入 0% ~ 100% 之间的数值。百分比的数值越大，透明度越低，反之，透明度越高。

：如果在裁剪图像时，此命令被选中，裁剪区域外的图像将被剪掉，保留裁剪区域内的图像。

：如果在裁剪图像时，此命令未被选中，裁剪区域内的图像将被保留在图像文件中，用户可以通过移动工具来使隐藏区域内的图像可见。

2. 裁剪工具的使用

要对图像进行裁切，首先要在工具箱中选中“裁剪工具”，然后在要进行裁切的图像上单击并拖拉鼠标，产生一个裁切区域，如图 1–1–13 所示。

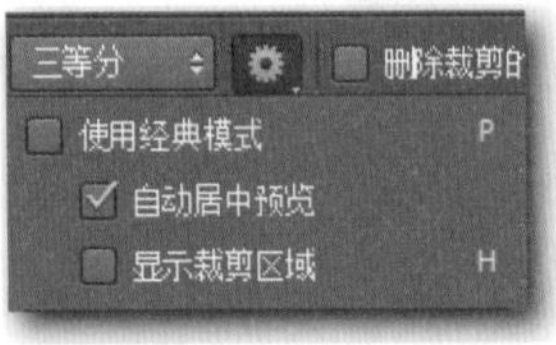

图 1–1–12 保留区域设置的属性选项栏

图 1–1–13 制作裁切区域

技能拓展

“裁切照片”的操作步骤如下：

① 打开一幅图片，如图 1–1–14 所示。

② 选择工具箱中的裁剪工具，在图像上拖动鼠标选出需要保存的图像部分，如图 1–1–15 所示。

图 1-1-14　素材图片

图 1-1-15　选区

③ 按【Enter】键即可完成裁剪，效果如图 1-1-16 所示。

图 1-1-16　裁剪后的最终效果

任务总结

通过本任务的实施，应掌握下列知识和技能：

- 图像的基础知识；
- 文件的基本知识；
- 照片的导入；
- 扫描仪的工作流程；
- Photoshop CS6 的工作界面。

课后练习

1. 位图和矢量图的区别是什么？一幅矢量图导入 Photoshop 中后会发生什么样的变化？
2. 将数码照相机拍摄的照片保存到计算机，并将照片进行适当的调整。

子任务 2　我的照片处理

任务描述

学生将拍摄的照片进行大小调整，色彩调整，去除瑕疵等操作，并做成八张 1 英寸登记照片。通过此任务了解登记照片的规格和制作技巧。

任务分析

（1）熟悉“相关知识”。

（2）任务准备。

（3）调整照片的大小。

（4）调整照片的颜色。

（5）去除瑕疵。

（6）修改保存。

相关知识

1. 图像和画面大小的设定

在用 Photoshop CS6 处理图像过程中，有时要根据不同的要求，对图像与画布大小进行设定，登记照片对尺寸有着特殊的要求，一般情况下设为 1 英寸的标准，下面对登记照片的大小设定方法进行介绍。

（1）设置图像大小

选择“图像”|“图像大小”命令，或按【Alt+Ctrl+I】组合键，即可对图像大小进行设定。

（2）设置画布大小

选择“图像”|“画布大小”命令，即可对画布大小进行设定。

2. 登记照尺寸相关知识

1 英寸照片：2.54 cm × 3.62cm；

身份证照片：2.2cm × 3.2cm；

第二代身份证：26mm × 32mm；

黑白小 1 英寸：2.2cm × 3.2cm；

黑白大 1 英寸：3.3cm × 4.8cm；

彩色小 1 英寸蓝底：2.6cm × 3.8cm；

彩色小 1 英寸白底：2.6cm × 3.8cm；

彩色小 1 英寸红底：2.6cm × 3.8cm；

彩色大 1 英寸红底：4.0cm × 5.5cm；

小 2 英寸 3.5 × 4.5cm；

大 2 英寸 3.5 × 5.3cm。

3. 修复图片工具

图像修复工具主要包括污点修复画笔工具、修复画笔工具、修补工具、内容感知移动工具、红眼工具，如图 1-1-17 所示。它的主要作用是修补图片的划伤或其他缺陷，还可以将样本像素的纹理、光照和阴影与源像素进行匹配，从而使修复后的像素不留痕迹地融入图像的其余部分。

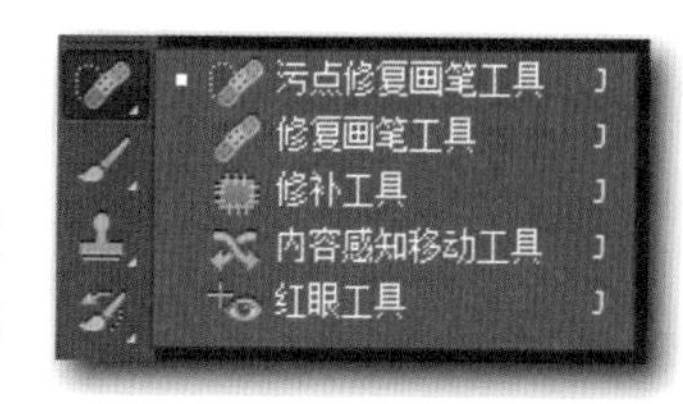

图 1-1-17　修复工具

（1）污点修复画笔工具

使用污点修复画笔工具可以快速移去照片中的污点和其他不理想的部分。它自动从所需修复区域的周围取样，使用所取的样本像素进行绘画，并将样本像素的纹理、光照、透明度和阴影与所修复的像素相匹配。单击“污点修复画笔工具”，打开如图 1-1-18 所示的属性选项栏。

图 1-1-18　污点修复画笔工具属性选项栏

（2）修复画笔工具

修复画笔工具可以用于修复图像中的缺陷，并能使修复的部分尽量自然地融入周围的图像中。与下面要讲的图章工具类似，修复画笔工具是从图像中取样复制到其他位置，或直接用图案进行填充。但不同的是，修复画笔工具在复制或填充图案时，会将取样点的像素信息自然融入复制的图像位置，并保持其纹理、亮度和层次，使被修改的像素与周围图像完全整合。因此，修复画笔工具对于因年代久远而出现污点、破损以及皱褶等现象的老照片修复极其有效。

（3）修补工具

修补工具可以将图像的一部分复制到同一幅图像的其他位置。可以只复制采样区域像素的纹理到鼠标涂抹的作用区域，保留工具作用区域的颜色和亮度值不变，并尽量将作用区域的边缘与周围的像素整合。修补图像中的像素时，通常应尽量选择较小区域，以获得最佳效果。单击修补工具，其属性选项栏如图 1-1-19 所示。

图 1-1-19　修补工具属性选项栏

属性选项栏中部分选项说明如下：

①“新选区”按钮：去除旧选区，绘制新选区。

②“增加（添加到）选区”按钮：在原有选区的上面再增加新的选区。

③“减去选区（从选区减去）”按钮：在原有选区上减去新选区的部分。

④“重叠选区（与选区交叉）”按钮：选择新旧选区重叠的部分。

⑤“修补”栏：该栏有两个单选按钮。选择“源”单选按钮后，则选区中的内容为要修改的内容；选择“目标”单选按钮后，则选区移到的区域中的内容为要修改的内容。

⑥“透明”复选框：选择该复选框后，取样修复的内容是透明的。

⑦“使用图案”按钮：创建选区后，该按钮和其右边的图案选择列表将变为有效。选取要填充的图案后，单击该按钮，即可将选中的图案填充到选区当中。

另一个选项“内容识别”，则可以更加精确的对图像进行修补，如图 1-1-20 所示。

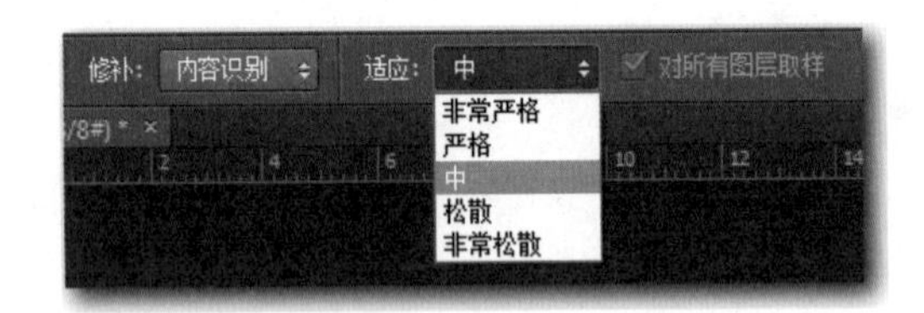

图 1-1-20　内容识别属性

（4）内容感知移动工具

该工具可以实现将图片中多余部分物体去除，同时会自动计算和修复移除部分，从而实现更加完美的图片合成效果。单击内容感知移动工具，出现如图 1-1-21 所示的属性选项栏。

图 1-1-21　内容感知移动工具属性选项栏

其中，“模式”栏：该栏有两个功能选项，“移动”和“扩展”，默认选项为“移动”。设置为“移动”时，可以实现局域的自由移动；而“扩展”则是实现局域物体的复制并移动操作。

（5）红眼工具

使用该工具可以清除用闪光灯拍摄的人物照片中的红眼，也可以清除用闪光灯拍摄的照片中的白色或绝色反光。单击工具箱中的“红眼工具”按钮，出现如图 1-1-22 所示的属性选项栏。

图 1-1-22　红眼工具属性选项栏

任务准备

一台安装了 Windows 7 操作系统和 Photoshop CS6 软件的计算机。

任务实施

步骤 1　打开 Photoshop CS6，选择“文件”|“打开”命令，将准备好的照片素材打开，如图 1–1–23 所示。

图 1–1–23　原图

步骤 2　调整照片的色阶，“色阶”命令常用来精确地调整图像的中间色和对比度，是照片处理使用最为频繁的命令之一，选择“图像”|“调整”|“色阶”命令，即可调整图像的对比度等，如图 1–1–24 所示，调整后的效果如图 1–1–25 所示。

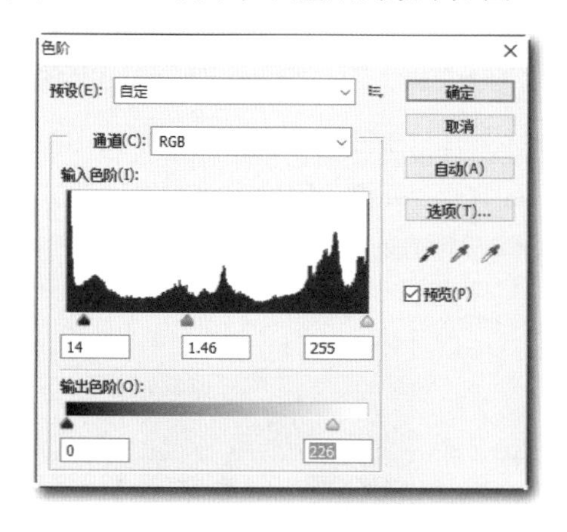

图 1–1–24　色阶参数的调整

图 1–1–25　调整色阶后效果图

步骤 3　调整照片的明暗度，即曲线参数的调整，“曲线”命令可以调整图像的亮度、对比度及纠正偏色等，与“色阶”命令相比，该命令的调整更为精确。选择“图像”|“调整”|“曲线”命令或按快捷键【Ctrl+M】，即可弹出“曲线”对话框，如图 1–1–26 所示，调整照片的明暗度，调整后的效果如图 1–1–27 所示。

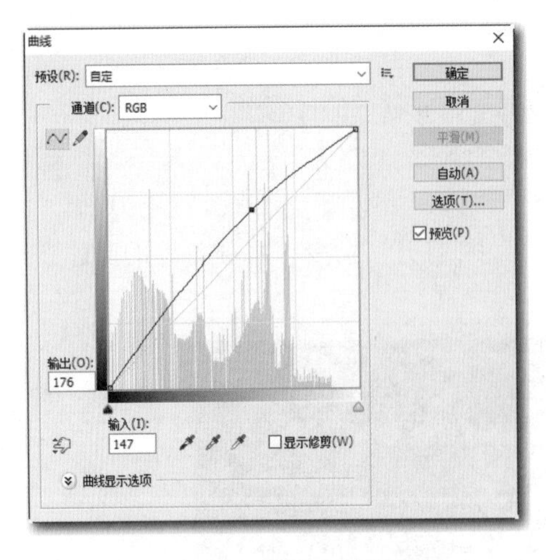

图 1-1-26　曲线参数的调整

图 1-1-27　调整曲线后效果图

步骤 4 去除照片上的疤痕，即修补工具的使用，单击工具箱的修复工具中的“修补工具”，然后框选有疤痕的区域，如图 1-1-28 所示，按住鼠标拖动选区到无疤痕的区域来替换有疤痕的区域，如图 1-1-29 所示，然后取消选区，其他有斑点的地方都可以用同样的方法来处理，处理后的效果如图 1-1-30 所示。

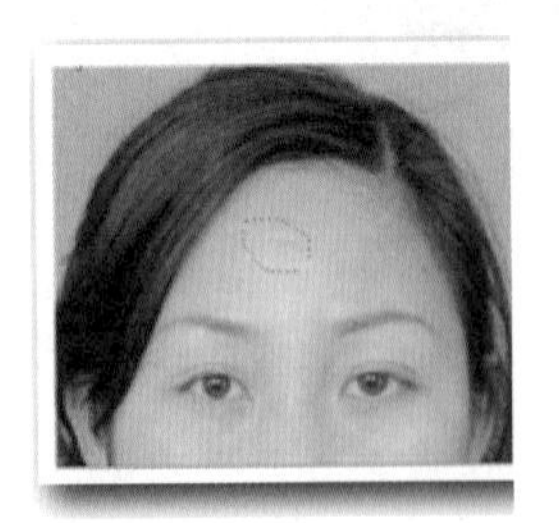

图 1-1-28　框选区域

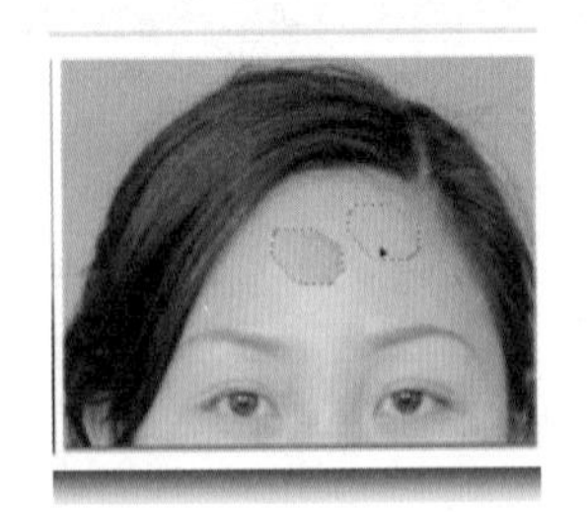

图 1-1-29　替换区域

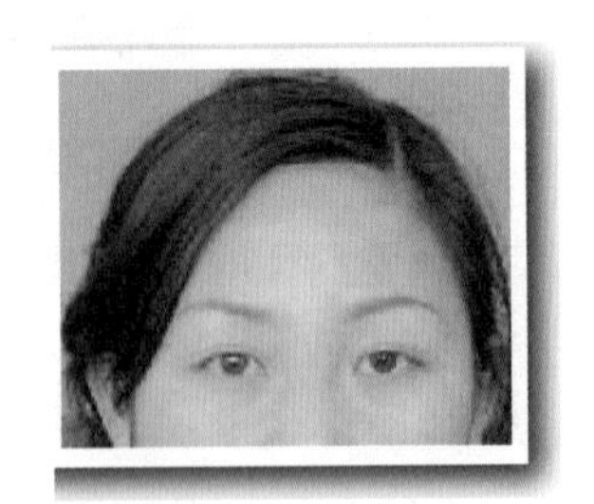

图 1-1-30　处理后的效果

步骤 5 将调整好的照片按登记照的大小标准进行设置，即调整图像的大小，单击“图像”菜单下的“图像大小”（或按快捷键【Alt+Ctrl+I】），弹出“图像大小”对话框，进行相关参数调整，如图 1-1-31 所示，调整后的大小如图 1-1-32 所示。

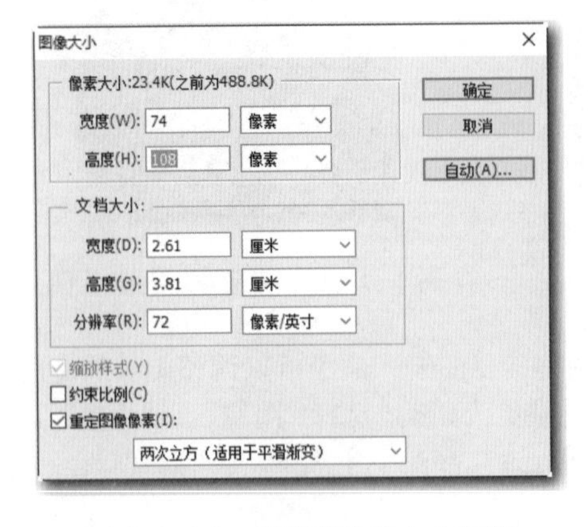

图 1-1-31　调整图像的大小参数

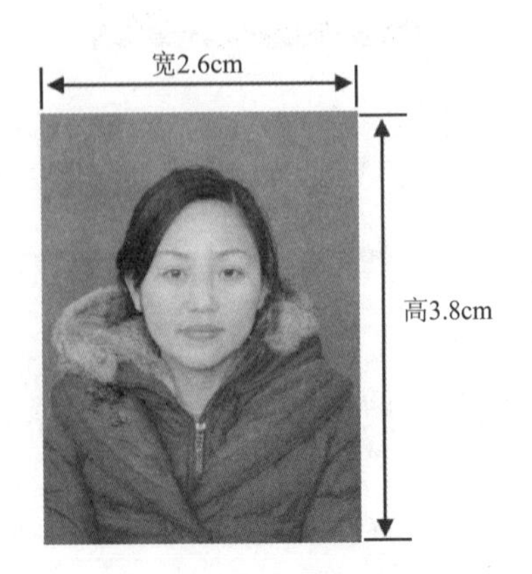

图 1-1-32　单张 1 英寸照片

知识拓展

在编辑处理图形图像时使用辅助工具不但可以提高工作效率，而且可以使操作更加准确。

1. 标尺

标尺可以帮助用户在图像的长和宽两个方向上精确设置图像位置，从而设计出更好的作品。向图像中加入标尺可以采用以下几种方法：

① 选择“视图”｜“标尺”命令，可以向图像中加入标尺。

② 重复按快捷键【Ctrl+R】可以显示或隐藏标尺。

③ 设置标尺单位：选择“编辑”｜“首选项”｜“单位与标尺”命令（或双击图像上面的标尺），弹出“单位与标尺”对话框，如图 1-1-33 所示。

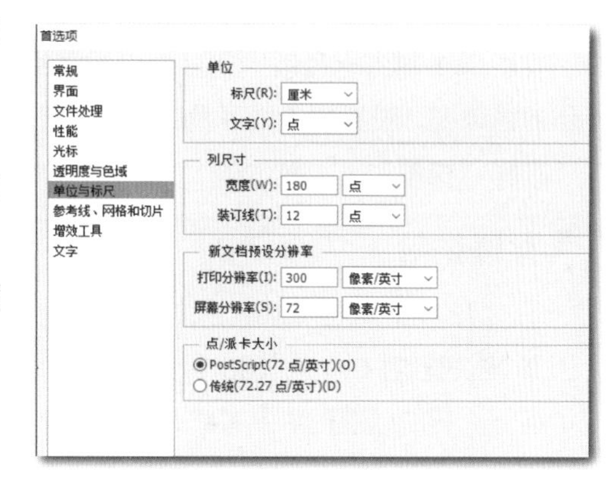

图 1-1-33 “单位与标尺”对话框

2. 参考线

在图像中加入标尺后，就可以设置参考线了，用参考线可以准确地完成对齐操作、对称操作等。设置参考线可采用如下方法：

① 选择“视图”｜“新建参考线”命令，可以向图像中加入参考线，根据需要可分别加入水平和垂直参考线，如图 1-1-34 所示。

② 在显示标尺的状态下，将光标移动到水平标尺上按住鼠标左键向下拖动即可设置水平参考线；将光标移动到垂直标尺上按住鼠标左键向右拖动即可设置垂直参考线，如下图 1-1-35 所示。

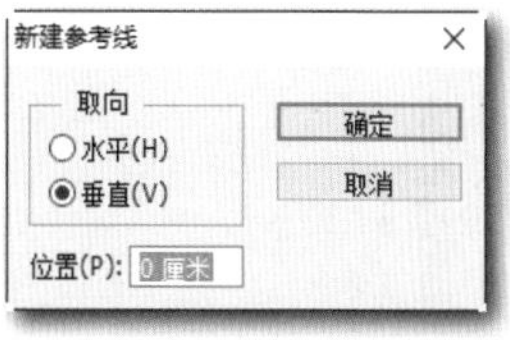

图 1-1-34 新建参考线

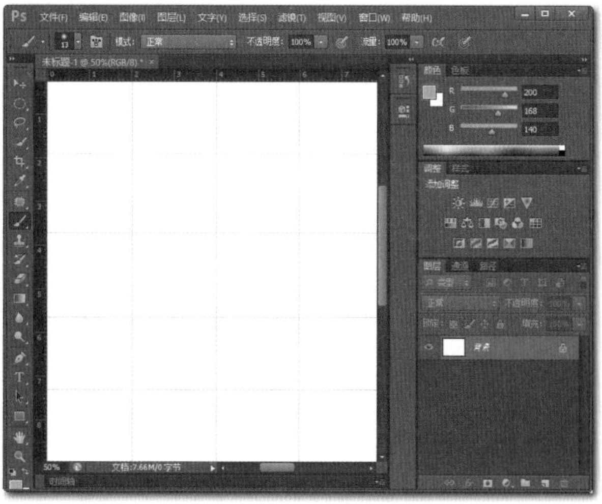

图 1-1-35 参考线

③ 按住【Alt】键的同时，将光标移动到水平标尺上按住鼠标左键向下拖动可设置垂直参考线；将光标移动到垂直标尺上按住鼠标左键向右拖动即可设置水平参考线。

④ 选择工具箱上的移动工具，将光标移动到参考线上拖动鼠标可移动参考线，将参考线拖动到窗口以外可删除参考线。

⑤ 选择“视图” | “清除参考线”命令，可全部将参考线删除。

3. 网格

在图像中加入标尺后，就可以设置网格线了，加上网格线可以准确地完成各种操作，提高操作的精确度。设置网格线可采用如下方法：

选择“视图” | “显示” | “网格”命令，可在图像中加入网格。

技能拓展

① 打开 Photoshop CS6，新建一个宽度为 12.7 cm、高度为 8.9 cm 的页面，如图 1-1-36 所示。

② 按快捷键【 Ctrl+R 】调出标尺，将鼠标分别指向水平标尺和垂直标尺，按住鼠标左键并拖动，按 1 英寸八开的标准调出参考线，如图 1-1-37 所示。

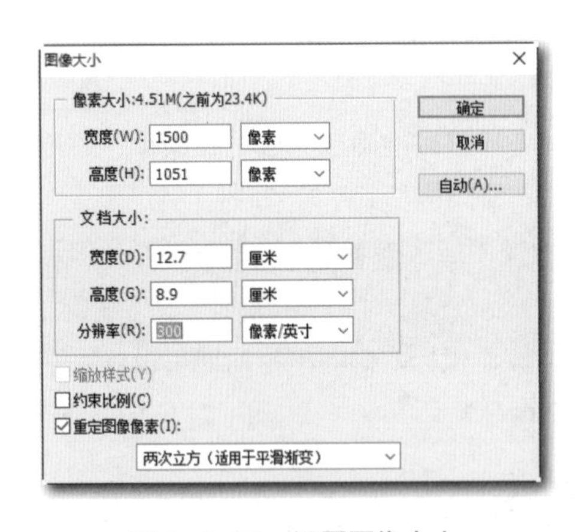

图 1-1-36　设置图像大小

图 1-1-37　设置参考线

③ 将调整好的登记照片分别置入 1 英寸八开的模板中，配合【 Alt 】键进行复制和移动，最终结果如图 1-1-38 所示。

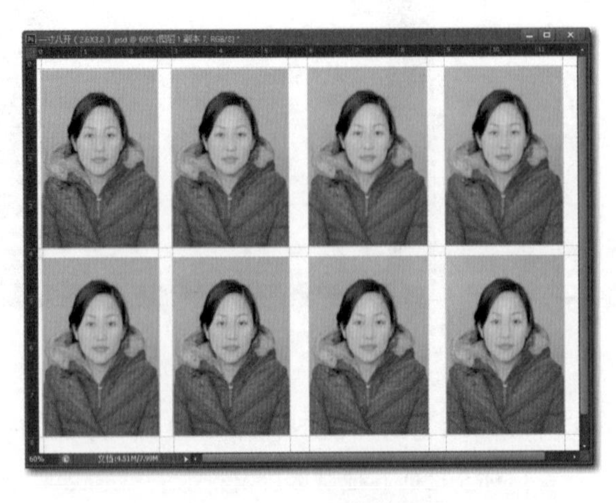

图 1-1-38　最终效果图

任务总结

通过本任务的实施，应掌握下列知识和技能：

- 曲线命令的使用；
- 图像大小的设置（登记照的参数设置）；
- 色阶的调整；
- 修补工具的使用技巧。

课后练习

1. 标尺的作用是什么？如何设置标尺？如何改变标尺的刻度？
2. 请给图 1-1-39 照片中的人物进行“美容”。

图 1-1-39　原图

子任务 3　照片批处理及输出

任务描述

将处理后的照片进行输出打印，按照登记照的打印格式进行排版，一张版面上打印 8 张 1 英寸登记照片，并将照片打印输出。通过本任务，学生可了解“批处理”及“动作”命令的使用方法。

任务分析

（1）熟悉“相关知识”。

（2）任务准备。

（3）录制动作。

（4）执行动作。

（5）批处理照片。

相关知识

一、认识“动作”面板

“动作”就是处理单个文件或一批文件的一系列命令。在 Photoshop 中，可以将图像的处理过程记录下来，然后保存为动作，以后对其他图像进行相同的处理时，执行该动作便可以自动完成操作任务。下面介绍如何创建和使用动作。

Photoshop 中所有关于动作的命令和控制选项都在“动作”面板中。通过“动作”面板可完成动作的创建、播放、修改和删除等操作。图 1-1-40 所示为“动作”面板，图 1-1-41 所示为面板菜单。

① 切换项目开 / 关：如果动作组、动作和命令前显示有该标志，表示这个动作组、动作和命令可以执行；如果动作组或动作前没有该标志，表示该动作组或动作不能被执行；如果某一命令前没有该标志，则表示该命令不能被执行。

图 1-1-40 “动作”面板

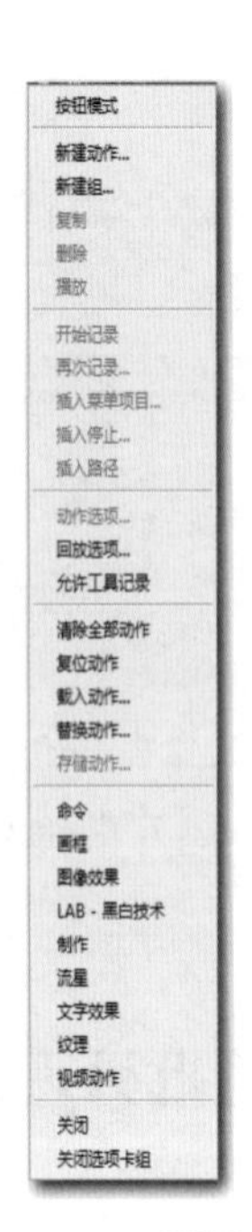

图 1-1-41 面板菜单

② 切换对话开 / 关：如果命令前显示该标志，表示动作执行到该命令时会暂停，并打开相应命令的对话框，此时可修改命令的参数，单击“确定”按钮可继续执行后面的动作；如果动作组和动作前出现该标志，并显示为红色，则表示该动作中有部分命令设置了暂停。

③ 动作组：动作组是一系列动作的集合。

④ 动作：动作是一系列命令的集合。

⑤ 命令：录制的操作命令。单击命令前的下拉按钮可以展开命令列表，显示该命令的具体参数。

⑥ 停止播放记录：用来停止播放动作和停止记录动作。

⑦ 开始记录：单击该按钮，可录制动作。处于录制状态时，该按钮显示为红色。

⑧ 播放选定的动作：选择一个动作后，单击该按钮可播放该动作。

⑨ 创建新组：单击该按钮，可创建一个新的组。

⑩ 创建新动作：单击该按钮，可创建一个新的动作。

⑪ 删除：选择动作组、动作和命令后，单击该按钮，可将其删除。

二、批处理

在进行批处理前，首先应该在“动作”面板中录制好动作，然后选择“文件” | “自动” | “批处理”命令，弹出“批处理”对话框。在该对话框中选择执行的动作组和动作，指定需要进行批处理的文件所在的文件夹，以及处理后文件的保存位置，接下来便可以进行批处理操作。如果批处理的文件较为分散，则最好在处理前将它们保存在一个文件夹中。

① 设置播放选项：在“播放”选项区域可以设置进行批处理时播放的动作组和动作。

• 组：可以选择要播放的动作组。

• 动作：可以选择要播放的动作。

② 设置源选项：在“源”选项区域可以指定要处理的文件。

• 源：在该选项下拉列表中可以指定要处理的文件。选择“文件夹”，则可以单击下面的“选择”按钮，在打开的对话框中选择一个文件夹；选择“导入”，可处理来自数码照相机、扫描仪或 PDF 文档的图像；选择“打开的文件”，可处理所有打开的文件。

• 覆盖动作中的“打开”命令：选择该复选框后，在批处理时，Photoshop 会忽略动作中记录的“打开”命令。

• 包含所有子文件夹：选择该复选框后，批处理将应用到指定文件夹的子目录中的文件。

• 禁止显示文件打开选项对话框：选择该复选框后，在批处理时不会打开文件选项对话框。当对照相机原始图像文件的动作进行批处理时，这个命令是很有用的。

任务准备

一台装有 Windows 7 操作系统和 Photoshop CS6 的计算机。

任务实施

一、创建并执行动作

步骤 1 打开一个图片文件，如图 1-1-42 所示。

步骤 2 打开“动作”面板。单击“创建新组”按钮，弹出“新建组”对话框，如图 1-1-43 所示。单击“确定”按钮，新建一个动作组如图 1-1-44 所示。

图 1-1-42　文件原图

图 1-1-43　“新建组”对话框

步骤 3 单击“创建新动作”按钮，弹出“新建动作”对话框，如图 1-1-45 所示。输入名称“美食美客”，此时面板中的“开始记录”按钮显示为红色，表示此时已经可以开始记录动作。

步骤 4 单击文本工具，在图片上方输入“美食美客”，并将字号调整到适当的大小，如图 1-1-46 所示。

步骤 5 选中文字，打开“变形文字”对话框，将文字样式改为“旗帜”，如图 1-1-47 所示。文字变形后如图 1-1-48 所示。

图 1-1-44　新建动作组

图 1-1-45　“新建动作”对话框

图 1-1-46　输入文本

图 1-1-47　“变形文字”对话框

图 1-1-48　文字变形后的效果

步骤 6 单击“停止”按钮，停止动作录制。至此“美食美客”动作录制完成，如图 1-1-49 所示。

步骤 7 打开一张图片文件，如图 1-1-50 所示。

图 1-1-49　录制动作后的动作面板

图 1-1-50　文件原图

步骤 8 在“动作”面板中选择已创建的“美食美客”动作，如图 1–1–51 所示。单击“播放选定的动作”按钮▶，播放该动作。经过动作处理的图像效果如图 1–1–52 所示。

图 1–1–51　“动作”面板

图 1–1–52　运行动作之后的图片

二、创建批处理

步骤 1 选择“文件”|“自动”|“创建快捷批处理”命令，弹出“创建快捷批处理”对话框。将应用于批处理的动作设置为“美食美客”，如图 1–1–53 所示。

在“将快捷批处理存储为”选项内单击“选择”按钮，弹出“存储”对话框。为即将创建的快捷批处理设置名称和保存位置，如图 1–1–54 所示。

图 1–1–53　“创建快捷批处理”对话框

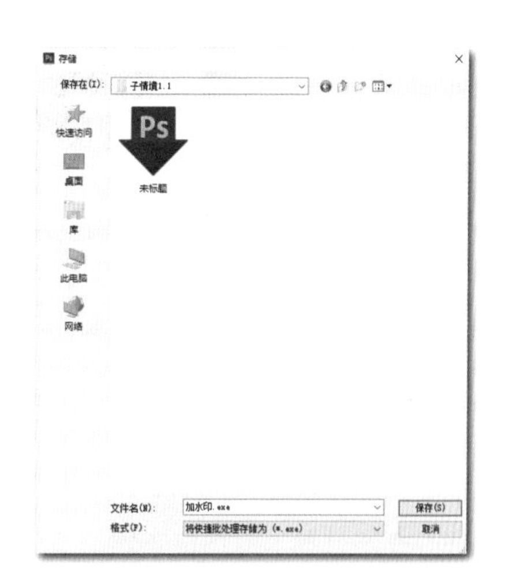

图 1–1–54　“存储”对话框

步骤 2 单击“保存”按钮关闭对话框，返回到“创建快捷批处理”对话框中。此时“选择”按钮的右侧会显示快捷批处理程序的保存位置。单击“确定”按钮，可以将创建的快捷批处理程序保存在指定的位置。

步骤3 在保存快捷批处理的桌面上，可以看到一个图标，该图标便是快捷批处理程序，如图1-1-55所示。在使用快捷批处理时，只需将图像或文件夹拖动至此图标上，便可以实现批处理。即使没有运行Photoshop，也可以完成批处理操作。

图1-1-55 “快捷批处理”图标

知识拓展

页面设置的方法如下：

选择“文件”|“打印”命令，可以打开“打印设置”对话框，如图1-1-56所示。该对话框中显示了特定于打印机、打印机驱动程序和操作系统的选项。可以根据需要设置纸张的大小、来源、方向和边距。可用的选项取决于用户的打印机、打印机驱动程序和操作系统。

图1-1-56 “打印设置”对话框

技能拓展

一、打印图像

在“打印设置”对话框右侧的“色彩管理”模块中可以进行调整色彩管理设置，以便获得尽可能好的打印效果，如图1-1-57所示。

- “颜色处理”下拉列表框：在该下拉列表框中可以选择处理颜色的方式。
- “打印机配置文件”：选择适用于打印机和将使用的纸张类型的配置文件。
- “校样设置”：校样是对最终输出在印刷机上的印刷效果的打印模拟。单击“色彩管理”下方的“正常打印”，在下拉列表框选择“印刷校样”单选按钮，将激活该选项。在该选项的下拉列表柜中可以选择以本地方式存在于硬盘驱动器上的任何自定校样。

- “渲染方法”：可以指定 Photoshop 如何将颜色转换为目标色彩空间。
- “黑场补偿”：当选中“颜色处理”—“Photoshop 管理颜色”时，才可以对其进行勾选。“黑场补偿”是在转换颜色时调整黑场中的差异。如果选中，源空间的全范围将会映射至目标空间的全范围。当取消选中时，在目标空间模拟源空间的全范围。虽然这种模式可能导致块状或灰色阴影，但是当源空间的黑场比目标空间的黑场更黑时很有用。

二、指定印前输出选项

如果要准备图像以便直接从 Photoshop 中进行商业印刷，可以在“打印设置”对话框右侧进行设置，如图 1-1-58 所示。可以选择和预览各种页面标记和其他输出选项。通常，这些输出选项应该由印前专业人员或对商业印刷过程非常精通的人员来指定。

图 1-1-57　色彩管理

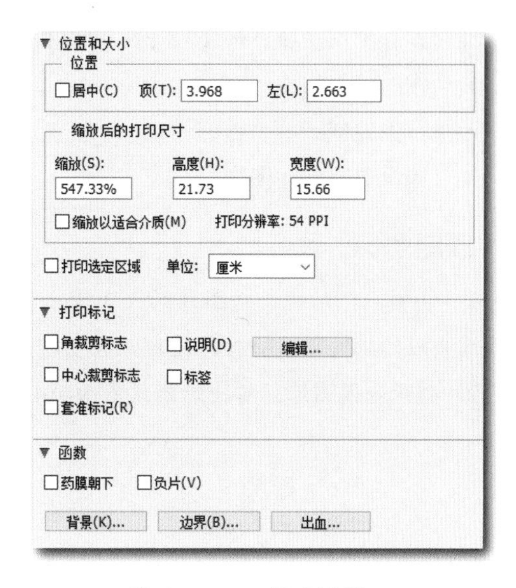

图 1-1-58　输出设置

① 位置和大小：若要将图像在可打印区域中居中，请选择“图像居中”。若不选中“图像居中”，可以在“顶”和“左”的右边白色输入框中输入值，也可以在预览区域中拖动图像。若要使图像适合选定纸张的可打印区域，可选中单击“缩放以适合介质”选项。若要按数字重新缩放图像，则直接输入“缩放”“高度”“宽度”的值。如若要实现所需的缩放，可以在预览区域中的图像周围拖动定界框。

选择“文件”｜“打印”命令，并如果需要可以通过拖动打印预览周边的上三角形手柄来调整“打印选定区域”。

② 打印标记：勾选“打印标记”中的次级选项，可以在图像周围添加各种标记。

- “角裁剪标志”复选框：勾选该复选框，将在图像的 4 个角上打印出裁剪标志符亏。
- “中心裁剪标志”复选框：勾选该复选框，将在页面被裁剪的地方打印出裁剪标志，并将标志打印在页面每条边的中。
- “套准标记”复选框：勾选该复选框，将会在打印的同时在图像的 4 个角上出现打印对齐的标志符号，用于图像中分色和双色调的对齐。

- “说明”复选框：勾选该复选框，将打印制作时在“编辑说明”对话框中输入的题注文本。
- “标签”复选框：勾选该复选框，将在图像上打印出文件名称和通道名称。

③ 函数：

- “药膜朝下”复选框：勾选该复选框，药膜将朝下进行打印。
- “负片”复选框：勾选该复选框，将按照图像的负片效果打印，实际上就是将颜色反转。
- “背景”按钮：单击该按钮，可在打开的“选择背景色”对话框中设置背景色。
- “边界”按钮：单击该按钮，可在打开的“边界”对话框中设置图片边界。
- “出血”按钮：单击该按钮，可在打开的“出血”对话框中设置出血宽度。

任务总结

通过本任务的实施，应掌握下列知识和技能：

- 动作的录制与执行；
- 执行批处理；
- 打印设置及打印图像。

课后练习

1. 录制一个动作：将图片的大小缩小为原来的50%，并将分辨率设置为300像素/英寸，并设置相应的批处理及快捷批处理，将动作应用于一组图片。

2. 打开一张图像，打印纸张设置为A4，将图片在纸张中间打印出来。

任务 2 艺术照片处理

某婚纱影楼，平时主要进行艺术人像、婚纱照片的拍摄及后期处理。在接受一项婚纱照片处理业务之后，根据客户需要，提供给客户一组婚纱艺术照的模板，在此项目中需要完成艺术照片模板的设计与制作。此次主要分为两个子任务：首先是图像合成，然后是图像后期处理。

子任务 1　照片特效制作

任务描述

将已有的人物照片、背景图片、素材图片进行版面设计。利用 Photoshop 软件进行背景绘制，使用滤镜将人物照片处理得更美观，并使其有机地和背景图片结合起来，使婚纱照片看起来唯美、浪漫。

任务分析

（1）熟悉“相关知识”。

（2）任务准备。

（3）在 Phototshop 中新建图像文件。

（4）利用画笔工具进行背景绘制。

（5）导入照片和素材图片。

（6）利用滤镜工具进行修饰。

相关知识

1. 液化与消失点

在“滤镜”菜单中有“液化”“消失点”滤镜插件，这两个插件在处理图片时能制作出特殊的效果。

“液化”滤镜最突出的功能是能制作出变形效果。选择“滤镜”|“液化”命令，弹出“液化”对话框，如图 1-2-1 所示。

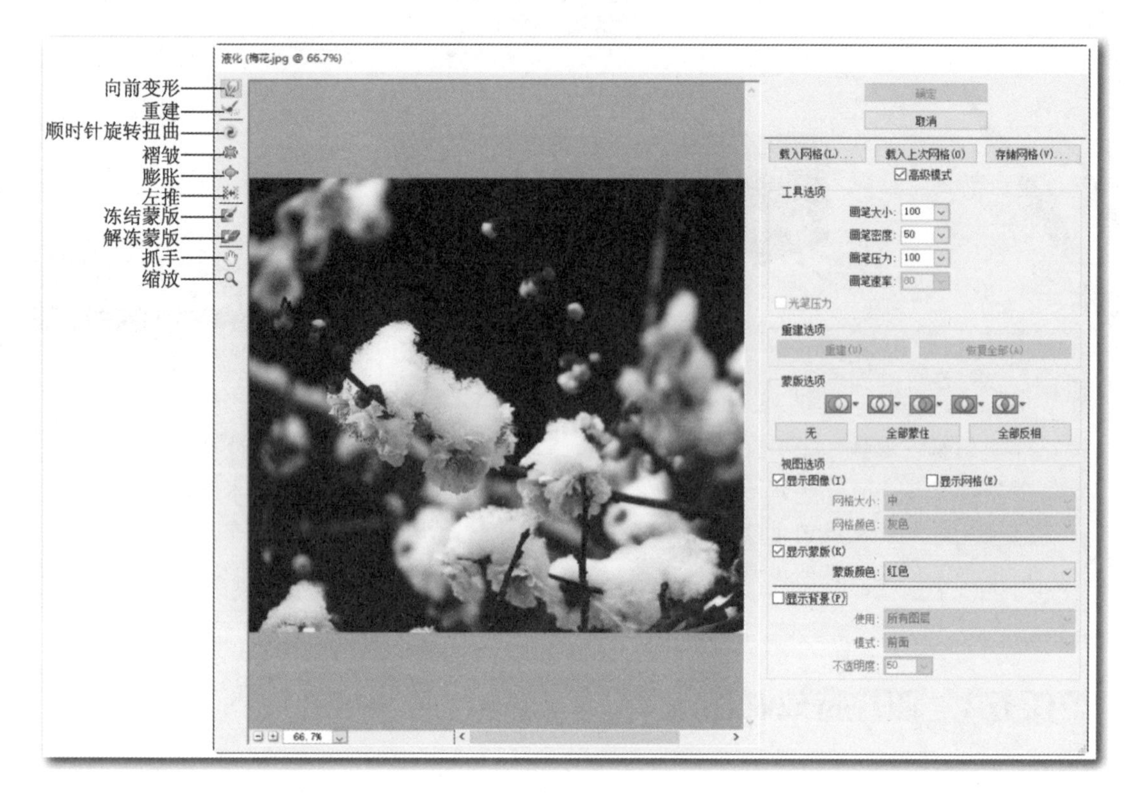

图 1-2-1 “液化”对话框

在使用“液化”对话框左侧工具前，需要先在右侧“工具选项”组中进行相关范围设置。

①“画笔大小”：设置“向前变形工具”的画笔大小。

②“画笔密度”：设置“向前变形工具”画笔头的紧凑程度。

③“画笔压力”：设置“向前变形工具”的画笔压力。

④“画笔速率”：设置“向前变形工具”的应用速度。

2. 内置滤镜的应用

内置滤镜中的“风格化”滤镜主要是通过移动和置换图像的像素来提高图像的对比度，产生印象派及其他风格化效果。它的种类很多，下面举例说明部分滤镜的应用：

①“查找边缘”：选择“风格化”|“查找边缘”命令，即可进行查找边缘设置。打开图 1-2-2 所示的素材图，执行“查找边缘”后的效果如图 1-2-3 所示。“查找边缘”用于表示图像中有明显过渡的区域并加强边缘。搜寻显示主要颜色的变化区域后，强化其过渡像素，使效果看起来像是被铅笔勾描过轮廓一样。

②“浮雕效果”：选择“风格化”|“浮雕效果”命令，调节参数如图 1-2-4 所示，最终效果如图 1-2-5 所示。通过勾画图像或所选择区域的轮廓和降低周围色值来生成浮雕效果。

③“拼贴”：拼贴就是将图像分成拼贴方块，每个方块上都含有部分图像。“拼贴”滤镜参数调节对话框如图 1-2-6 所示，最终效果如图 1-2-7 所示。

图 1-2-2　素材原图

图 1-2-3　查找边缘参数调整

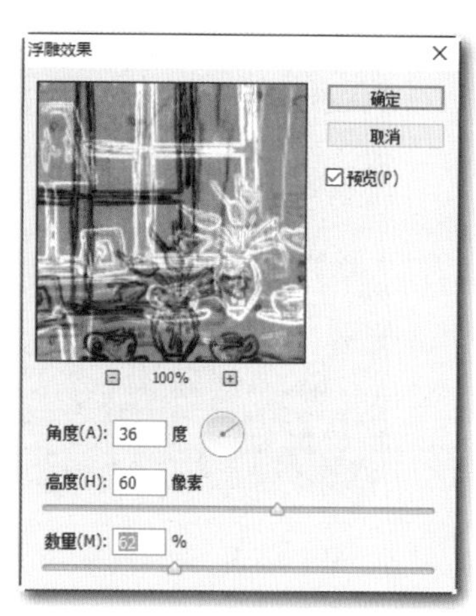

图 1-2-4　浮雕效果参数调整

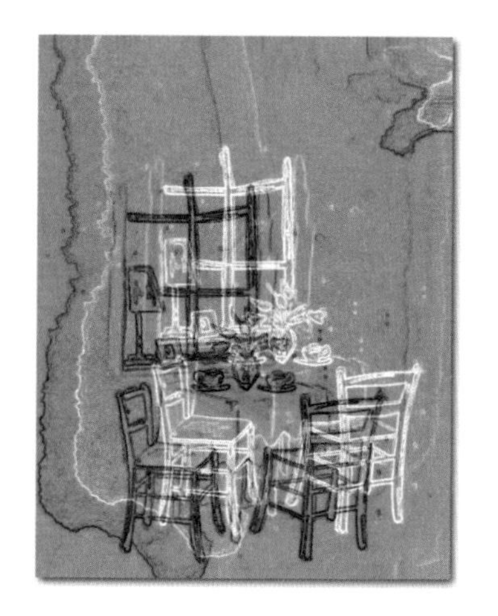

图 1-2-5　浮雕效果

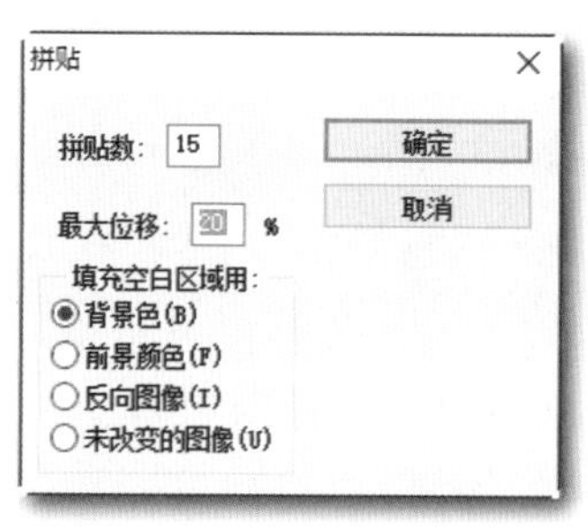

图 1-2-6　“拼贴”对话框

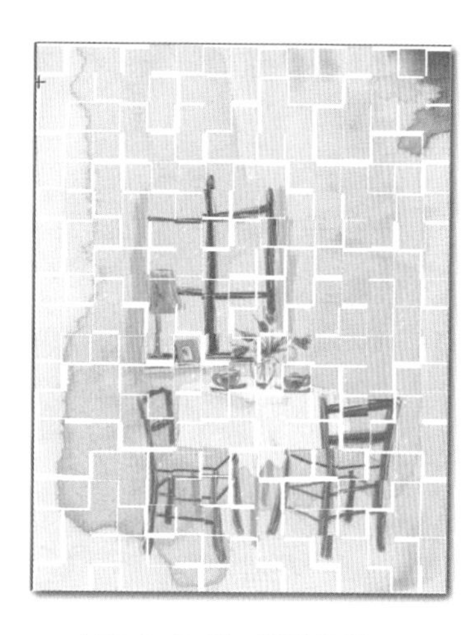

图 1-2-7　拼贴效果

任务准备

（1）一台装有 Windows 7 的计算机，且安装了 Photoshop CS6 软件。

（2）准备好人物照片，合成所需的素材图片。

任务实施

步骤 1 打开 Photoshop，创建一个尺寸为 15cm × 11cm 的新文件，分辨率设置为 150 像素 / 英寸，名称为“花瓣情缘”，如图 1-2-8 所示。

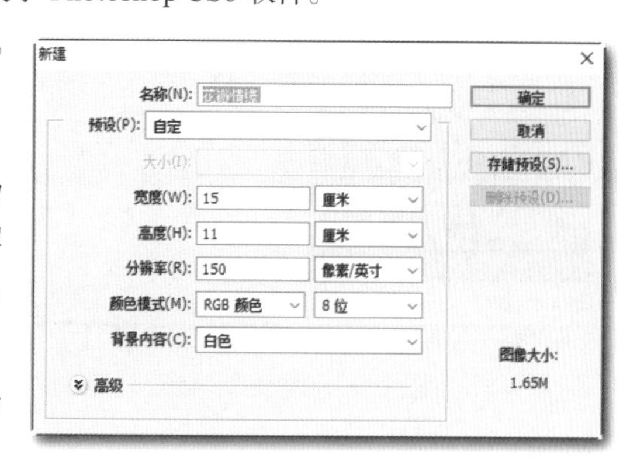

图 1-2-8　“新建”对话框

步骤 2 新建图层 1，如图 1-2-9 所示。

步骤 3 使用画笔工具，修改前景色为（R239,G195,B223），如图 1-2-10 所示。

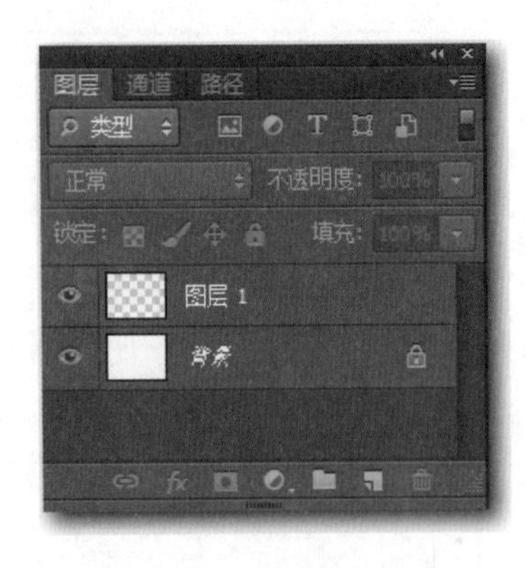

图 1-2-9　新建图层对话框

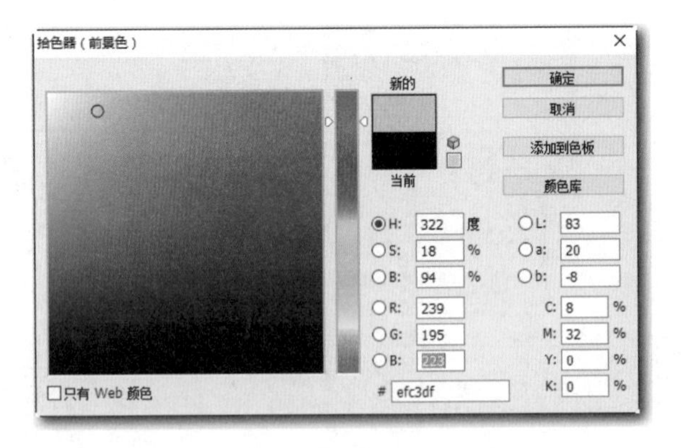

图 1-2-10　“拾色器”对话框

步骤 4 调整画笔工具，设置参数如图 1-2-11 所示。

图 1-2-11　画笔参数

步骤 5 在画布上绘制，效果如图 1-2-12 所示。

步骤 6 用同样的方法，调整画笔颜色（R195,G215,B255），效果如图 1-2-13 所示。

步骤 7 使用橡皮擦工具，对画布进行绘制，效果如图 1-2-14 所示。

步骤 8 打开素材图片 1，使用移动工具，把图片移动到“花瓣情缘”中，效果如图 1-2-15 所示。

步骤 9 按【Ctrl+T】组合键，调整图片大小，效果如图 1-2-16 所示。

图 1-2-12　画布绘制效果 1

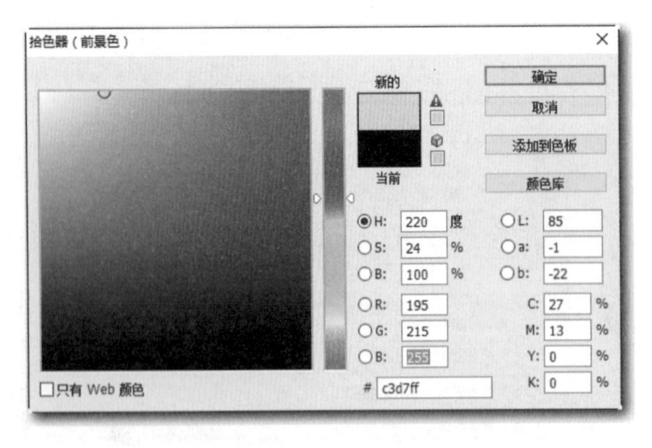

图 1-2-13　画笔调整

图 1-2-14　画布绘制效果 2

图 1-2-15　花瓣情缘效果图 1

图 1-2-16　花瓣情缘效果图 2

步骤 10 使用橡皮擦工具对画面进行擦除，效果如图 1-2-17 所示。

步骤 11 选择“图像” | “调整” | “色彩平衡”命令，调整“中间调”参数，如图 1-2-18 所示。

图 1-2-17　擦除效果图

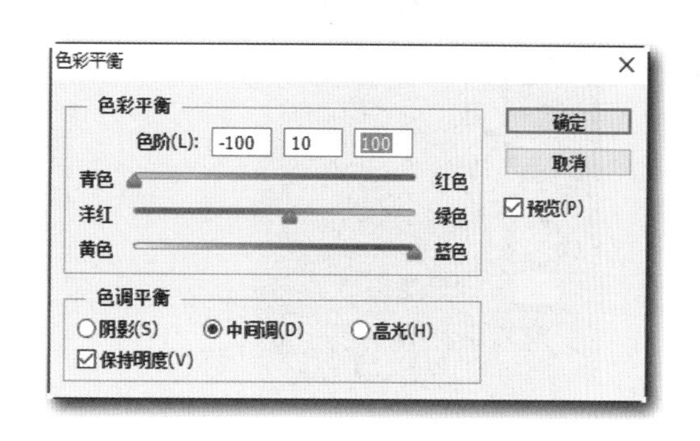

图 1-2-18　色彩平衡设置

步骤 12 单击“高光”单选按钮，调整“高光”参数，如图 1-2-19 所示。

步骤 13 单击“确定”按钮后，效果如图 1-2-20 所示。

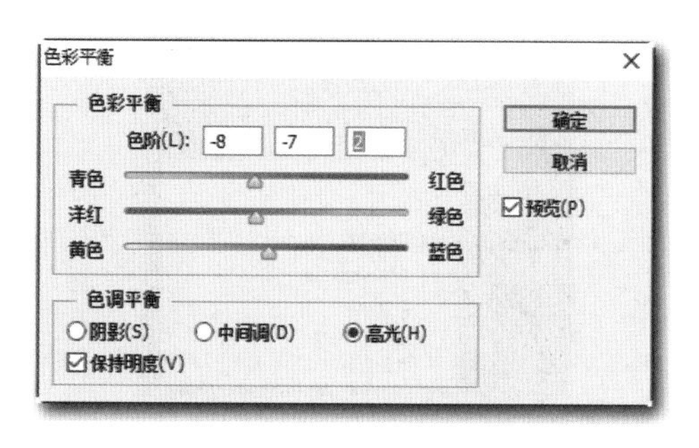

图 1-2-19　高光设置

图 1-2-20　高光效果图

步骤 14 打开素材图片 2，移动到“花瓣情缘”中，使用“滤镜”|“模糊”|“高斯模糊”命令进行半径为 1 像素的模糊，如图 1–2–21 所示。

步骤 15 把花瓣图层移动到图层 2 下面，效果如图 1–2–22 所示。

步骤 16 双击花瓣图层打开“图层样式”对话框，选择“投影”复选框，设置参数，效果如图 1–2–23 所示。

步骤 17 添加“投影”之后的效果如图 1–2–24 所示。

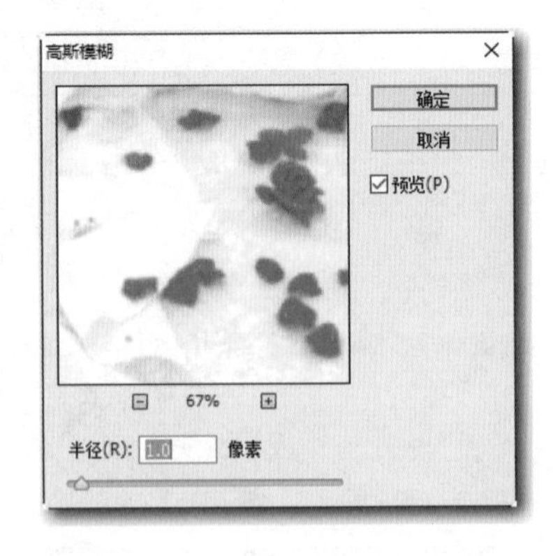

图 1–2–21 “高斯模糊”对话框

图 1–2–22 花瓣情缘效果图

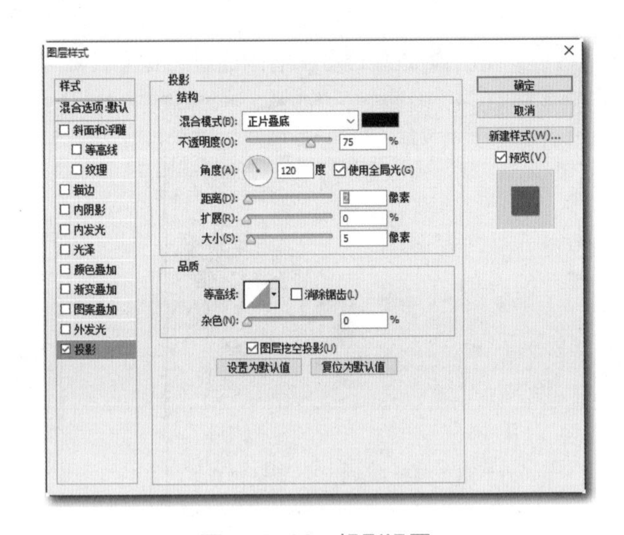

图 1–2–23 投影设置

步骤 18 在背景图层上右击，选择“拼合图像”命令，如图 1–2–25 所示。

图 1–2–24 投影效果图

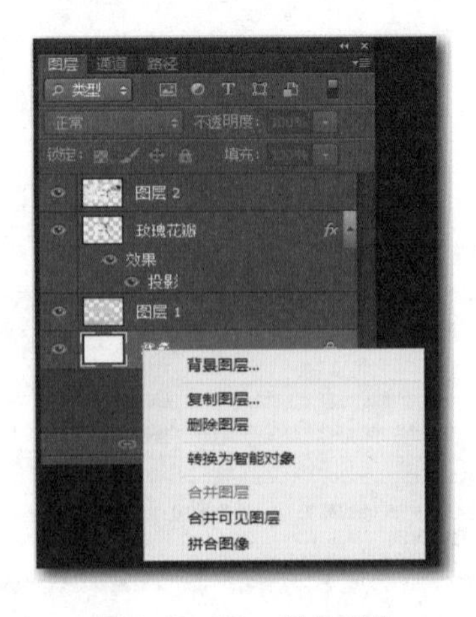

图 1–2–25 拼合图像

步骤 19 拼合之后的效果如图 1-2-26 所示。

图 1-2-26　花瓣情缘最终效果图

知识拓展

1. “素描”滤镜

“素描”滤镜用来在图像中添加纹理、使图像产生模拟素描、速写及三维的艺术效果。需要注意的是，许多素描滤镜在重绘图像时使用前景色和背景色。

① 基底凸现：该滤镜产生一种粗糙类似浮雕的效果，并用光线照射强调表面变化的效果。在图像较暗区域使用前景色，较亮的区域使用背景色。执行完这个命令之后，当前文件图像颜色只存在黑灰白三色。

② 粉笔和炭笔：该滤镜产生一种粉笔和炭精涂抹的草图效果。炭笔区：调整炭笔区域程度。粉笔区：调整粉笔区域程度。描边压力：调整粉笔和炭笔描边的压力。

③ 炭笔：该滤镜产生碳精画的效果。图像中主要的边缘用粗线绘画，中间色调用对角细线条素描。其中炭笔为前景色，纸张为背景色。执行完滤镜中炭笔命令之后，图像的颜色只存在黑灰白三种颜色。

④ 铬黄：该滤镜产生光滑的铬质效果，看起来有些抽象。执行完滤镜铬黄命令之后，图像的颜色将失去，只存在黑灰二种，但表面会根据图像进行铬黄纹理，效果像波浪。

- 细节：调整当前文件图像铬黄细节程度。
- 平滑度：调整当前文件图像铬黄的平滑程度。

⑤ 蜡笔：该滤镜用来模仿蜡笔涂抹的效果。

- 前景色阶：调整当前文件图像前景色阶，数值越大，图像以及纹理会越深。
- 背景色阶：调整当前文件图像背景色阶，数值越大，图像以及纹理会越深。
- 纹理：砖形线条可以模仿砖的纹理。
- 粗麻布：线条可以模仿粗麻布的纹理。
- 画布：模仿画布的质感。
- 砂岩：线条可以模仿砂岩的质感。
- 载入纹理：可以调取计算机存储的纹理，进行载入。

- 缩放：缩放线条以及纹理的大小。
- 凸现：把当前做的纹理进行凸出处理。
- 光照方向：在列表中选择不同的光照方向，可以产生不同的纹理方向。
- 反相：把纹理以及线条反方向化。

2. “纹理”滤镜

“纹理”滤镜主要用于生成具有纹理效果的图案，使图像具有质感。该滤镜在空白画面上也可以直接工作，并能生成相应的纹理图案。

① 龟裂缝：该滤镜可以产生将图像弄皱后所具有的凹凸不平的皱纹效果，与龟甲上的纹路十分相似。它也可以在空白画面上直接产生具有皱纹效果的纹理。调整参数及最终效果如图 1-2-27 所示。

- 裂缝间距：调整当前文件图像裂缝的间距。
- 裂缝深度：调整当前文件图像裂缝的深度。
- 裂缝亮度：调整当前文件图像裂缝的亮暗度。

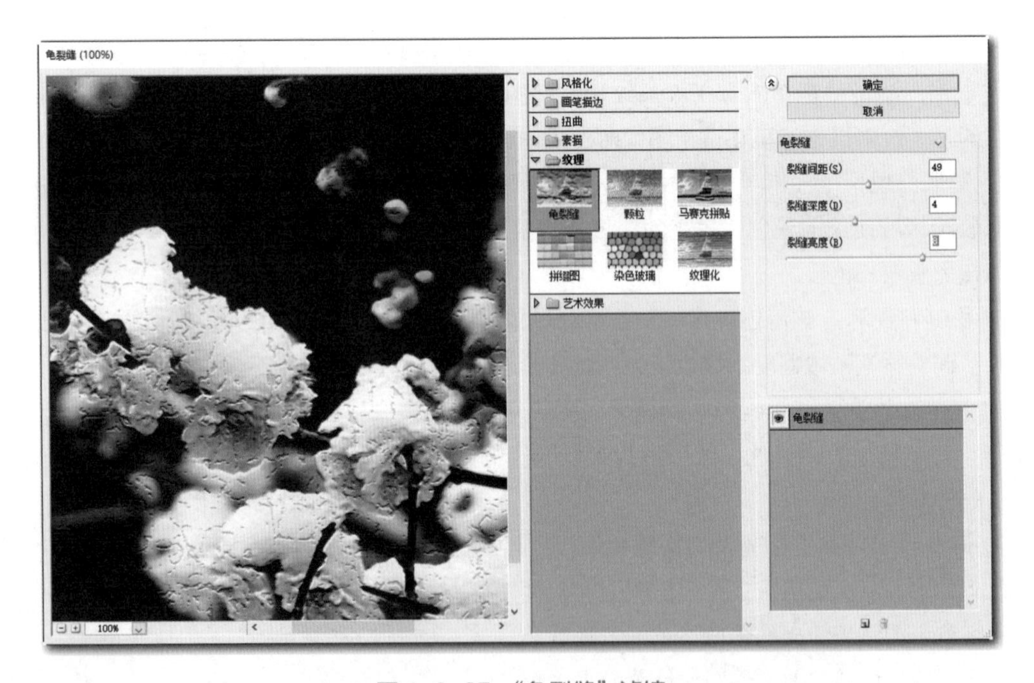

图 1-2-27 “龟裂缝”滤镜

② 颗粒：该滤镜可以为图像增加一些杂色点，使图像表面产生颗粒效果，这样图像看起来就会显得有些粗糙。

- 强度：调整当前文件图像颗粒的强度。
- 对比度：调整当前文件图像对比度。
- 颗粒类型：

常规：计算机默认的颗粒状态。

软化：颗粒效果会比较柔和。

喷洒：喷洒颗粒模拟喷洒的效果。

结块：颗粒成块状。

强反差：把当前图像对比度变强。

扩大：把颗粒效果扩大化。

点刻：图像成黑白色，平面都是点状颗粒。

水平：颗粒会向两侧拉伸，成线形。

垂直：颗粒会向上下拉伸，成线形。

斑点：会把局部像素添加斑点。

③ 马赛克拼贴：滤镜用于产生类似马赛克拼成的图像效果，它制作出的是位置均匀分布但形状不规则的马赛克，因此严格来讲它还不算是标准的马赛克。调整参数及最终效果如图 1–2–28 所示。

- 拼贴大小：改变当前马赛克拼贴的大小。
- 缝隙宽度：调整当前马赛克拼贴之间间距的宽度。
- 加亮缝隙：把马赛克拼贴之间的缝隙加亮。

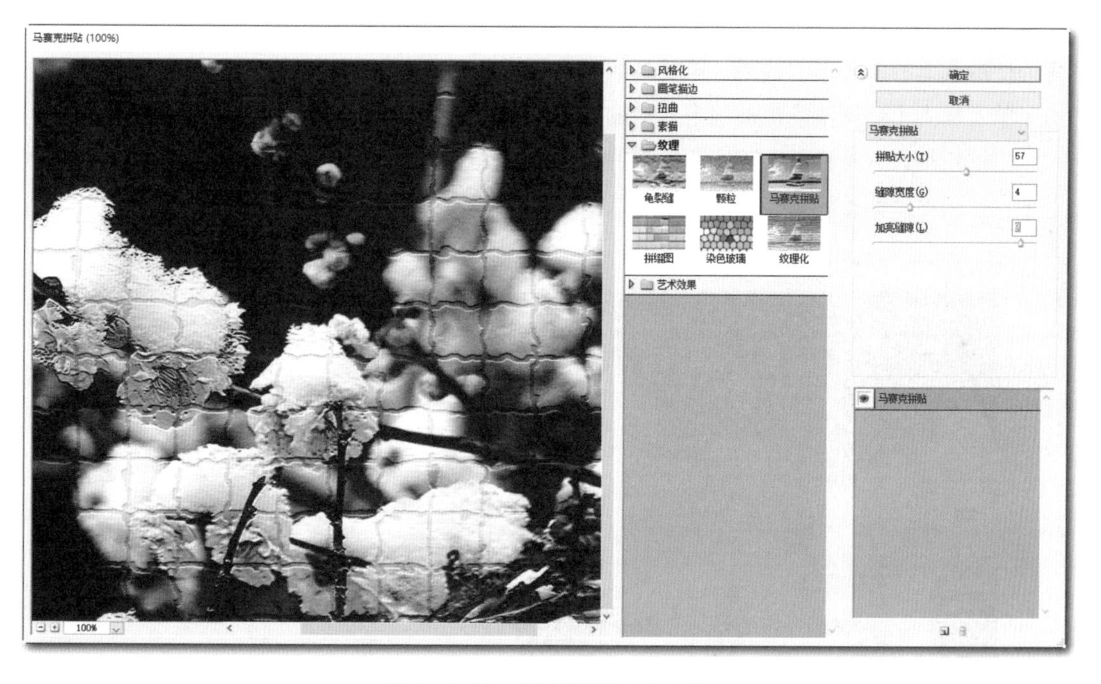

图 1–2–28 “马赛克拼贴”滤镜

④ 拼缀图：该滤镜在“马赛克拼贴”滤镜的基础上增加了一些立体感，使图像产生一种类似于建筑物上使用瓷砖拼成图像的效果。也有人将它称为“拼图游戏”滤镜。调整参数及最终效果如图 1–2–29 所示。

- 方形大小：调整拼缀图每个小方块的大小。
- 凸现：调整每个小方块凸出的厚度。

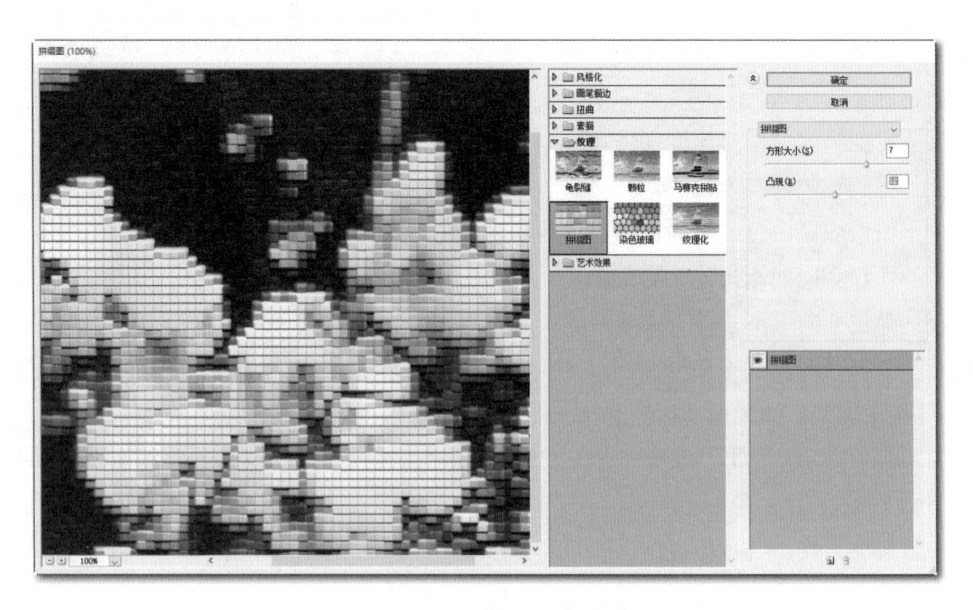

图 1-2-29 “拼缀图”滤镜

⑤ 染色玻璃：该滤镜可以将图像分割成不规则的多边形色块，然后用前景色勾画其轮廓，产生一种视觉上的彩色玻璃效果。调整参数及最终效果如图 1-2-30 所示。

- 单元格大小：调整染色玻璃单元格的大小。
- 边框粗细：调整染色玻璃间距边框的粗细。
- 光照强度：调整图像光照的强度。

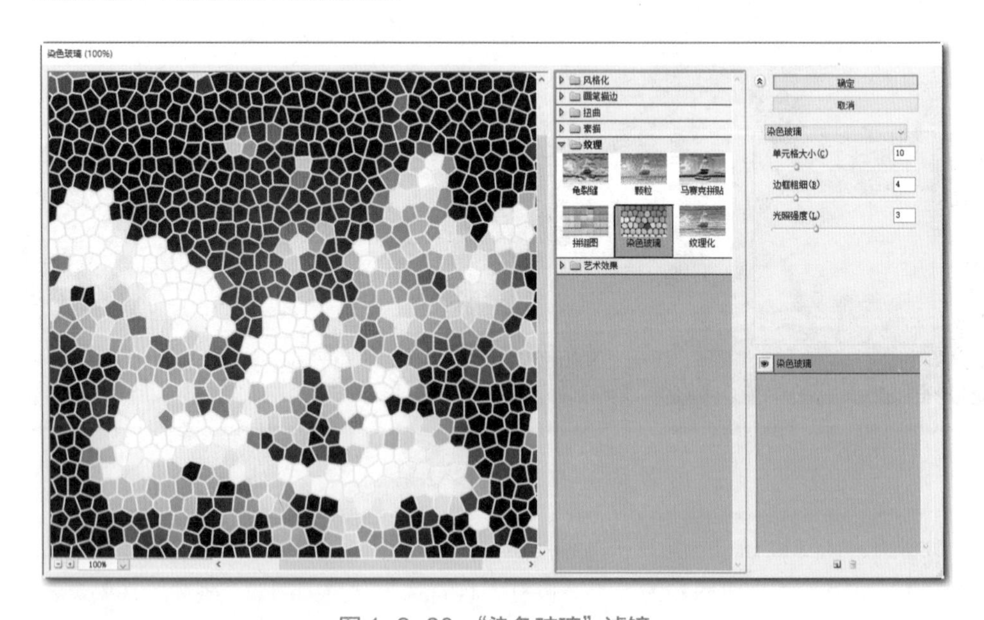

图 1-2-30 “染色玻璃”滤镜

⑥ 纹理化：指定图像生成的纹理，包括砖形、粗麻布、画布和砂岩等。单击选项右侧的按钮，还可以载入一个 PSD 格式的图片作为纹理，如图 1-2-31 所示。

- 缩放：设置生成纹理的大小。值越大，生成的纹理就越大。
- 凸现：设置生成纹理的凹凸程度。值越大，纹理的凸现越明显。
- 光照：设置光源的位置。
- 反相：可以反转纹理的凹凸部分。

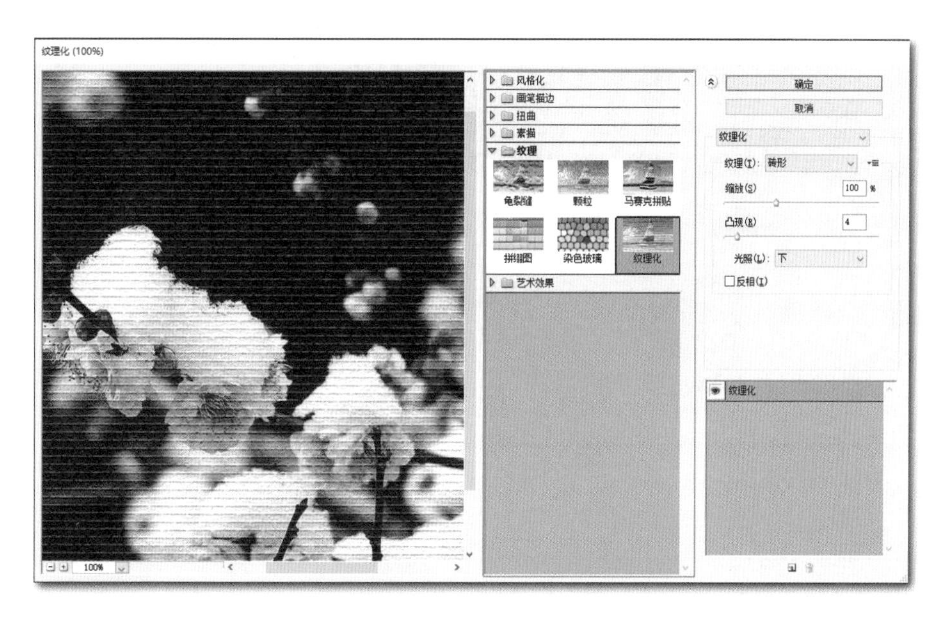

图 1-2-31　纹理化滤镜

技能拓展

“画笔描边”滤镜包含八种不同的艺术效果，“画笔描边”列表框如图 1-2-32 所示，此滤镜会产生一种手绘式或艺术化的外观，还可以增加底纹或杂点锐化细节。图 1-2-33 为原图。

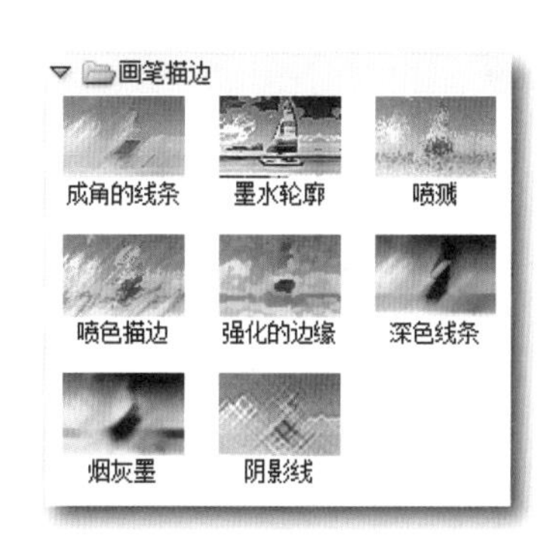

图 1-2-32　“画笔描边”列表框

图 1-2-33　原图

“画笔描边”滤镜对话框如图 1-2-34 所示。

图 1-2-34 “画笔描边”滤镜对话框

注

“画笔描边”不支持 CMYK 和 Lab 模式的图像。

下面举例说明部分“画笔描边”滤镜的应用：

①“成角的线条”：该滤镜产生倾斜笔画的效果，在图像中产生倾斜的线条。选择“画笔描边”|“成角的线条”命令，对图 1-2-33 进行成角线条效果处理，参数设置及效果如图 1-2-35 所示。

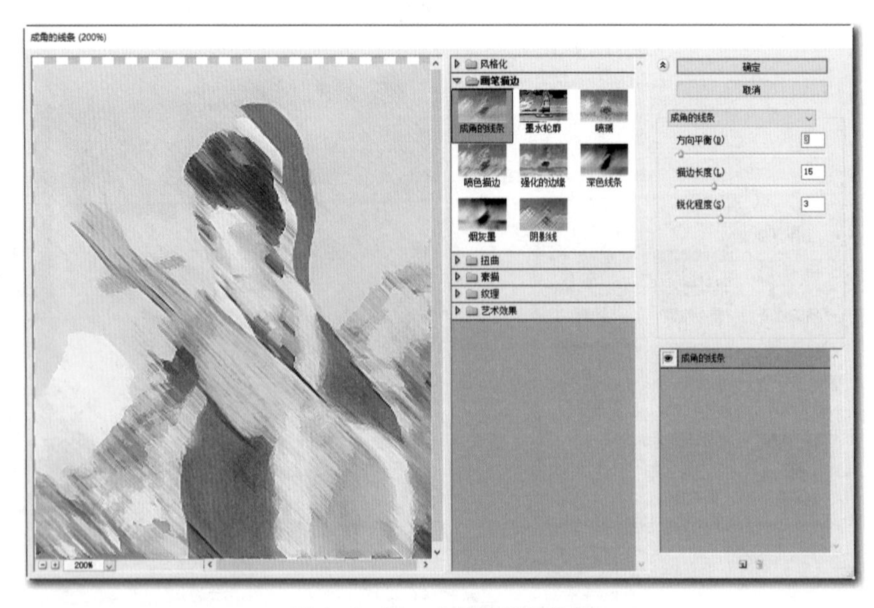

图 1-2-35 成角的线条效果

②“喷溅”：该项滤镜产生辐射状的笔墨溅射效果，用此滤镜可以制作水中倒影效果。选择“滤镜”|“画笔描边”|“喷溅”命令即可，参数设置及效果如图 1-2-36 所示。

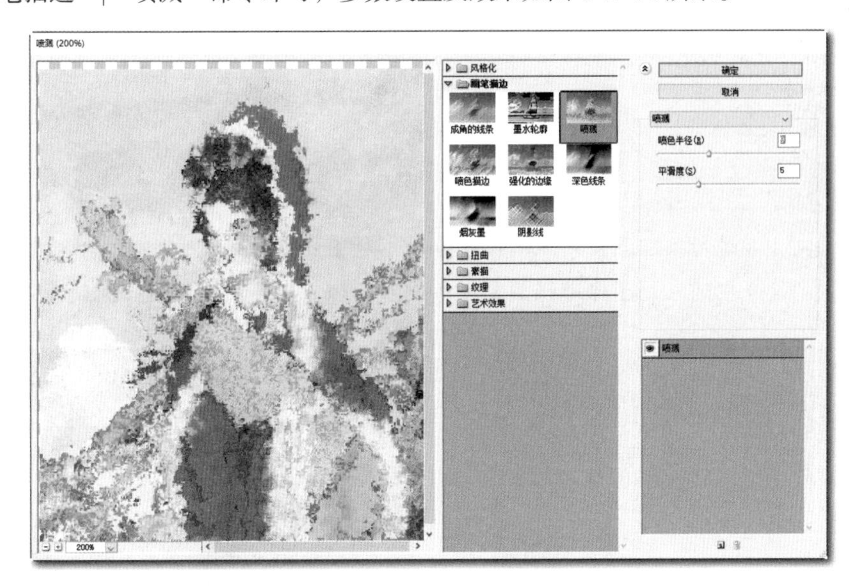

图 1-2-36　喷溅效果

③“喷色描边”：该滤镜依据笔锋的方向，产生不同于喷溅滤镜的辐射状而是斜纹状的飞溅效果，其原理是用带有方向的喷点来覆盖图像中的主要颜色。其参数设置及效果如图 1-2-37 所示。

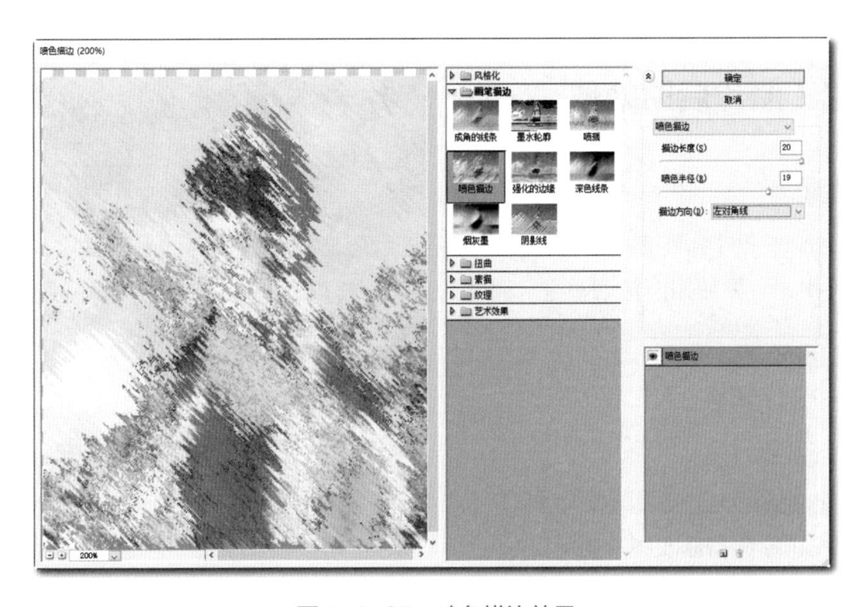

图 1-2-37　喷色描边效果

任务总结

通过本任务的实施，应掌握下列知识和技能：

• 图像导入；
• 画笔工具；
• 选区工具；
• 滤镜（重点）；
• 自由变换工具。

课后练习

1. 对图 1-2-38 进行纹理滤镜处理，观察各种参数下的效果。
2. 对图 1-2-39 中的人物图像进行画笔描边滤镜处理，观察各种不同子滤镜效果。

图 1-2-38　原图 1

图 1-2-39　原图 2

子任务 2　照片后期处理

任务描述

艺术照的各种素材合成完成后，需要进一步进行色彩调整，使画面融合度更高，效果更加理想。此任务中，主要使用图像调整进行照片的色彩调整以及图层样式进行一些特效的制作。

任务分析

（1）熟悉“相关知识”。
（2）任务准备。
（3）在 Photoshop 中打开图像文件。
（4）使用色彩调整修改图片色彩。
（5）使用图层样式修饰艺术照边框。
（6）使用选区工具进行图像处理。

相关知识

Photoshop 中图像色彩的调整命令均在“图像”|“调整”菜单中，如图 1-2-40 所示。

1. “亮度 / 对比度”调整

“应用亮度 / 对比度”对话框如图 1–2–41 所示。使用“亮度 / 对比度”调整，可以对图像的色调范围进行简单的调整。将亮度滑块向右移动会增加色调值并扩展图像高光，而将亮度滑块向左移动会减少色调值并扩展阴影。对比度滑块可扩展或收缩图像中色调值的总体范围。

在正常模式中，“亮度 / 对比度”会与“色阶”和“曲线”调整一样，按比例（非线性）调整图像图层。当选择“使用旧版”复选框时，“亮度 / 对比度”在调整亮度时只是简单地增大或减小所有像素值。由于这样会造成修剪高光或阴影区域或者使其中的图像细节丢失，因此不建议在旧版模式下对摄影图像进行“亮度 / 对比度”调整（但对于编辑蒙版或科学影像是很有用的）。

2. “色阶”调整

“色阶”调整通过调整图像的阴影、中间调和高光的强度级别，从而校正图像的色调范围和色彩平衡。将“色阶”设置存储为预设，然后可将其应用于其他图像，如图 1–2–42 所示。

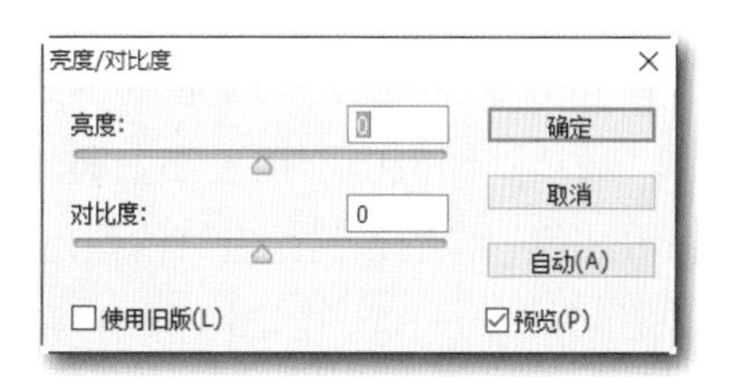

图 1–2–41 “亮度对比度”对话框

图 1–2–40 “调整”菜单

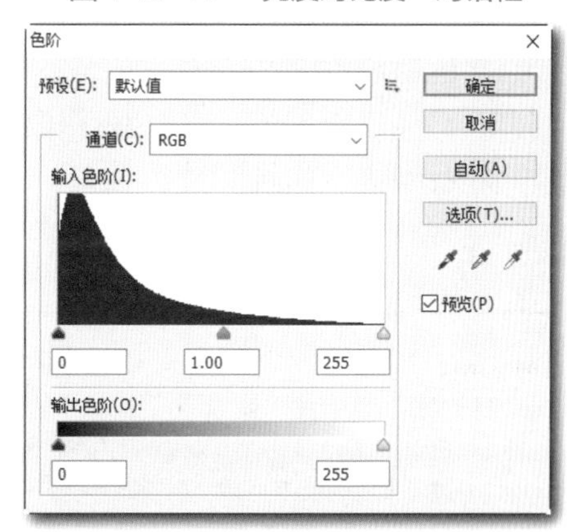

图 1–2–42 “色阶”对话框

外侧的两个“输入色阶”滑块将黑场和白场映射到“输出”滑块的设置。默认情况下，“输出”滑块位于色阶 0（像素为黑色）和色阶 255（像素为白色）。“输出”滑块位于默认位置时，如果移动黑场输入滑块，则会将像素值映射为色阶 0，而移动白场滑块则会将像素值映射为色阶 255。其余的色阶将在色阶 0 和 255 之间重新分布。这种重新分布情况将会增大图像的色调范围，实际上增强了图像的整体对比度。

中间输入滑块用于调整图像中的灰度系数。它会移动中间调（色阶 128），并更改灰色调中间范围的强度值，但不会明显改变高光和阴影。

3. “曲线”调整

使用“曲线”或“色阶”可以调整图像的整个色调范围。“曲线”可以调整图像的整个色调范围内的点（从阴影到高光），而“色阶”只可做三种调整（白场、黑场、灰度系数）。使用“曲线”也可以对图像中的个别颜色通道进行精确调整。可以将“曲线”调整设置存储为预设，如图 1–2–43 所示。

在“曲线”调整中，色调范围显示为一条直的对角基线，因为输入色阶（像素的原始强度值）和输出色阶（新颜色值）是完全相同的。

> **注**
>
> 在“曲线”对话框中调整色调范围之后，Photoshop 将继续显示该基线作为参考。要隐藏该基线，取消选择“曲线显示选项”中的显示“基线”复选框。

图形的水平轴表示输入色阶；垂直轴表示输出色阶。

4. “色彩平衡”调整

“色彩平衡”调整应用于普通的色彩校正，“色彩平衡”命令更改图像的总体颜色混合。确保在“通道”面板中选择了复合通道，只有在查看复合通道时，此命令才可用。颜色条上方的值显示红色、绿色和蓝色通道的颜色变化（对于 Lab 图像，这些值代表 a 和 b 通道），值的范围可以是 –100 ~ +100，如图 1–2–44 所示。

“色彩平衡”是一个功能较少但操作直观方便的色彩调整工具。它在“色调平衡”选项中将图像笼统地分为阴影、中间调和高光 3 个色调，每个色调可以进行独立的色彩调整。

5. “色相 / 饱和度”调整

使用“色相 / 饱和度”可以调整图像中特定颜色范围的色相、饱和度和明度，或者同时调整图像中的所有颜色，如图 1–2–45 所示。

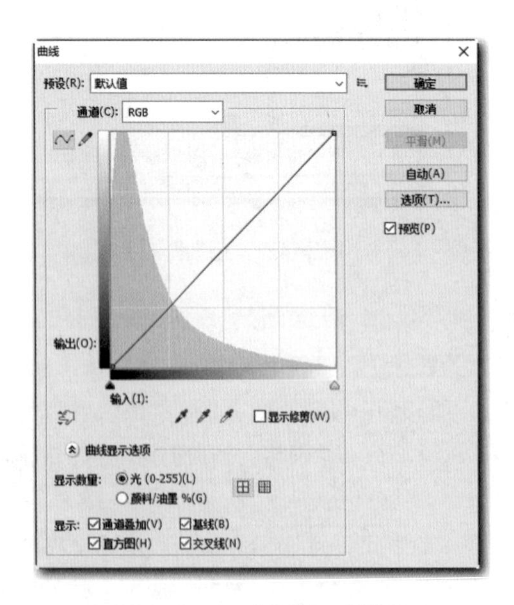

图 1–2–43 “曲线”对话框

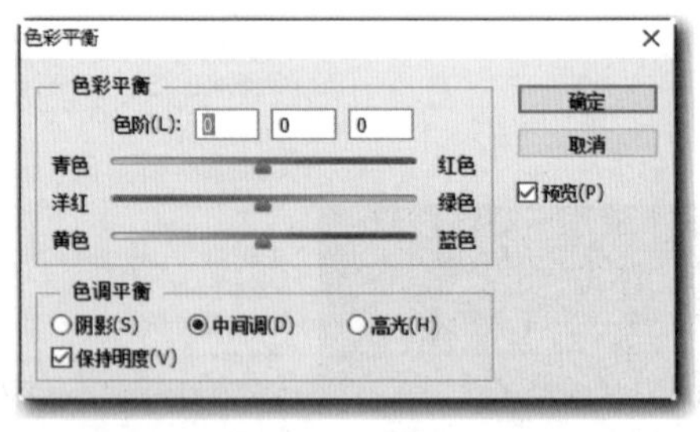

图 1–2–44 “色彩平衡”对话框

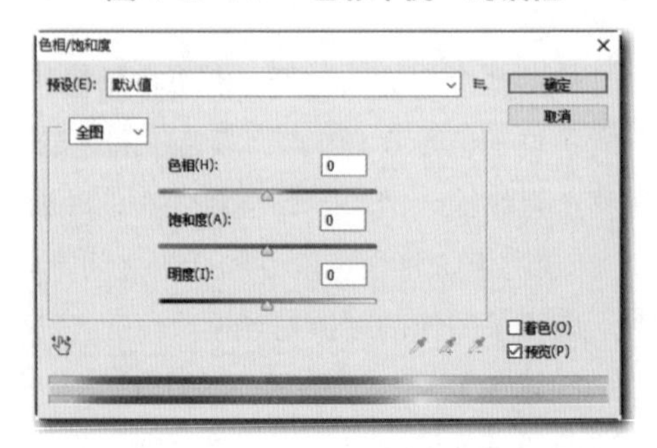

图 1–2–45 “色相 / 饱和度”对话框

①“色相”：输入一个值，或向右拖动滑块以调整图像的颜色。值的范围可以是 -180 到 +180。

②“饱和度”：输入一个值，或将滑块向右拖动增加饱和度，向左拖动减少饱和度。颜色将变得远离或靠近色轮的中心。值的范围可以是 –100（饱和度减少的百分比，使颜色变暗）到 +100（饱和度增加的百分比）。也可以选择“调整”面板中的图像调整工具 并单击图像中的颜色。在图像中向左或向右拖动，以减少或增加包含所单击像素的颜色范围的饱和度。

③“明度”：输入一个值，或者向右拖动滑块以增加亮度（向颜色中增加白色），或向左拖动以降低亮度（向颜色中增加黑色）。值的范围可以是 –100（黑色的百分比）到 +100（白色的百分比）。

④“着色”：被勾选时，可以消除图像中的黑白或彩色元素，从而转变为单色调。

任务准备

（1）一台装有 Windows 7 的计算机，且安装了 Photoshop CS6 软件。

（2）打开任务 2 中的子任务 1 所完成的图像合成部分。

任务实施

制作艺术字立体效果的操作步骤如下：

步骤 1 使用矩形选区工具，在图像上绘制一个选区，如图 1–2–46 所示。

步骤 2 使用【Ctrl+J】组合键复制选区为新图层，如图 1–2–47 所示。

图 1–2–46　绘制矩形选区

图 1–2–47　复制选区为新建图层

步骤 3 再次按【Ctrl+J】组合键，效果如图 1–2–48 所示。

步骤 4 选择图层 1，双击打开图层样式面板，选择“投影”复选框，如图 1–2–49 所示。

步骤 5 设置投影颜色为蓝色（R97,G127,B180），如图 1–2–50 所示。

步骤 6 设置投影的相关参数，如图 1–2–51 所示。

步骤 7 添加投影后的效果如图 1–2–52 所示。

步骤 8 选择图层 1 副本，选择“滤镜”｜“模糊”｜“高斯模糊”命令，半径为 7 像素，如图 1–2–53 所示。

图 1-2-48 复制选区为新建图层

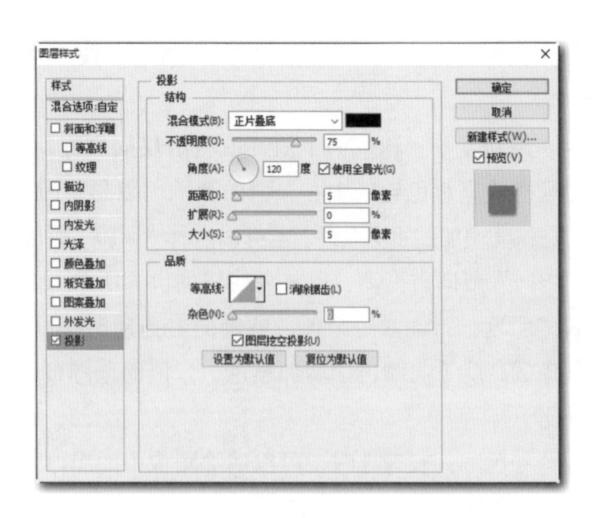

图 1-2-49 “图层样式”对话框

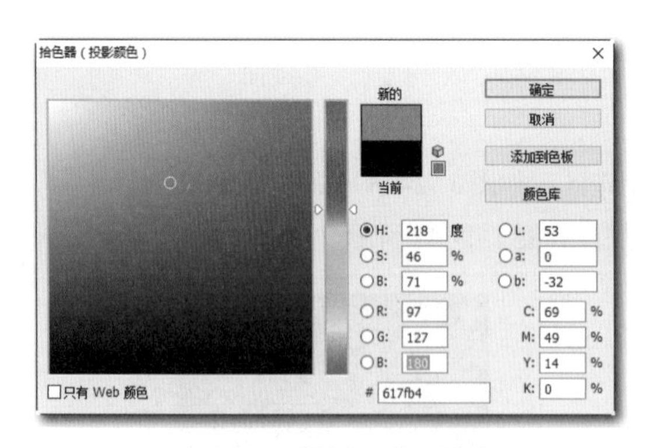

图 1-2-50 “拾色器”对话框

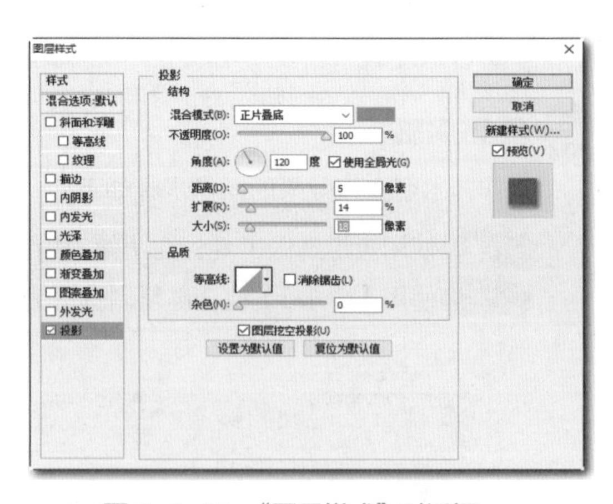

图 1-2-51 “图层样式”对话框

图 1-2-52 添加投影效果

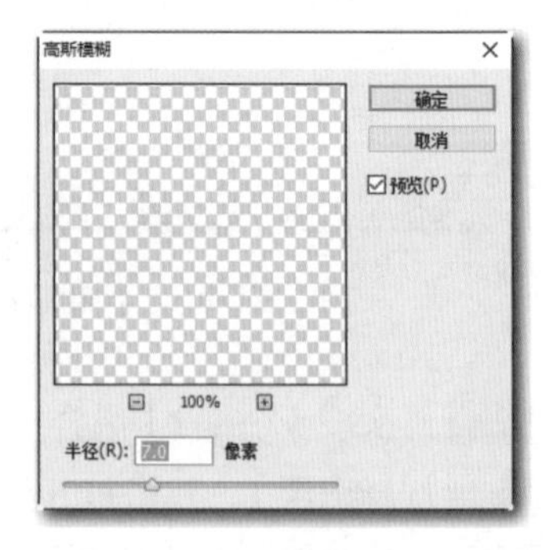

图 1-2-53 “高斯模糊”对话框

步骤 9 使用橡皮擦工具，对图层 1 上方的矩形区域进行擦除，效果如图 1-2-54 所示。

步骤 10 用同样的方法绘制下方的矩形区域，效果如图 1-2-55 所示。

图 1-2-54　擦除后效果 1

图 1-2-55　擦除后效果 2

步骤 11 使用椭圆选区工具，在画布上按住【Shift】键，按住并拖动鼠标，创建正圆选区，效果如图 1-2-56 所示。

步骤 12 分别选择图层 2 和图层 2 副本，按【Delete】键进行删除，效果如图 1-2-57 所示。

图 1-2-56　创建正圆选区

图 1-2-57　删除效果

步骤 13 选择“选择” | “变换选区”命令，对选区进行变形，效果如图 1-2-58 所示。

步骤 14 调整选区的大小、位置，效果如图 1-2-59 所示。

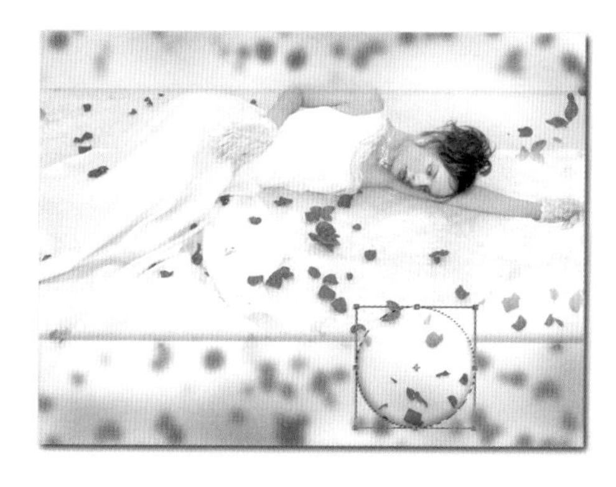

图 1-2-58　变换选区

图 1-2-59　选区调整效果

步骤 15 使用和步骤 12 一样的方法，分别在两个图层进行删除，效果如图 1-2-60 所示。

步骤 16 新建图层 3，使用椭圆选区绘制，然后用前景色白色填充，效果如图 1–2–61 所示。

图 1–2–60 选区删除效果

图 1–2–61 椭圆选区填充前景色

步骤 17 双击图层 3，在弹出的“图层样式”对话框中选择“斜面与浮雕”复选框，在“斜面和浮雕”选项卡下设置参数，如图 1–2–62 所示。

步骤 18 选择“投影”复选框，单击“投影”选项中的“设置阴影颜色”，在弹出的“拾色器”对话框中设置投影颜色为（R97,G127,B180），如图 1–2–63 所示。

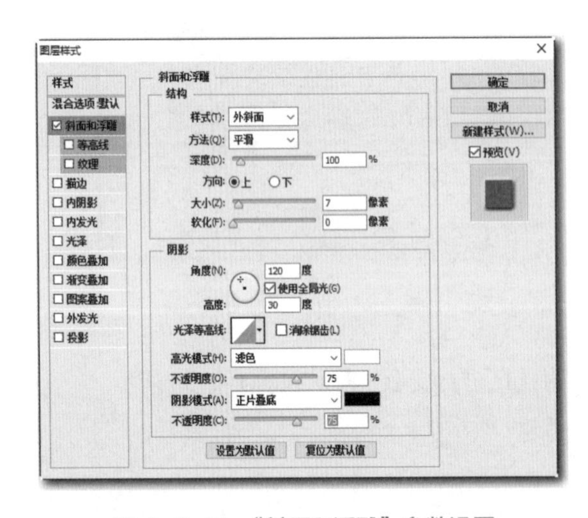

图 1–2–62 “斜面和浮雕”参数设置

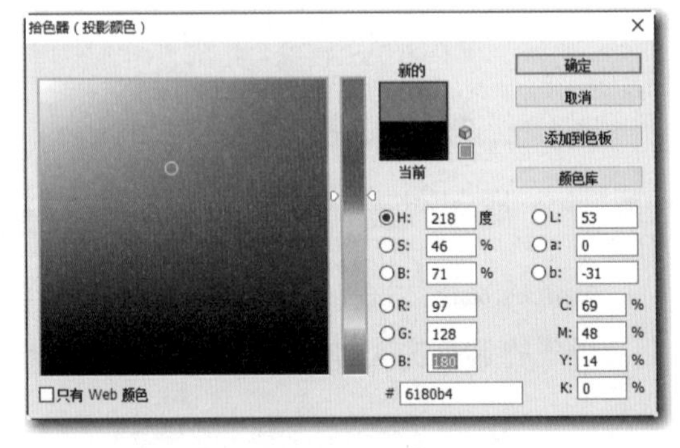

图 1–2–63 “拾色器”对话框

步骤 19 设置“投影”选项下的参数，如图 1–2–64 所示。

步骤 20 单击“确定”按钮，设置图层 3 的不透明度为 50%，复制图层 3，效果如图 1–2–65 所示。

步骤 21 设置图层 3 副本的大小和位置，效果如图 1–2–66 所示。

步骤 22 导入素材图片 3，使用椭圆选区，移动头像到指定位置，用橡皮工具擦除边缘，效果如图 1–2–67 所示。

步骤 23 打开“色彩平衡”对话框，设置“中间调”参数，如图 1–2–68 所示。

步骤 24 设置“高光”参数，如图 1–2–69 所示。

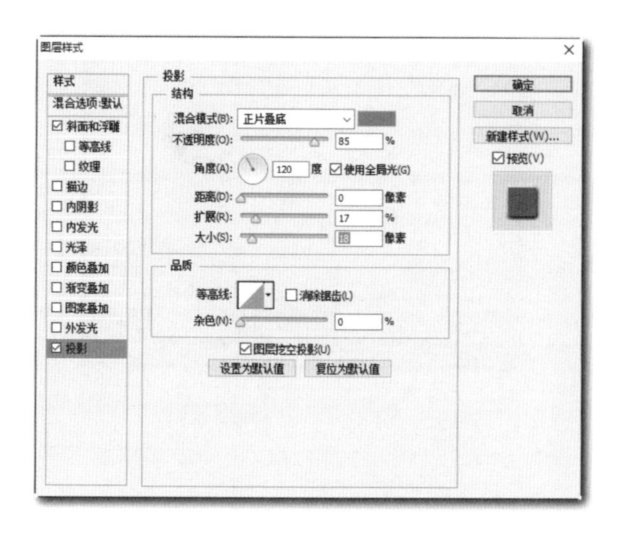

图 1-2-64　设置“投影”参数

图 1-2-65　透明效果设置

图 1-2-66　图层副本设置

图 1-2-67　添加头像效果 1

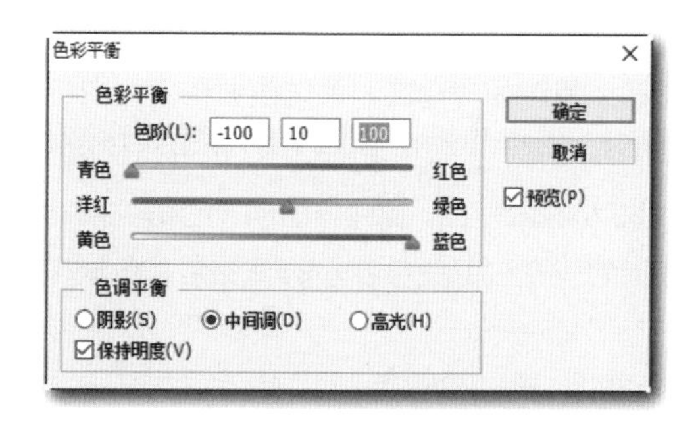

图 1-2-68　设置“中间调”参数

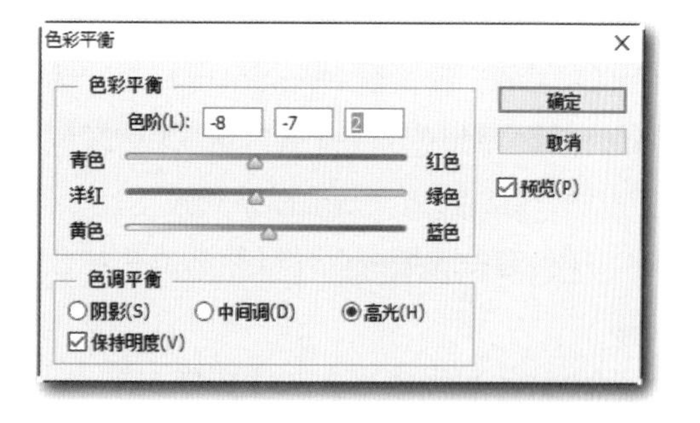

图 1-2-69　设置“高光”参数

步骤 25 单击“确定”按钮，使用同样方法制作另一个头像，效果如图 1-2-70 所示。

步骤 26 最后，再添加一些文字。最终效果如图 1-2-71 所示。

图 1-2-70　添加头像效果 2

图 1-2-71　最终效果

知识拓展

1. “去色”调整

“去色”命令将彩色图像转换为相同颜色模式下的灰度图像。例如，它给 RGB 图像中的每个像素指定相等的红色、绿色和蓝色值，使图像表现为灰度，但每个像素的明度值不改变。

“去色”命令与在“色相 / 饱和度”对话框中将“饱和度”设置为 -100 有相同的效果。

如果正在处理多层图像，则“去色”命令仅转换所选图层。

虽然都是去掉颜色，但“去色”调整和灰度模式的区别在于：灰度是对黑色进行操作，去色是对 RGB 进行操作。

2. “替换颜色”调整

“替换颜色”命令用来替换图像中对象的颜色。使用“替换颜色 ”命令，可以创建蒙版，以选择图像中的特定颜色，然后替换该颜色。还可以设置选定区域的色相、饱和度和亮度。或者使用拾色器来选择替换颜色。由“替换颜色”命令创建的蒙版是临时性的。

“替换颜色”调整命令与前面学习过的“色相 / 饱和度”命令的作用是类似的，可以说它其实就是“色相 / 饱和度”命令功能的一个分支。在使用“替换颜色”命令时，在图像中单击所要改变的颜色区域，设置框中就会出现有效区域的灰度图像（需选择“选区”单选按钮），呈白色的是有效区域，呈黑色的是无效区域。改变颜色容差可以扩大或缩小有效区域的范围。也可以使用“添加到取样”工具和“从取样中减去”工具来扩大和缩小有限范围。操作方法同“色相 / 饱和度”一样。颜色容差和增减取样虽然都是针对有效区域范围的改变，但颜色容差的改变是基于取样范围的。

另外，也可以直接在灰度图像上单击来改变有效范围。但效果不如在图像中直观和准确。除了单击确定，也可以在图像或灰度图中按着鼠标拖动观察有效范围的变化。“替换颜色”对话框如图 1-2-72 所示。

3. “匹配颜色”调整

“匹配颜色”命令可匹配多个图像之间、多个图层之间或者多个选区之间的颜色。它还可以通过更改亮度和色彩范围，以及中和色痕来调整图像中的颜色。“匹配颜色”命令仅适用于 RGB 模式。

使用“匹配颜色”命令时，指针将变成吸管工具。在调整图像时，使用吸管工具可以在“信息”面板中查看颜色的像素值。

“匹配颜色 ”命令将一个图像 （源图像）中的颜色与另一个图像 （目标图像）中的颜色相匹配。可以使不同照片中的颜色保持一致，或者一个图像中的某些颜色 （ 如肤色）必须与另一个图像中的颜色匹配时， “匹配颜色”命令非常有用。除了匹配两个图像之间的颜色以外， “匹配颜色”命令还可以匹配同一个图像中不同图层之间的颜色。

4. “照片滤镜”调整

“照片滤镜 ”调整模仿了在照相机镜头前面加彩色滤镜的技术，以便调整通过镜头传输的光的色彩平衡和色温，使胶片曝光。照片滤镜相当于传统摄影中使用的有色滤镜，可改变图像的色调。其效果等同于色彩平衡或曲线调整的效果。但其设定更符合摄影师等专业人士的使用习惯。照片调整前的效果如图 1-2-73 所示。 “照片滤镜”调整参数设置如图 1-2-74 所示。照片调整之后的效果如图 1-2-75 所示。

图 1-2-72 “替换颜色”对话框

图 1-2-73 照片滤镜使用前原图

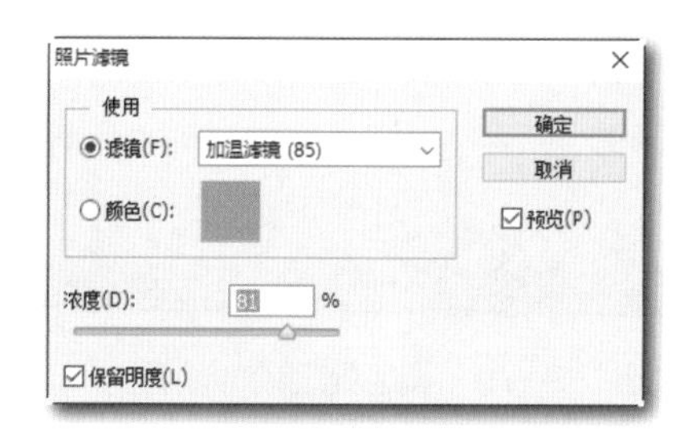

图 1-2-74 “照片滤镜”对话框

图 1-2-75 照片滤镜使用后的最终效果

5. “阴影 / 高光”调整

“阴影 / 高光”命令适用于校正由强逆光而形成剪影的照片，或者校正由于太接近照相机闪光灯而有些发白的焦点。在用其他方式采光的图像中，这种调整也可用于使阴影区域变亮。“阴影 / 高光”命令不是简单地使图像变亮或变暗，它基于阴影或高光中的周围像素（局部相邻像素）增亮或变暗。正因为如此，阴影和高光都有各自的控制选项，其默认值设置为修复具有逆光问题的图像。

“阴影 / 高光”命令的参数设置中有用于调整图像整体对比度的“中间调对比度”滑块、“修剪黑色”选项和“修剪白色”选项，以及用于调整饱和度的“颜色校正”滑块。颜色校正前的图像如图 1-2-76 所示。经过“阴影 / 高光”调整后的图像效果如图 1-2-77 所示。

图 1-2-76　颜色校正前的图像

图 1-2-77　“阴影 / 高光”设置后的图像

技能拓展

利用 Photoshop 调色功能对照片进行处理，最后的效果如图 1-2-78 所示。

① 在 Photoshop 中打开原图如图 1-2-79 所示，从直方图中可以看出该图 1 呈色彩大量缺失状态，如图 1-2-80 所示。

图 1-2-78　调色处理后效果

图 1-2-79　调色处理前的原图

Photoshop 中的 Lab 校色法适用于调控整体缺少反差（对比度）的图像，该类图像一般都拍摄于平淡的光线或雾霭天气情况下。另外，对于大面积水面的拍摄和后期处理，也使很多人受到困惑，而 Lab 校色法能有效地解决相关问题。

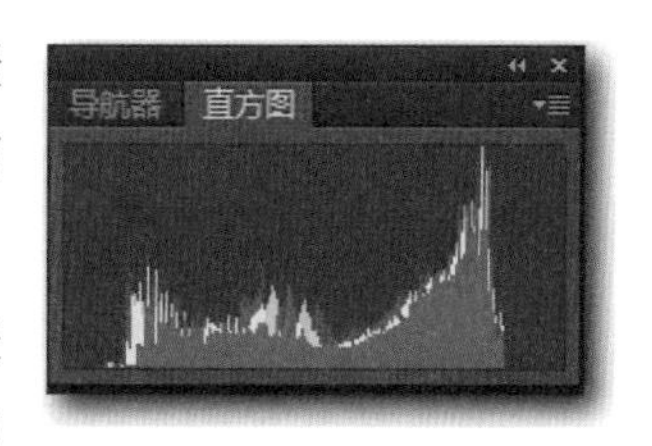

图 1–2–80　直方图信息

② 在 Photoshop 中选择“图像”|“模式”|“Lab 颜色”命令进入 Lab 颜色模式。对湖面进行 Lab 校色，其 a 通道的曲线调整参数如图 1–2–81 所示。

③ 调整 Lab 通道曲线 b 的参数，如图 1–2–82 所示。然后再调整 Lab 通道曲线明度，如图 1–2–83 所示。

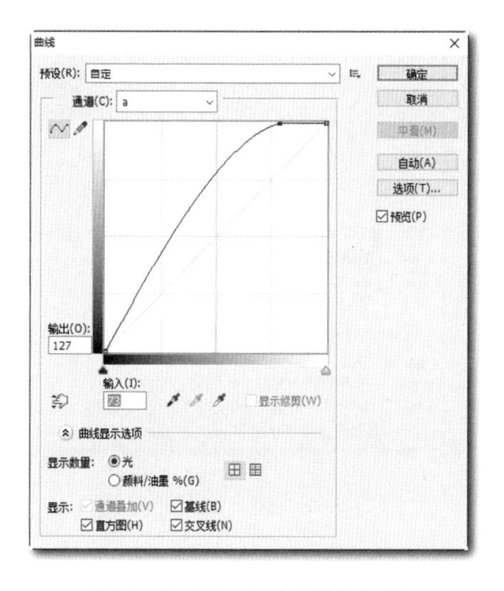

图 1–2–81　Lab 通道曲线 a

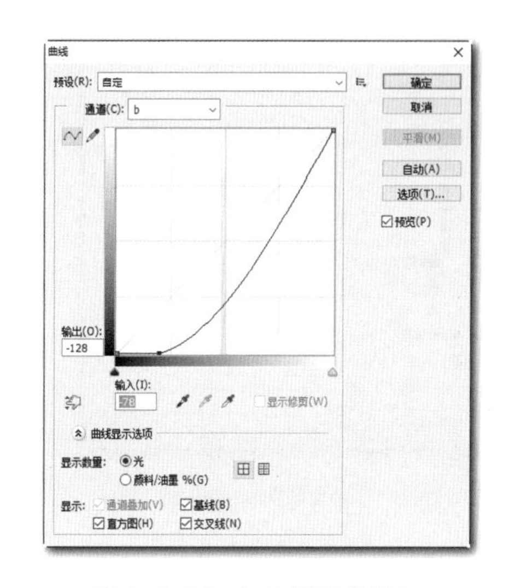

图 1–2–82　Lab 通道曲线 b

④ 用快速选择工具或套索工具创建湖面的选区，并选择“选择”|“调整边缘”命令调整“羽化”值等，让边缘过渡平滑，如图 1–2–84 所示。然后存储选区并命名为“湖面”。

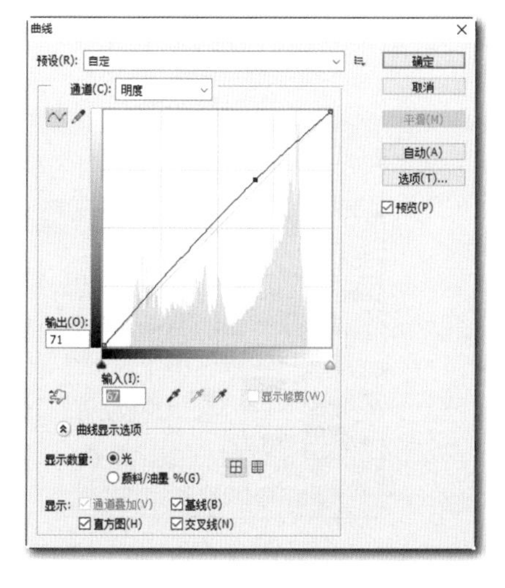

图 1–2–83　Lab 通道曲线明度

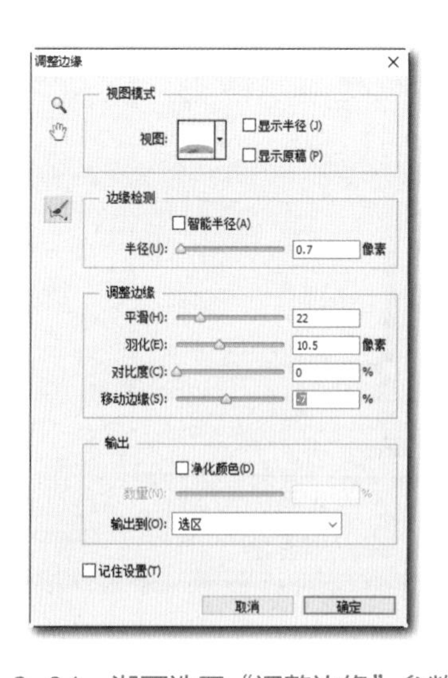

图 1–2–84　湖面选区“调整边缘”参数设置

⑤ 这时“湖面”选区仍然存在，按快捷键【Ctrl+Shift+I】反选，再选择“编辑”|“填充”令，在弹出的“填充”对话框中选择“内容”为黑色。制作湖面以外区域的蒙版，使步骤 2 的调整仅作用于湖面。

⑥ 在 Photoshop 中再创建“曲线”调整图层，只对雪山和天空进行 Lab 校色， 其 a 通道的曲线调整数据如图 1–2–85 所示。再调整 Lab 通道曲线 b，如图 1–2–86 所示。然后再调整 Lab 通道曲线明度，如图 1–2–87 所示。

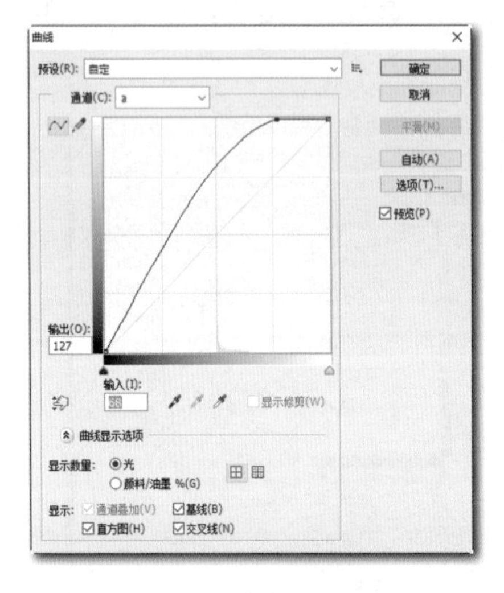

图 1–2–85　a 通道曲线

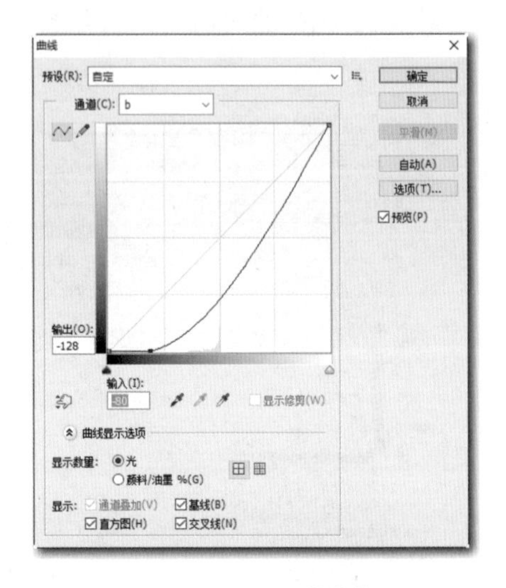

图 1–2–86　b 通道曲线

⑦ 在 Photoshop 中选择“选择”|“载入选区”|“湖面”，再选择“编辑”|“填充”命令，在弹出的“填充”对话框中选择“内容”为黑色，制作蒙版使步骤 4 的调整作用于湖面以外区域，如图 1–2–88 所示。最后进行锐化处理，便得到最终效果如图 1–2–89 所示。

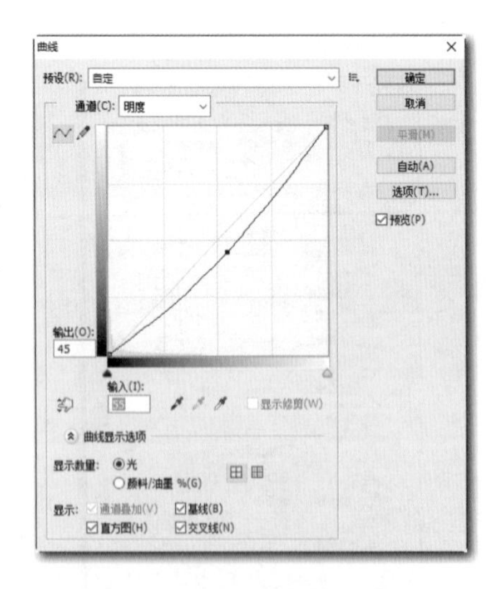

图 1–2–87　明度通道曲线

图 1–2–88　蒙版作用后的效果

图 1-2-89　色调调整最终效果

任务总结

通过本任务的实施，应掌握下列知识和技能：

- 滤镜；
- 画笔；
- 图层样式；
- 图像调整（重点）；
- 选区工具。

课后练习

1. 采用多种方法对图 1-2-90 图像色彩进行改变，使图像色彩看起来更鲜艳、更明亮。
2. 利用调整图层调整图 1-2-91 的色彩平衡。将图像调整为一幅“春光图”。

图 1-2-90　原图 1

图 1-2-91　原图 2

任务3 图像合成

某学院准备开展一次摄影艺术展，为了对此次活动进行宣传，需要设计、制作相关的摄影海报。

任务描述

海报必须紧扣主题“摄影展”，而创意构思的不确定性及设计主题的制约，需要我们对所选用图像素材的局限和不足进行修改和补充，以臻于尽可能完善。对于修与补的工作，小到人物面部的一颗痔、环境里的一块污渍、图片上的一道划痕，大到异物的遮挡、图像的残缺乃至移花接木、蒙太奇景观等，都需要我们认真对待。

任务分析

（1）熟悉“相关知识”。

（2）使用蒙版将素材照片进行处理。

（3）给“手”素材上色。

（4）将素材图片拼合。

（5）收集整档保存文件。

相关知识

一、海报的定义

“海报”一词演变到现在，它的范围已不仅仅是职业性戏剧演出的专用张贴物了，而是逐渐变为向广大群众报道或介绍有关戏剧、电影、体育比赛、文艺演出、报告会等消息的招贴，有的还加以美术设计。因为海报同广告一样，具有向群众介绍某一物体、事件的特性，所以，它又是广告的一种。海报具有在放映或演出场所、街头广以张贴的特性，加以美术设计的海报，它又是电影、戏剧、体育宣传画的一种。“招贴”又名“海报”或“宣传画”，属于户外广告，分布在各街道、影剧院、展览会、商业闹区、车站、码头、公园等公共场所。国外也称之为“瞬间”的街头艺术。招贴相比其他广告具有画面大、内容广泛、艺术表现力丰富、远视效果强烈的特点。

二、海报的特点

1. 广告宣传性

海报制作的目的希望社会各界的参与，它是广告的一种。有的海报加以美术的设计，以吸引更多的人加入活动。海报可以在媒体上刊登、播放，但大部分是张贴于人们易于见到的地方。其广告性色彩极其浓厚。

2. 商业性

海报是为某项活动作的前期广告和宣传，其目的是让人们参与其中，演出类海报占海报中的大部分，而演出类广告又往往着眼于商业性目的。当然，学术报告类的海报一般是不具有商业性的。

三、海报分类

1. 电影海报

这是影剧院公布演出电影的名称、时间、地点及内容介绍的一种海报。这类海报有的还会配 上简单的宣传画，将电影中的主要人物画面形象地描绘出来，以扩大宣传的力度。

2. 文艺晚会、体育比赛等海报

这类海报同电影海报大同小异，它所介绍的内容是受众可以身临其境进行娱乐观赏的一种演出活动，这类海报一般有较强的参与性。海报的设计往往要新颖别致，引人入胜。

3. 学术报告类海报

这是一种为一些学术性的活动而发布的海报。一般张贴在学校或相关的单位。学术类海报具有较强的针对性。

4. 个性海报

这类海报是自己设计并制作，具有明显 DIY 特点。

任务准备

（1）一台装有 Windows 7 的计算机，且安装了 Photoshop CS6 软件。

（2）本任务素材图片。

任务实施

该任务是一幅摄影展海报的设计，主要选用图片资料如图 1–3–1 所示。

步骤 1 打开图 1–3–1 所示的素材。新建文件（或使用快捷键【Ctrl + N】），输入文件名称“摄影展海报”；在文件参数设置中，将预设选择为 A4，分辨率设置为 300 像素 / 英寸，颜色模式设定为 RGB、8 位，单击“确定”按钮。将已打开的图像文件用移动工具直接拖动到新建文件中。如图 1–3–2 所示。

图 1-3-1　摄影展海报设计图片素材

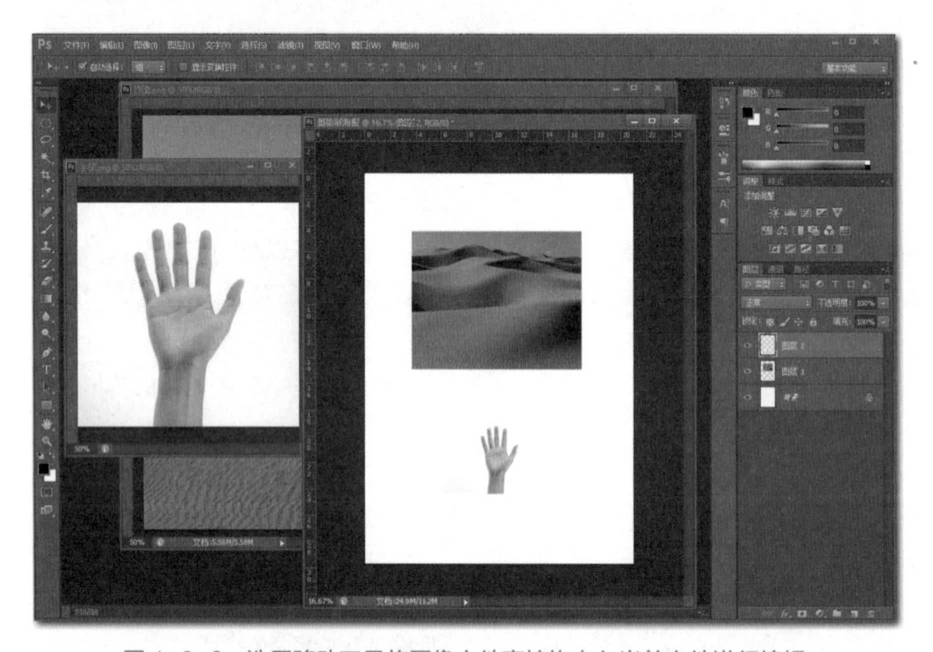

图 1-3-2　选用移动工具将图像文件直接拖曳入当前文件进行编辑

步骤 2 选择“编辑” | “变换” | “缩放”命令，按住【Shift + Alt】组合键，同时用鼠标拉动图像四角中任一结点作同心同比例缩放，如图 1-3-3 所示。

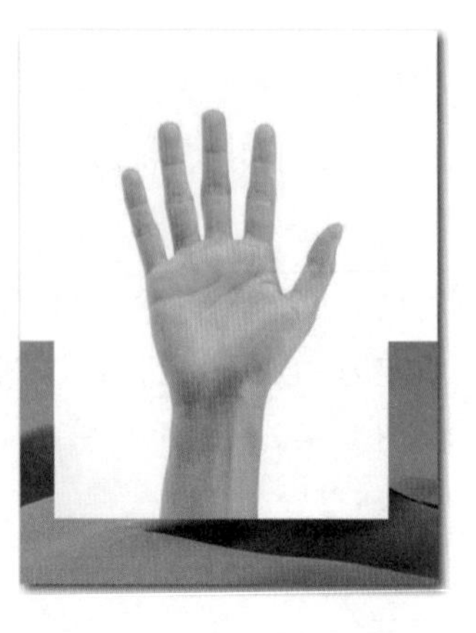

图 1-3-3　缩放图像

步骤 3 选择魔棒工具，将工具属性选项栏中的容差调节至 32，单击手掌图像中的灰白色背景，按住【Shift】键，此时为连加选择，使用魔棒连续单击背景中未被选择的区域。选择“选择” | “修改” | “扩展”（设扩展量为 3 像素）命令；选择羽化（将羽化半径设置为 3 像素）命令，按【Delete】键删除手掌背景部分。因使用了羽化操作，图像周围会留有矩形边框羽化痕迹，选取后按【Delete】键删除。同样运用该操作步骤对图层 1 进行操作，将沙漠上方的天空实

行羽化后删除，如图 1–3–4 所示。

步骤 4 选择图层 2，建立图层蒙版，选择画笔工具，将前景色设置为黑色，画笔流量设置为 15，使用画笔在蒙版中绘制出手掌与沙漠背景融合后的图像效果。如图 1–3–5 所示。

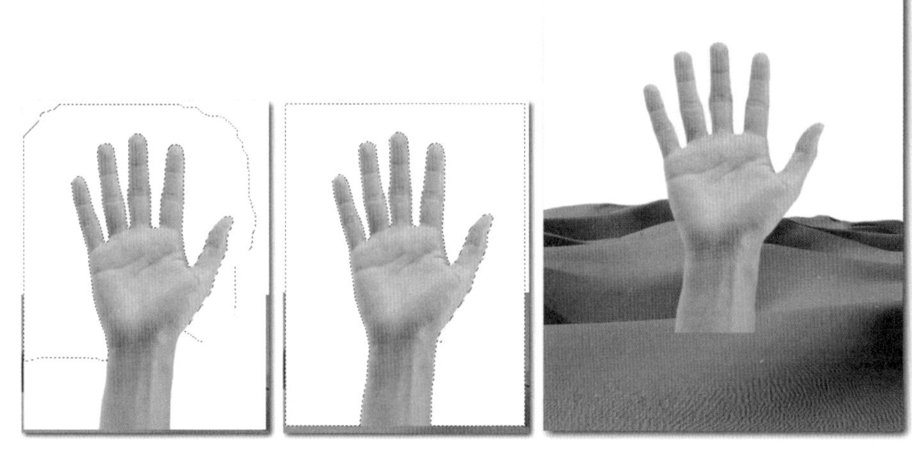

图 1–3–4　删除图像背景

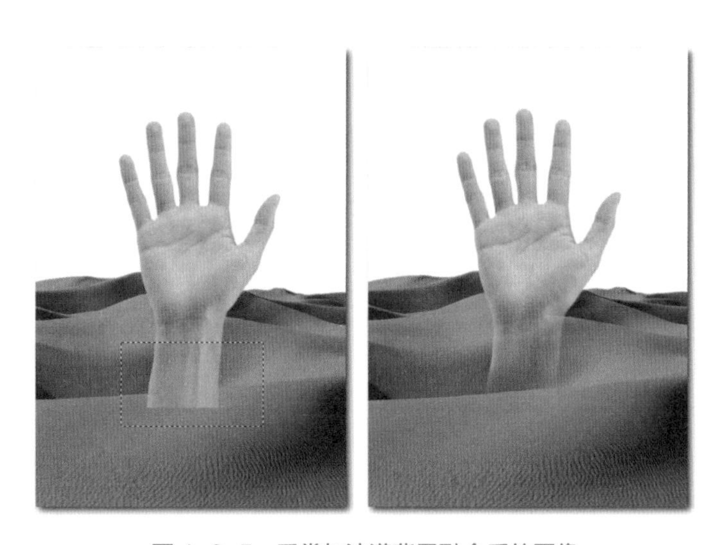

图 1–3–5　手掌与沙漠背景融合后的图像

步骤 5 选择图层 2［见图 1–3–6（a）］，调出“手”形选区，建立新图层 3；选择渐变工具，打开渐变拾色器，将前景色设置为红色，选择前景到透明渐变选项；在工具栏中选择“径向渐变”，并选择“反向”复选框；将鼠标从手掌心处拖动至指根部位作径向渐变，如图 1–3–6（b）所示。

步骤 6 切换前景色与背景色，新建图层 4，取消选择工具属性栏中的“反向”复选框，用径向渐变工具拖动圆形渐变，如图 1–3–6（c）所示。调出图层 4 选区，隐藏图层 4，使图层 3 为当前操作层，按【Delete】键删除手掌图形五指以外部分（可按【Delete】键数次直至彻底清除），若图形手腕部仍残留细微红色，可通过对其创建选区后作进一步删除，如图 1–3–6（d）所示。

删除图层 4，并取消选区。

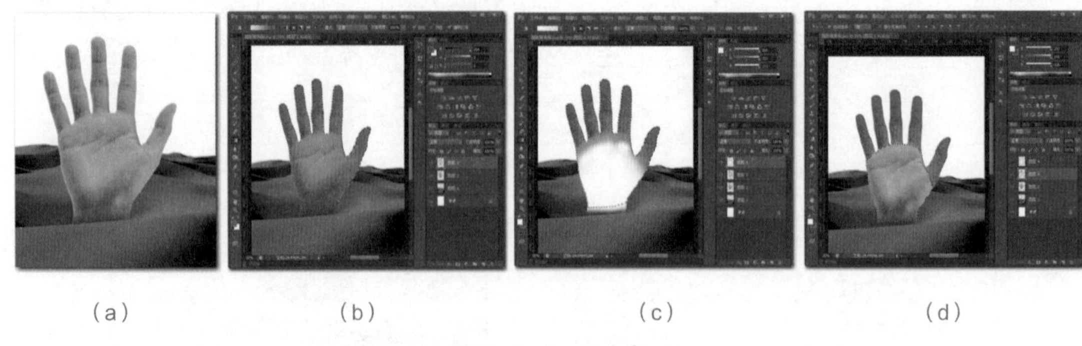

（a）（b）（c）（d）

图 1-3-6　手上色

步骤 7 调出图层 3 选区，并隐藏图层 3，选择图层 2 为当前操作层；选择“快速选择”工具，将图形里小拇指选出，按【Ctrl + U】组合键，弹出“色相 / 饱和度”对话框，作如图 1-3-7 所示设置，单击“确定”按钮，小手指图形的色彩即转变为粉红色。

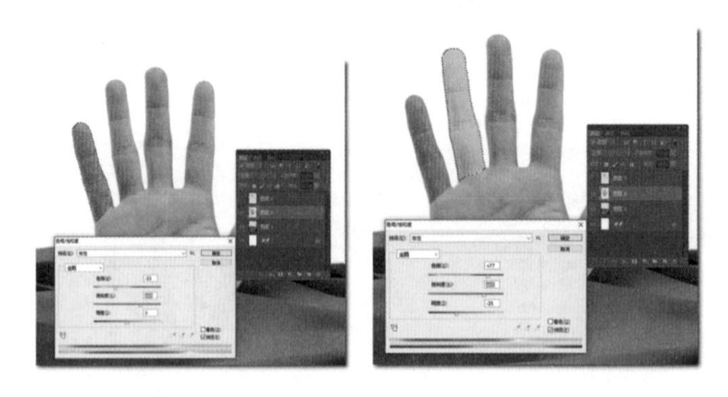

图 1-3-7　手指上色 1

步骤 8 参照步骤 7，依此对图形中无名指、中指、食指和大拇指作不同的色彩转换如图 1-3-8 所示。

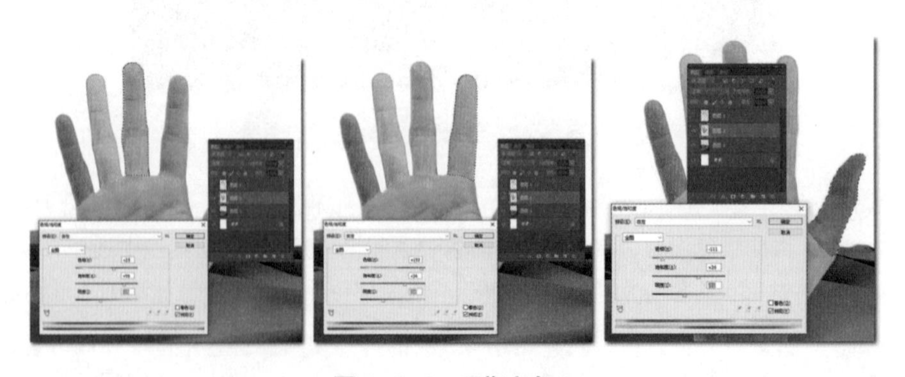

图 1-3-8　手指上色 2

步骤 9 选择“图像” | “调整 | 亮度” | “对比度”命令，在弹出的亮度 | 对比度面板上

作如图 1-3-9 所示，单击“确定”按钮。按快捷键【Ctrl + D】取消选区，删除图层 3。

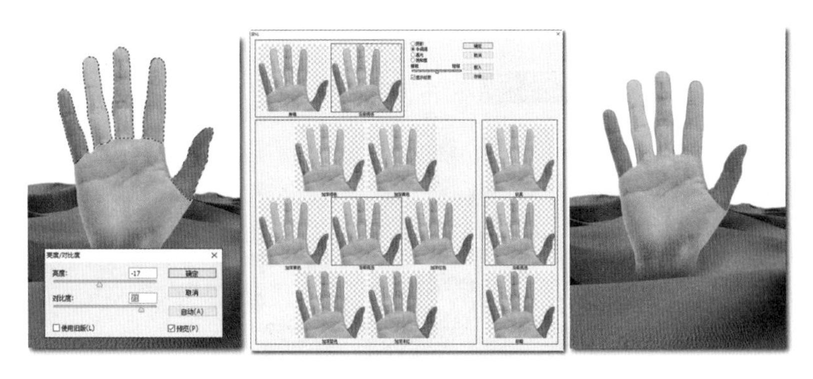

图 1-3-9　调整手指颜色

步骤 10 将“仪器”素材拖动到当前操作图像文件的编辑窗口，如图 1-3-10 所示。

步骤 11 选择椭圆形选框工具，按住【Shift】键（正圆选框工具），创建镜头图像的选区，选区与图像边框的大小可选择“选择”｜“修改”｜“扩展”或“收缩”命令操作选区达到吻合，并通过键盘方向键进行精确对位；选择“选择”｜“修改”｜“羽化”命令，将羽化半径设置为 2 像素；选择“选择”>“反向”命令，按【Delete】键，删除镜头图像背景部分，如图 1-3-11（a）所示。将图层 3 向下合并，按【Delete】键，删除选区部分后，取消选区。

图 1-3-10　拖入仪器素材

步骤 12 打开图像文件“胡杨树”，将该图像拖动到当前操作图像文件的编辑窗口，所在图层为图层 3，如图 1-3-11（b）和图 1-3-11（c）所示。

步骤 13 选择魔棒工具，将其容差设置为 32（默认设置），按住【Shift】键的同时对胡杨树背景进行连续选取，细心保留树枝树干树根轮廓部分，按【Delete】键删除胡杨木背景部分；将图层 3 拖动至图层 2 下方，并关闭图层 2 眼形图标，对胡杨木图形作位置和大小的调整，如图 1-3-11（d）所示。

（a）　（b）　（c）　（d）

图 1-3-11　编辑树枝

步骤 14 显示图层，该海报设计的图像编辑部分基本完成。最后对海报设计文字部分进行编辑，结束该海报设计，最终效果如图 1-3-12 所示。

图 1-3-12　海报最终效果

知识拓展

一、海报设计概述

对于每一个平面设计师来说，海报设计都是一个挑战。在二维平面空间中的海报，它的用途数不胜数，其表现题材从广告、推广到公共服务公告等无所不包。

设计师所面对的挑战是要使设计出来的海报能够吸引人，而且能传播特定信息，从而最终激发观看的人。当人们在城市的街道闲逛时，在地铁站等车时，在参观博物馆时，都可以发现海报无处不在。而那些最好的海报设计总是让人们驻足停留，海报所传达的信息清晰明了，离开后脑海里还在想着它们。

海报的设计有其基本原则，这些原则对设计者在设计一幅令人印象深刻的海报时有所帮助。下面介绍如何创作出一幅具有统一、协调及有节奏感的作品，使得它在大街上能够吸引路人的目光。

二、海报设计基础

很久以前，当人们有某些东西要向别人宣布时就已经有了海报，当时并没有迹象显示海报能够比其他宣传媒体有更大的优势。但为什么现在人们总是将电视广告及广告牌作为公共的海报？其中一个答案是，一幅设计精美的平面作品仍然有某种力量在吸引着人们。

海报是一种非常经济的表现形式——使用最少的信息就能获得良好的宣传效果。有时海报设计师会被要求减少文字内容，将其他文字转换成视觉元素；有时，整张海报仅使用一些独特的字体设计；另外设计师还经常被要求将一大堆琐碎的细节组织起来，使它们变得清晰易懂。

设计师在设计海报时对图片的选择可以说是成败的关键。图片的作用是简化信息——避免过于复杂的构图。图片通常说明所要表现的产品是什么，由谁提供或谁要用它。图片能够使难以用文字表达内容变成简短清晰的信息，比如“向没有钱买房的打工一族提供房屋贷款”等听起来有点复杂的文字。

一个海报设计师需要对排版有很强的把握能力。由于海报上的文字总是非常浓缩（相对于包装或杂志来说），所以海报文字的排版非常重要。设计师选择的字体样式、文字版面及文字与图片之间的比例将决定所要传达的信息是否能够让人易读易记。

一幅海报作品本身必须能激发起受众的兴趣及注意力。就算最简单的图片及文字，如果设计不当都会让人不知所云。设计一张具有感染力的海报，需使观看的人能够直接接触最重要的信息。

技能拓展

一、海报的写作格式

海报一般由标题、正文和落款三部分组成。

1. 标题

海报的标题写法较多，大体有以下形式：

① 单独由文种名构成，即在第一行中间写上“海报”字样。

② 直接由活动的内容承担题目，如“舞讯”“影讯”“球讯”等。

③ 可以是一些描述性的文字。

2. 正文

海报的正文要求写清楚以下内容：

① 活动的目的和意义。

② 活动的主要项目、时间、地点等。

③ 参加的具体方法及一些必要的注意事项等。

3. 落款

要求署上主办单位的名称及海报的发文日期。

以上的格式是就海报的整体而言的，在实际的使用中，有些内容可以少写或省略。

二、海报写作的注意事项

海报一定要具体真实地写明活动的地点、时间及主要内容。正文中可以用些鼓动性的词语，但不可夸大事实。海报文字要求简洁明了，篇幅要短小精悍。海报的版式可以做些艺术性的处理，以吸引受众。

任务总结

为较好地表达五人摄影阵容组合这一主题，设计者借用伸开的手掌上五指的色相变化，使画面极具冲击力且张扬出鲜明的个性色彩。通过本任务的实施，应掌握下列知识和技能：

- 图像导入；
- 画笔工具；
- 选区工具；

• 图层蒙版的使用（重点）。

课后练习

1. 请设计一张有关于“五四”青年节的海报，要求突出青年人积极、向上、奋进等主题，创意新颖，素材引用合理，色彩搭配美观大方。

2. 请利用图 1-3-13 中的素材，设计一张“德芙”巧克力的海报。

图 1-3-13 素材

项目2 平面元素设计

好的设计作品是由好的设计元素构成的，在设计中基本元素相当于作品的构件，每一个元素都要有传递和加强传递信息的目的。设计作品中的视觉元素包括图形的大小、形状、色彩等。例如，常见的按钮、文字、图形等均为设计作品中的常见元素，本项目通过介绍标志的设计方法、艺术字设计方法和技巧等使读者了解平面设计元素的设计思路和方法。

任务1 艺术字设计

双峰山森林公园位于大别山南麓、湖北省东北部的孝感市区东北部。现今由于要全面拓展其业务和传播知名度，需要制作一个立体字效果图。艺术字不仅仅是一个图形或文字的组合，更是企业形象的一种宣传工具，要体现大方，美观的视觉效果。

设计时须充分考虑其实现的可行性，针对其应用形式、材料和制作条件采取相应的设计手段，同时还要顾及应用于其他视觉传播方式的视觉效果。

子任务1　制作艺术字

任务描述

本任务将制作“SHUANGFENG”立体字，主要使用图层的变换制作文字立体效果，使用画笔进行文字高光部分和阴影部分的制作。

任务分析

（1）熟悉“相关知识”。

（2）任务准备。

（3）在 Photoshop 中新建图像文件。

（4）利用文字工具创建文字。

（5）使用图层制作三维效果。

（6）使用画笔工具进行细微调整。

相关知识

Photoshop CS6 的绘图工具主要包括画笔工具、铅笔工具、颜色替换工具等。绘图工具的主要作用是让用户用当前的前景色进行绘画。

1. 绘图工具属性设置

在介绍绘图工具之前，先介绍绘图工具参数设置工具栏中的一个重要面板，即笔刷面板。绘图等工具栏中提供了一个下拉笔刷面板，笔刷面板的设置为：单击画笔等工具参数设置工具栏中的笔刷下拉面板的下拉按钮，如图 2-1-1 所示，即可打开笔刷选择面板，如图 2-1-2 所示。

图 2-1-1　笔刷面板的设置

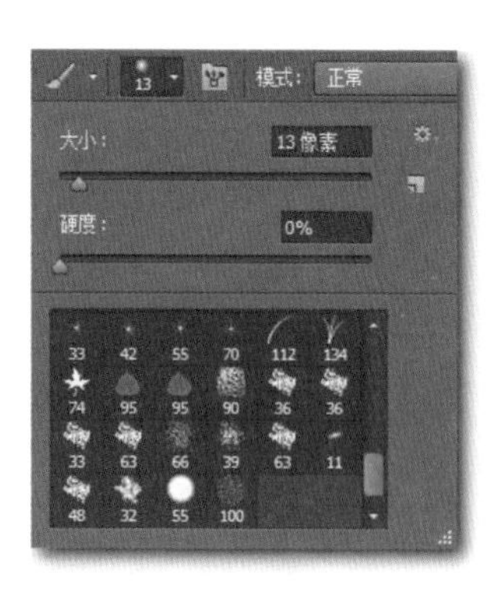

图 2-1-2　笔刷面板

单击选择面板右上角的下拉按钮，弹出面板菜单，可以看到有“新建画笔预设”等命令。在第二栏中的两个命令分别是“重命名画笔”和“删除画笔”，第六栏中是一些特殊的笔刷。

① “新建画笔预设”：用于建立新的画笔。

② “重命名画笔”：用于重新命名画笔。

③ “删除画笔”：用于删除当前的画笔。

④ “仅文本”：以文字描述方式显示画笔选择面板。

⑤ “小缩览图”：以小图标方式显示画笔选择面板。

⑥ “大缩览图”：以大图标方式显示画笔选择面板。

⑦ “小列表”：以小文字和图标列表方式显示画笔选择面板。

⑧ “大列表”：以大文字和图标列表方式显示画笔选择面板。

⑨ “描边缩览图”：以笔画的方式显示画笔选择面板。

⑩ “预设管理器”：用于在弹出的预置管理器对话框中编辑画笔。

⑪ “复位画笔”用于恢复默认状态的画笔。

⑫ “载入画笔”：用于将存储的画笔载入面板。

⑬ “存储画笔”用于将当前的画笔进行存储。

⑭ “替换画笔”：用于载入新画笔并替换当前画笔。

“新建画笔预设”对话框中的各项参数的设置及其设置的效果为：单击画笔选择面板的按钮，或者在画笔选择面板中单击“从此画笔创建新的预设”按钮，弹出如图 2-1-3 所示的“画笔名称”对话框，单击“确定”按钮后，出现图 2-1-4 所示的对话框，在对话框中可以设置笔刷的大小、硬度。其中“大小”定义笔刷的大小，可以在文本框中输入数值，也可以通过拖动滑块进行设置；“硬度”定义笔刷的硬度和边界的柔和程度，值越小，笔刷越柔和。

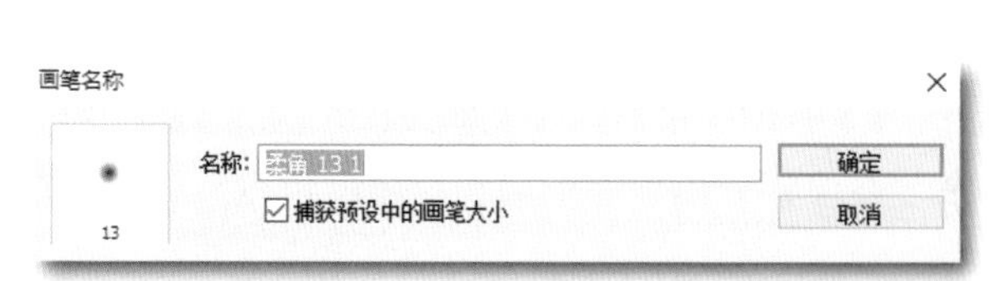

图 2-1-3　画笔名称框

单击画笔工具属性选项栏中的“切换画笔面板”按钮，弹出如图 2-1-5 所示的“画笔”面板。

图 2-1-4　画笔的设置

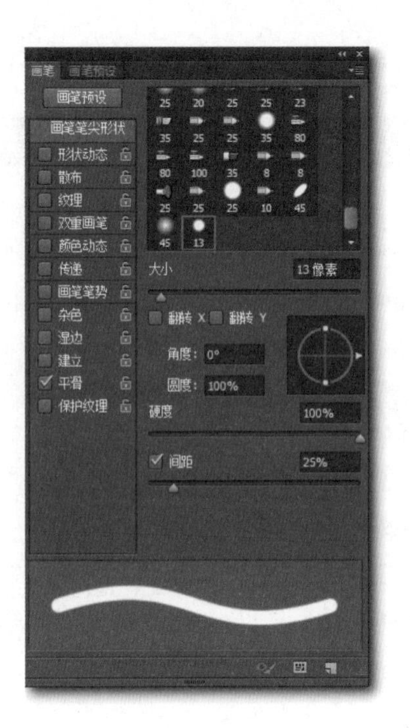

图 2-1-5　“画笔”面板

2. 画笔工具

单击画笔工具，或按【Shift+B】组合键，就可以使用画笔工具绘出边缘柔软的画笔效果，画笔的颜色为工具箱中的前景色。在画笔工具的属性栏中可以看到如图 2-1-6 所示的参数设置。单击工具属性选项栏中画笔后面的预置图标或下拉按钮，调出预设画笔面板，可以在这个面板中选择各种预设画笔。

图 2-1-6　画笔工具属性选项栏

属性选项栏中部分选项说明如下：

① 画笔：用于选择预设的画笔。

② 模式：用于选择混合模式，选择不同的模式，用喷枪工具操作时，将产生丰富的效果。

③ 喷枪效果图标：选中喷枪效果图标时，即使在绘制线条的过程中有所停顿，喷笔中的颜料仍会不停地喷射出来，在停顿处出现一个颜料堆积的色点。停顿的时间越长，色点的颜色越深，面积越大。

④ 不透明度：可以设定画笔的不透明度。

⑤ 流量：用于设定喷笔压力，压力越大，喷色越浓。

如果需要更复杂的画笔效果，可以对画笔面板的设定项来实现。具体操作步骤如下：

① 选择画笔：在画笔工具属性选项栏中单击“画笔”选项右侧的下拉按钮，弹出如图 2-1-7 所示的画笔设置面板，在画笔设置面板中可以选择画笔形状。

② 拖动“大小”选项下方的滑块或直接输入数值，可以设置画笔的大小。如果选择的画笔是基本样本的，将显示“使用取样大小”按钮，可以使画笔的直径恢复到初始的大小。

③ 单击“画笔”选择面板右侧的下拉按钮，内容同上面介绍的笔刷设置。

如果想画出直线，可以在画面上单击，确定起始点，然后按住【Shift】键，同时将鼠标移动到目标点，再次单击，则两点之间就会自动连接起来形成一条直线。

在画笔属性选项栏中，可以选择 Photoshop 中自带的各种形状的画笔并对它们的属性进行设置。单击“画笔”选项右侧的下拉按钮，弹出的画笔面板如图 2–1–7 所示。单击面板中相应的笔刷即可选择自己需要的画笔形状。

选择画笔后，在图像中绘制各种图案时，只需将鼠标移动到图像窗口中，然后按下左键不放并拖动鼠标，这样随着鼠标的移动，画面上就会产生和笔刷形状相对应的图像。

图 2–1–7　画笔设置

任务准备

（1）一台装有 Windows 7 的计算机，且安装了 Photoshop CS6 软件。

（2）完成艺术字的立体效果创意设计。

任务实施

制作艺术字立体效果的操作步骤如下：

步骤 1 打开 Photoshop，创建一个尺寸为 1280 × 800 像素的新文件，分辨率设置为 300 像素 / 英寸，名字为“立体字”，如图 2–1–8 所示。

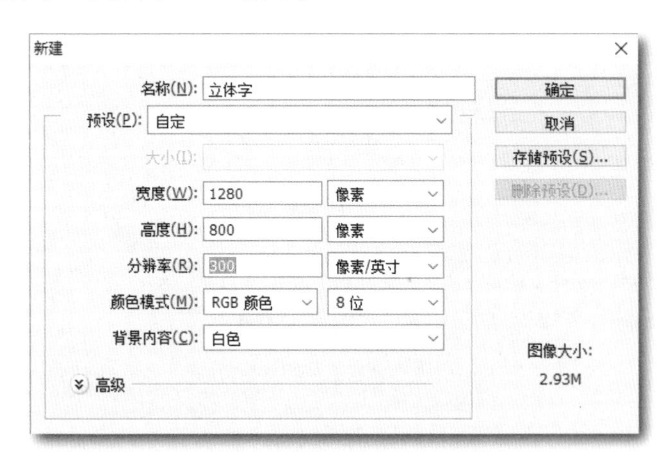

图 2–1–8　“新建”对话框

步骤 2 输入文本“SHUANGFENG”，修改字体为 Agency FB，颜色为 #14b2d9，参数设置如图 2–1–9 所示。效果如图 2–1–10 所示。

图 2-1-9 文本工具属性选项栏

图 2-1-10 文本效果

步骤 3 复制文字图层，栅格化复制的文字图层，并且不可见最初的文字图层。使用变换工具（按【Ctrl + T】组合键）更改文本的角度，调整角度，效果如图 2-1-11 所示。

提 示

按【Ctrl + T】组合键进行自由变形和按【Ctrl + Alt + Shift】组合键调整文本来改变角度。

图 2-1-11 自由变换效果

步骤 4 选中文字层，按住【Ctrl + Alt】组合键，按【↑】键 15 ~ 20 次复制图层创建 3D 效果，如图 2-1-12 所示。复制的次数根据文字调整，像素部分不要重叠。

图 2-1-12 文本 3D 效果

步骤 5 重命名最上面的图层为“TOP”，合并所有其他的副本层并将其放在 TOP 层的下方。重命名这层为“BOTTOM”，效果如图 2–1–13 所示。

步骤 6 双击“BOTTOM”层，打开“图层样式”对话框，设置渐变叠加，渐变颜色（108dad）（09586c），如图 2–1–14 所示。

图 2–1–13 图层面板 1

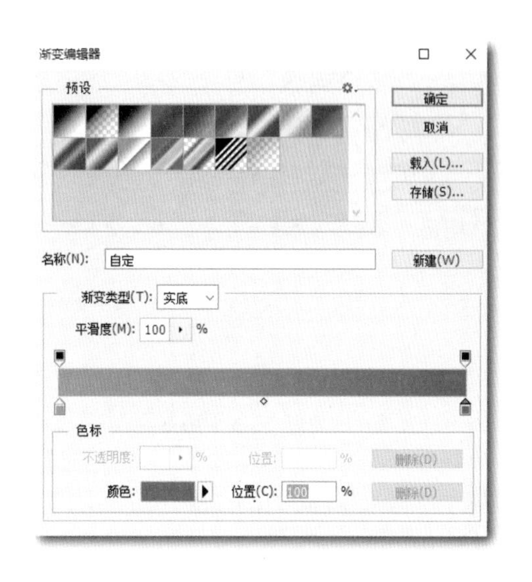

图 2–1–14 渐变编辑器

步骤 7 设置“渐变叠加”参数，如图 2–1–15 所示。

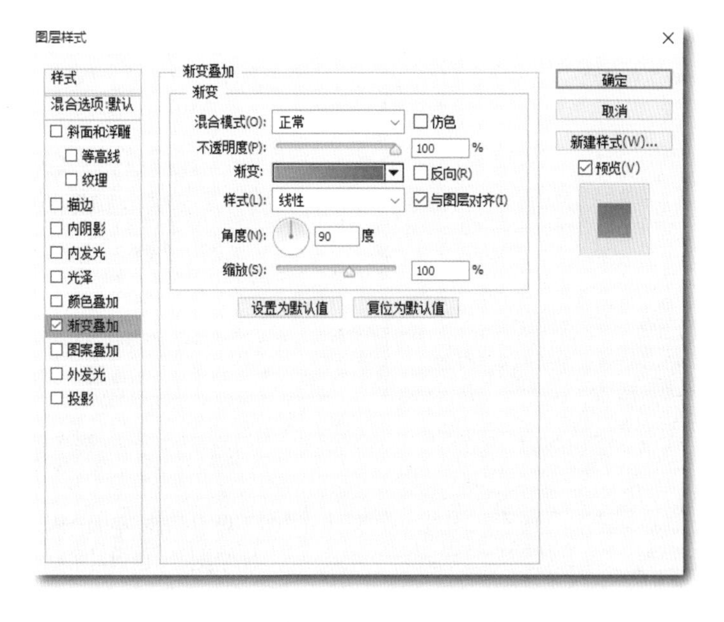

图 2–1–15 “渐变叠加”参数设置

步骤 8 应用渐变叠加后，最暗的蓝色出现在 BOTTOM 层的最末端，呈现出一种阴影效果，如图 2–1–16 所示。

步骤 9 为了使 TOP 层看起来更突出，按【Ctrl + Alt + ↑】组合键 3 次复制 TOP 层，合并这些层并重新命名为 MIDDLE。把这一层放在 TOP 层的下方、BOTTOM 层的上方，如图 2–1–17 所示。

图 2–1–16 文本阴影效果

图 2–1–17 图层面板 2

步骤 10 选择图层样式中的“颜色叠加”复选框，设置颜色为白色，不透明度为 25%，如图 2–1–18 所示。

步骤 11 应用颜色叠加后，效果如图 2–1–19 所示。

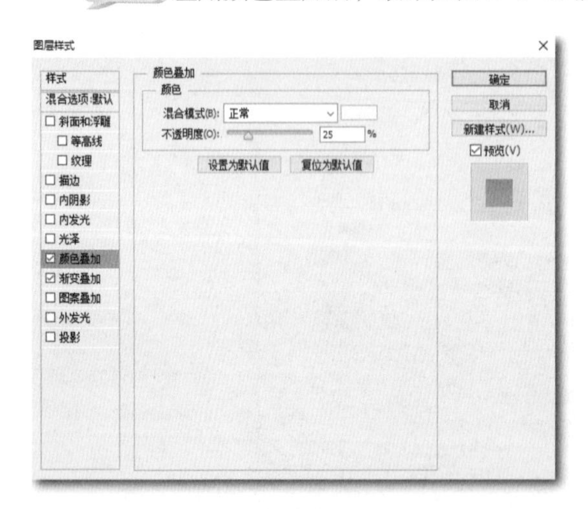

图 2–1–18 颜色叠加

图 2–1–19 颜色叠加效果

步骤 12 此时，边缘看起来不真实。因此，要在每个字母的边角上添加一些垂直分离的效果。在 BOTTOM 层的上方创建一个新图层，命名为“edges”。如图 2–1–20 所示。

步骤 13 打开画笔工具面板，设置大小为 1 像素，硬度为 100% 的画笔，如图 2–1–21 所示。

步骤 14 在每个拐角处绘制直线。单击顶部边缘，按住【Shift】键在底边上单击创建完美的直线，如图 2–1–22 所示。

步骤 15 设置图层的不透明度为 10%，如图 2–1–23 所示。

图 2-1-20　图层面板 3

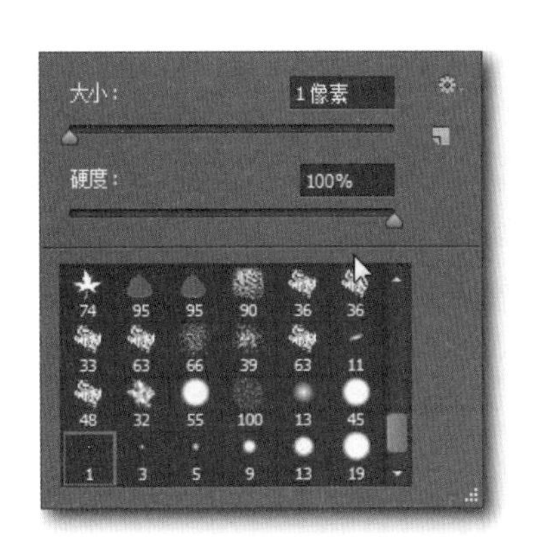

图 2-1-21　画笔设置面板

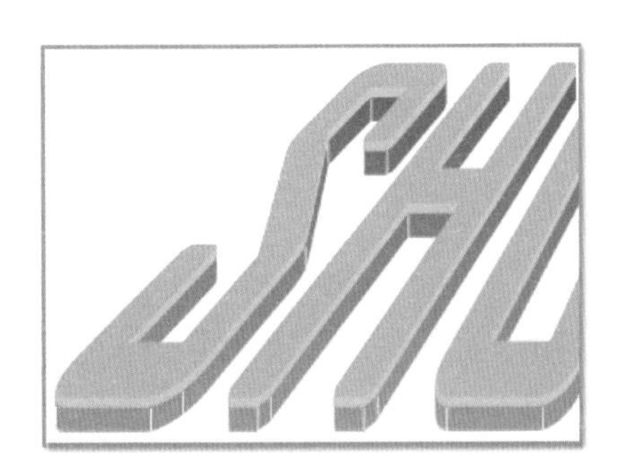

图 2-1-22　角落绘制直线

图 2-1-23　设置图层透明度

步骤 16 创建的效果如图 2-1-24 所示。

步骤 17 给文本添加一些灯光效果，可以通过把 BOTTOM 层的一些部分变暗来实现。创建一个新图层，命名为“Lighting”，把它放在 BOTTOM 层的上方，并使用 30 像素的软笔刷创建一些阴影点，效果如图 2-1-25 所示。

图 2-1-24　文本效果

图 2-1-25　软笔刷绘制的阴影效果

步骤 18 设置 Lighting 层的混合模式为叠加，降低不透明度为 20%~30%。建议尝试不同的不透明度值来实现理想的效果。设置不透明度后的效果如图 2–1–26 所示。

步骤 19 调整好阴影后，有些部分会出现在字的外部，需要在 Lighting 图层上提取 BOTTOM 图层的选区（按【Ctrl】键 + 左键），然后反选选区（按【Ctrl+Shift+I】组合键），然后【Delete】键删除，效果如图 2–1–27 所示。

图 2–1–26　设置不透明度后的效果

图 2–1–27　调整后阴影的效果

知识拓展

1. 铅笔工具

铅笔工具只能绘出硬边的线条。选择铅笔工具，或者按【Shift+B】组合键，铅笔工具属性选项栏的效果如图 2–1–28 所示。如果用“铅笔工具”画斜线，可能会有明显的锯齿。绘制的线条颜色为工具箱中的前景色。

图 2–1–28　铅笔工具属性选项栏

属性选项栏中部分选项说明如下：

① 画笔：用于选择预设的画笔。

② 模式：用于选择混合模式，用喷枪工具操作时，选择不同的模式，将产生丰富的效果。

③ 不透明度：可以设定画笔的不透明度。

④ 自动抹除：用于自动判断绘画时的起始点颜色，如果起始点颜色为背景色，则铅笔工具将以前景色绘制，反之，如果起始点颜色为前景色，铅笔工具则会以背景色绘制。

铅笔工具的操作方法为：选择铅笔工具，在其属性选项栏中选择笔触大小，并选择“自动抹除”复选框，此时绘制效果与鼠标所单击的起始点颜色有关，当鼠标单击的起始点像素与前景色相同时，“铅笔”工具将行使橡皮擦工具功能，以背景色绘图；如果单击的起始点颜色不是前景色，绘图时仍然会保持以前景色绘制。

2. 颜色替换工具

颜色替换工具能够简化图像中特定颜色的替换，可以使用校正颜色在目标颜色上绘画。它是用前景色替换图像中指定的像素，使用时需选择好前景色。选择好前景色后，在图像中需要更改颜色的地方涂抹，即可将其替换为前景色，不同的绘图模式会产生不同的替换效果，常用的模式为“颜色”。颜色替换工具不适用于“位图”、“索引”或“多通道”颜色模式的图像。选择颜色替换工具，出现如图 2-1-29 所示的属性选项栏。

图 2-1-29　颜色替换工具属性选项栏

颜色替换工具的操作方法为：原始图像的效果如图 2-1-30 所示，调出“颜色”面板和“色板”面板，在“颜色”面板中设置前景色，如图 2-1-31 所示。在“色板”面板中单击“创建前景色的新色板”按钮，将设置的前景色存放在面板中，如图 2-1-32 所示。

图 2-1-30　原图

图 2-1-31　前景色设置

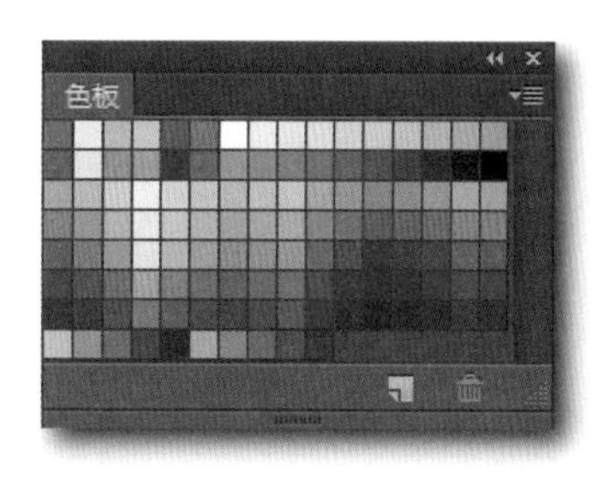

图 2-1-32　创建前景色

选择“颜色替换”工具，在属性选项栏中进行设置，如图 2-1-33 所示，在图像上需要上色的区域直接涂抹，进行上色，效果如图 2-1-34 所示。

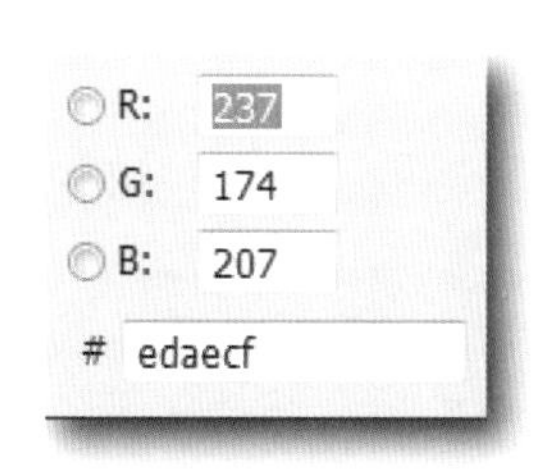

图 2-1-33　颜色设置

图 2-1-34　最终效果图

注 意

（1）按【[】、【]】键可以缩小或扩大笔刷。

（2）按住【Shift】键的同时使用画笔工作和铅笔工具，在图像中可以用直线的方式进行绘制。

技能拓展

利用画笔工具绘制珍珠项链的操作步骤如下：

① 新建一个名为“珍珠项链”、大小为 614×445 像素的图像文件，将其背景填充为黑色。

② 新建一个图层，命名为“珍珠”，选择工具箱中的“椭圆选框工具”，按住【Shift】键，在画布中绘制一个正圆形选区，然后将前景色设置为白色，为选区填充白色，完成后取消选择。

③ 在图层面板中双击“珍珠”图层，弹出“图层样式”对话框，选择“投影”复选框，设置“角度”为 -60，“距离”为 3，“大小”为 9，其余默认，设置如图 2-1-35 所示。

④ 选择“内发光”复选框，设置混合模式为滤色，“不透明度”为 4%，“大小”为 1 像素，其余为默认，设置如图 2-1-36 所示。

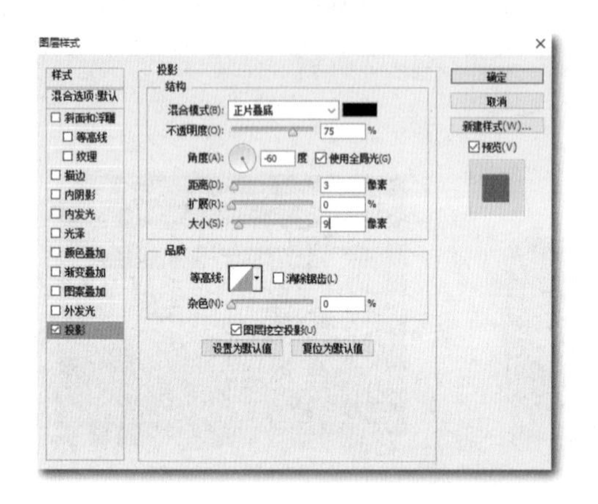

图 2-1-35 投影设置

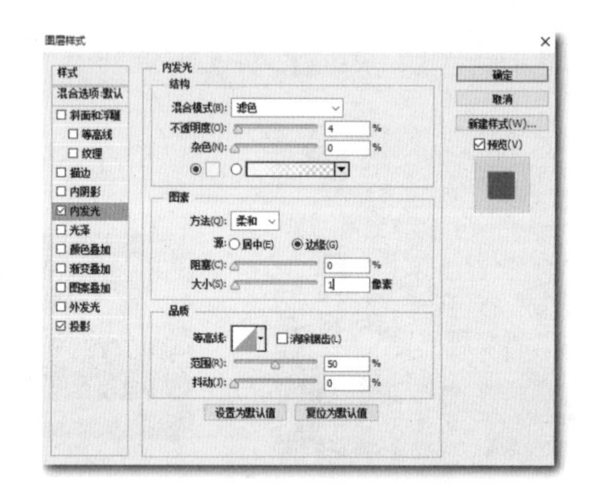

图 2-1-36 内发光设置

⑤ 选择“斜面和浮雕”复选框，设置“方法”为雕刻清晰，“深度”为 610%，“大小”为 27，“软化”为 0，“角度”为 -60，“高度”为 60，“光泽等高线”如图 2-1-37 所示，“高光模式”为滤色，“不透明度”为 90%，阴影模式的不透明度为 50%，其余默认，如图 2-1-37 所示。

⑥ 选择“等高线”复选框，设置等高线如图 2-1-38 所示，“范围”为 69%，如图 2-1-38 所示。

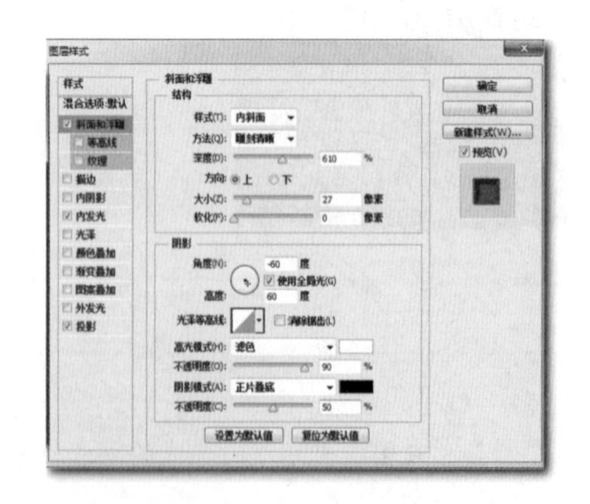

图 2-1-37 设置“斜面和浮雕”参数

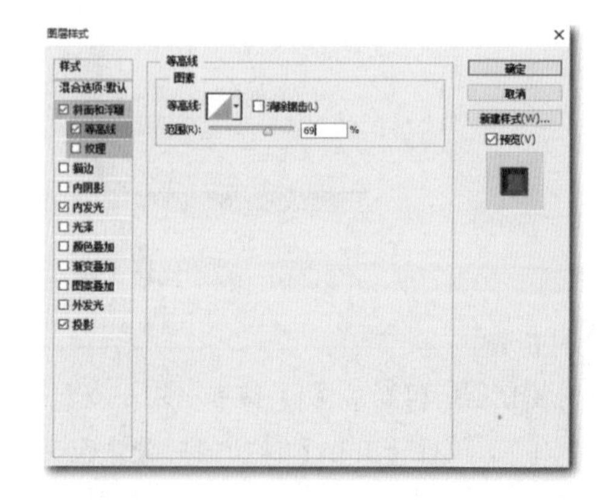

图 2-1-38 设置“等高线”参数

⑦ 选择“颜色叠加”复选框，设置“混合模式”为变亮，“不透明度”为 100%，如图 2-1-39 所示。效果如图 2-1-40 所示。

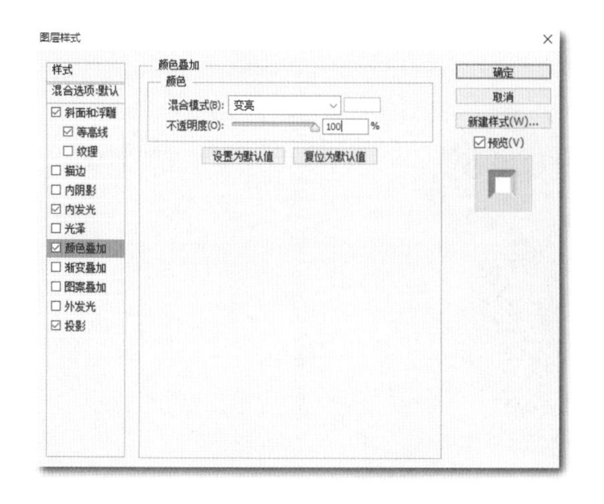

图 2-1-39　设置“颜色叠加”参数

图 2-1-40　一颗珍珠的形状

⑧ 新建一个图层“链子”，选择“画笔工具”，在工具属性选项栏中设置画笔“大小”为 3 像素，“不透明度”为 100%，绘制如图 2-1-41 所示的曲线。

⑨ 将“链子”图层拖动到“珍珠”图层的下方后，选择“珍珠”，将其定义成画笔，然后使用画笔工具选择已定义的“珍珠画笔”，调整参数，按照“链子”图层进行绘制。最终效果如图 2-1-42 所示。

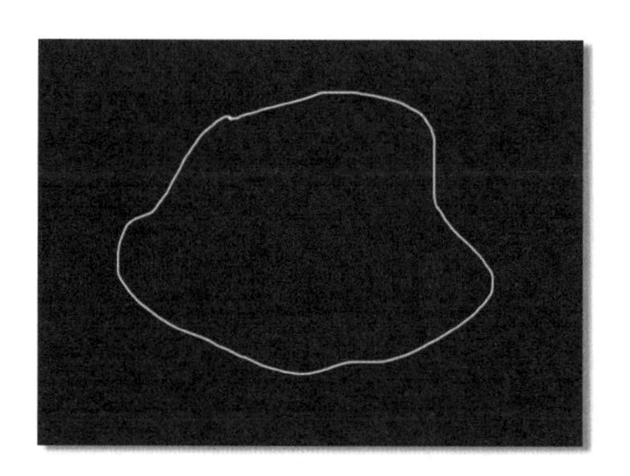

图 2-1-41　链子

图 2-1-42　珍珠项链

任务总结

通过本任务的实施，应掌握下列知识和技能：

- 图层基本知识；
- 钢笔；
- 路径；
- 画笔（重点）；
- 图层样式。

课后练习

1. 试着将图 2–1–43 所示的墨迹定义成画笔。

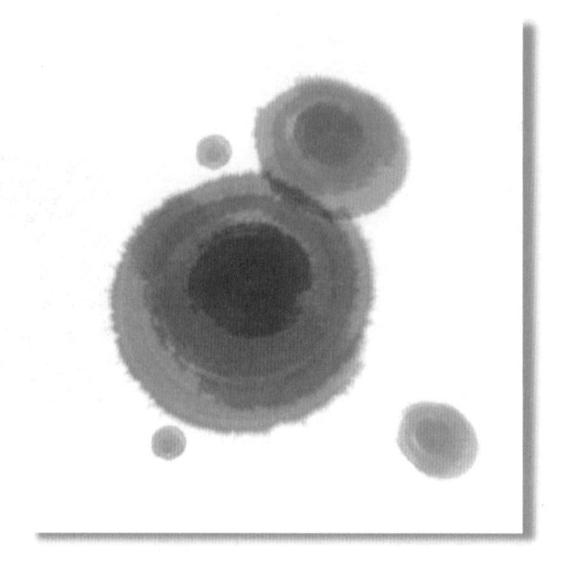

图 2–1–43　原图 1

2. 利用图 2–1–44 提供的笔刷图定义画笔，然后试着制作几款背景。

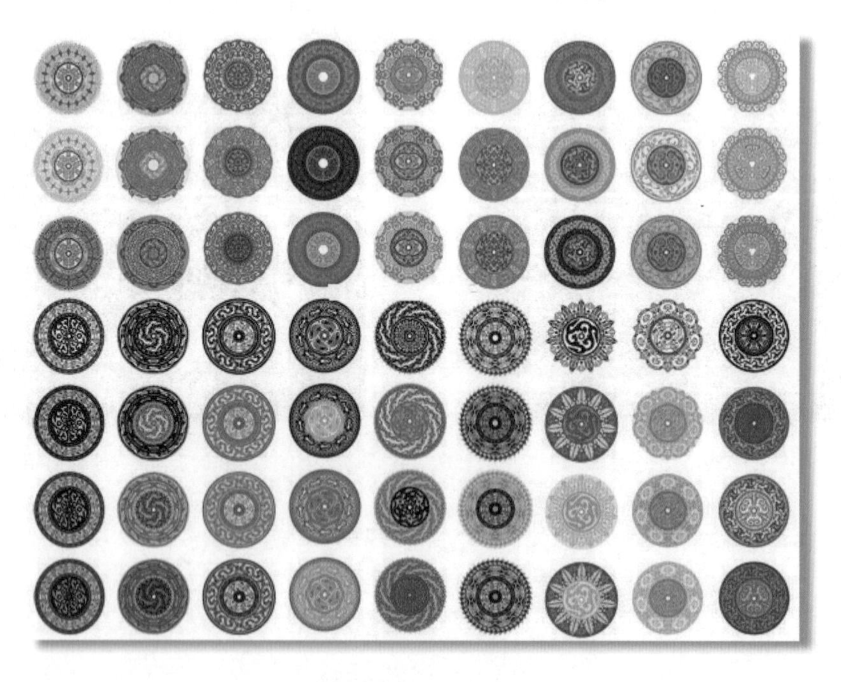

图 2–1–44　笔刷图

子任务 2 制作艺术字立体效果

任务描述

在任务 1 的基础上继续对立体字进行特效的制作。使用“变形工具”对文字进行“透视”效果的制作，使用图层进行文字“倒影”的制作，使文字立体效果更强。

任务分析

（1）熟悉“相关知识”。

（2）任务准备。

（3）在 Photoshop 中打开子任务 1 中的图像。

（4）利用渐变工具创建背景。

（5）调整图层制作阴影效果。

相关知识

一、滤镜知识

1. 认识滤镜

为了丰富照片的图像效果，摄影师在照相机的镜头前加上各种特殊影片，使得拍摄的照片包含所加镜片的特殊效果，所加镜片称为“滤色镜”。附加特殊镜片的思想延伸到计算机的图像处理技术中，便产生了“滤镜（Filer）”，也称“滤波器”，这是一种特殊的图像效果处理技术。一般地，滤镜都是遵循一定的程序算法，对图像中像素的颜色、亮度、饱和度、对比度、色调、分布、排列等属性进行计算和变换处理，其结果便是使图像产生特殊效果。滤镜的功能强大，用户需要在不断的实践中积累经验，才能使应用滤镜的水平达到较高的境界，从而创作出具有迷幻色彩的艺术作品。

2. 滤镜的分类

滤镜是 Photoshop 的特色之一，具有强大的功能。滤镜产生的复杂数字化效果源自摄影技术，不仅可以改善图像的效果并掩盖其缺陷，还可以在原有图像的基础上产生许多特殊的效果。

滤镜可以分为三种类型：内阙滤镜、内置滤镜（自带滤镜）、外挂滤镜（第三方滤镜）。

① 内阙滤镜指内阙于 Photoshop 程序内部的滤镜，共有 6 组 24 个滤镜。

② 内置滤镜指 Photoshop 默认安装时，Photoshop 安装程序默认安装到 Plug-ins 目录下的滤镜，共 12 组 72 支滤镜，如图 2-1-45 线框所示的区域。

Photoshop 中使用得最为频繁的就是内置滤镜，它分为两类：一类是破坏性滤镜，一类是校正性滤镜。

- 破坏性滤镜：Photoshop 滤镜大多数都是破坏性滤镜，这些滤镜执行的效果非常明显，有时会把图像处理得面目全非，产生无法恢复的破坏。破坏性滤镜包括风格化、画笔描边、扭曲、素描、纹理、像素化、渲染、艺术效果等。

• 校正性滤镜：主要用来对图像进行一些校正与修饰，包括改变图像的焦距，改变图像的颜色深度，柔化、锐化图像等。校正性滤镜包括：模糊、锐化、杂色滤镜等。

③ 外挂滤镜就是除上面两种滤镜以外，由第三方厂商为 Photoshop 所生产的滤镜，它们不仅种类齐全，品种繁多而且功能强大，同时版本与种类也在不断升级与更新，是对内置滤镜很好的补充，如图 2-1-46 所示。

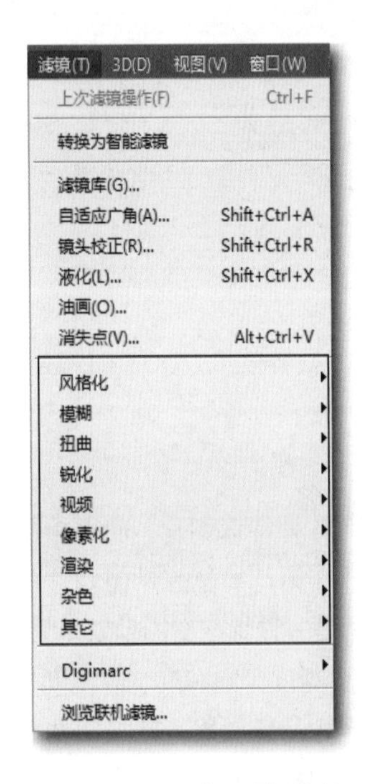

图 2-1-45 “滤镜”菜单

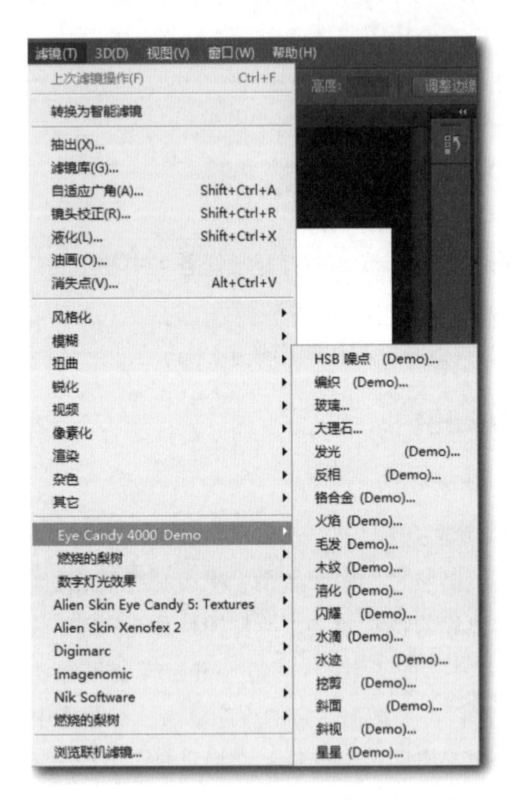

图 2-1-46 外挂滤镜

3. 使用滤镜的步骤与方法

要进行滤镜操作时，从“滤镜”菜单下选择相应的滤镜类型即可，其注意事项如下：

（1）滤镜只能应用当前图层和图层上的某一个选区或某一个通道。

（2）所有的滤镜效果只能在 RGB 模式下才能全部调用，部分滤镜在 CMYK 模式下不能使用，这些滤镜不能应用于位图模式、索引颜色或 16 位通道图像。

（3）有些滤镜效果的查看需要较大的空间，尤其对分辨率较高的图像使用滤镜时，需要的时间很长，如要节约时间，可采用预览的方法查看其效果。

（4）最后一次被选择的滤镜命令会出现在“滤镜”菜单的顶部，重复使用该滤镜可按快捷键【Ctrl+F】。

二、滤镜库与图案生成器

1. 滤镜库

选择“滤镜”|“滤镜库”命令，弹出“滤镜库”对话框，如图 2-1-47 所示。

图 2-1-47 “滤镜库”对话框

2. 图案生成器

Photoshop CS6 取消了图案生成器，但为了作图需要，可以把以前版本的图案生成器的文件复制到滤镜文件夹下即可。

Pattern Maker（图案生成器）滤镜根据图像的选取部分或剪贴板中的图像来生成各种图案，其特殊的混合算法避免了在应用图像时的简单重复，实现了拼贴块与拼贴块之间的无缝连接。因为图案是基于样本中的像素，所以生成的图案与样本具有相同的视觉效果。

调节参数部分选项说明如下：

① 使用剪贴板作为样本：选择此复选框将使用剪贴板中的内容作为图案的样本。

② 使用图像大小：单击此按钮将用图像的尺寸作为拼贴的尺寸。

③ 宽度：设置拼贴的宽度。

④ 高度：设置拼贴的高度。

⑤ 位移：设置拼贴的移动方向（无，水平或垂直）。

⑥ 数量：设置拼贴的移动距离百分比。

⑦ 平滑度：控制拼贴的平滑程度。

⑧ 样本细节：控制样本的细节，若值大于 5 会大大延长生成图案的时间。

⑨ 显示：选择显示原稿还是显示生成的图案效果。

⑩ 拼贴边界：选择此复选框可以显示出拼贴边界。

⑪ 更新图案预览：选择此复选框将自动更新图案的预览效果。

图案生成前及生成后的效果如图 2-1-48 和图 2-1-49 所示。

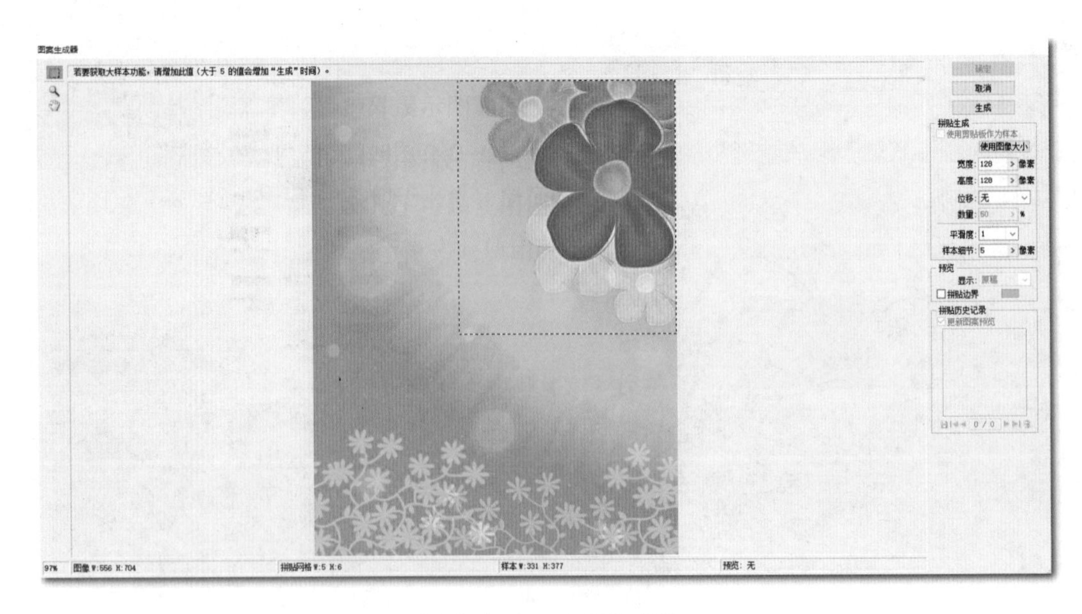

图 2-1-48　图案生成前

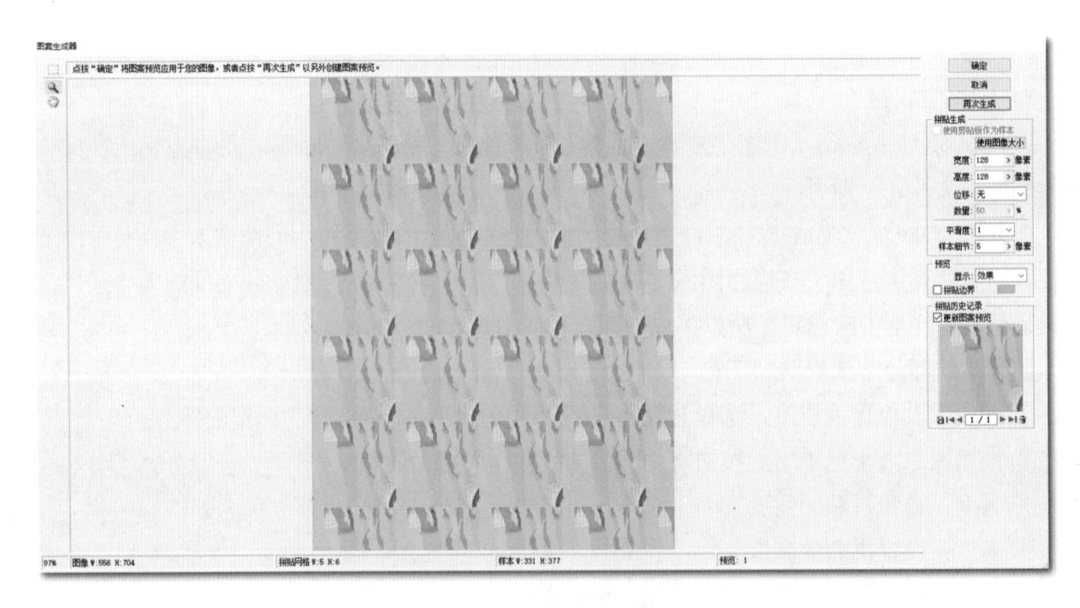

图 2-1-49　图案生成后

任务准备

（1）一台装有 Windows 7 的计算机，且安装了 Photoshop CS6 软件。

（2）打开子任务 1 的立体文字。

任务实施

制作艺术字立体效果的操作步骤如下：

步骤 1　在背景层之上创建一个新层，并添加一个浅蓝色 (d0edf3) 到浅灰色 (e7f6f9) 的渐变，如图 2-1-50 所示。

步骤 2 使用自由变换工具（按【Ctrl + T】组合键），改变渐变图层的角度以配合文本的角度，效果如图 2-1-51 所示。

图 2-1-50　新图层渐变效果

图 2-1-51　自由变换效果

步骤 3 缩放渐变层，以覆盖整个文件。这将为用户提供一个很好的背景来添加反射，效果如图 2-1-52 所示。

步骤 4 复制 TOP 层和 BOTTOM 层，合并它们，把生成的新层放在 BOTTOM 层的下方，重命名为 REFLECTION，如图 2-1-53 所示。（注意，BOTTOM 层有图层样式，合并的图层会继承图层样式，造成合并的图层效果和两个图层的层叠效果不一样，若要把图层样式从 BOTTOM 图层应用出来，右击 BOTTOM 图层样式标志，在弹出的快捷菜单中选择“创建图层”，把图层样式独立出来。）

图 2-1-52　缩放渐变层效果

图 2-1-53　复制图层

步骤 5 按【↓】键，调整 REFLECTION 图层的位置，效果如图 2–1–54 所示。

步骤 6 调整 REFLECTION 图层的不透明度为 20%，为了确保反射看起来真实，添加一个蒙版图层，然后使用橡皮擦工具，将“硬度”设置为 0%，用喷枪方式擦除阴影下部清晰的轮廓，效果如图 2–1–55 所示。

图 2–1–54 调整图层位置后效果

图 2–1–55 添加蒙版并设置后的效果

步骤 7 复制 TOP 层，应用黑色的颜色叠加，将其放在 REFLECTION 层的上方，命名该层为“SHADOW”，调整其位置，下移到露出字的黑底为止，如图 2–1–56 所示。

步骤 8 应用“半径”为 2.3 像素的高斯模糊，其效果如图 2–1–57 所示。

图 2–1–56 颜色叠加效果图

图 2–1–57 高斯模糊效果图

步骤 9 成功地用 Photoshop 创建了一个超级酷的 3D 文本，效果如图 2–1–58 所示。

图 2–1–58 3D 文本

知识拓展

1. “模糊”滤镜

“模糊”滤镜是用来柔化选区或整个图像，起到修饰的作用。通过平衡图像中已定义的线条和遮蔽区域的清晰边缘旁边的像素，使其显得柔和。“模糊滤镜”包含了 14 种艺术效果，如图 2-1-59 所示。

下面举例说明部分滤镜的应用：

（1）动感模糊：使用该滤镜可以产生运动模糊的效果，它是模仿物体运动时曝光的摄影手法，增加图像的运动效果，用户可以对物体运动的方向进行设置。原图如图 2-1-60 所示，然后单击“模糊”滤镜下拉菜单中的“动感模糊”命令即可，效果如图 2-1-61 所示，这样便为背景添加了一个风吹的运动效果。

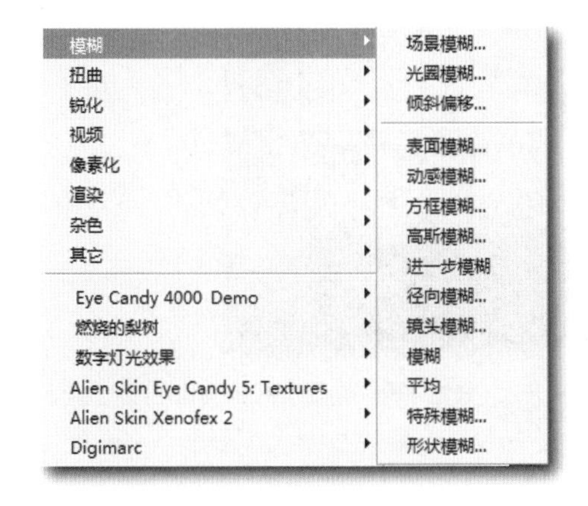

图 2-1-59　“模糊”滤镜菜单

图 2-1-60　素材原图

图 2-1-61　动感模糊效果

（2）径向模糊：该滤镜属于特殊效果滤镜，可以将图像旋转成圆形或从中心辐射图像，达到特殊运动的效果。单击“模糊”滤镜下拉菜单中的“径向模糊”命令，对图 2–1–61 中的车轮制作运动效果，如图 2–1–62 所示。

2. “扭曲”滤镜

“扭曲” 滤镜可以对图像进行几何方面的处理，创建 3D 或其他变形效果，可以创造出非同一般的艺术效果。它包括 9 种艺术效果，如图 2–1–63 所示。

图 2–1–62　径向模糊效果

下面举例说明部分滤镜的应用：

（1）“切变”：切变是沿一条曲线扭曲图像，通过拖动框中的线条来指定曲线，形成一条扭曲曲线，可以调整曲线上的任何一点。例如对原图 2–1–64 上的商标进行切变，以产生立体效果，单击“扭曲”滤镜下拉菜单中的“切变”命令，设置其参数，如图 2–1–65 所示。

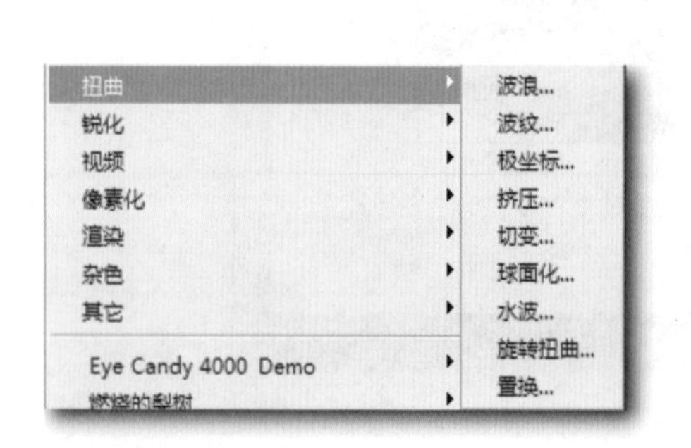

图 2–1–63 “扭曲” 滤镜菜单

图 2–1–64　素材图片

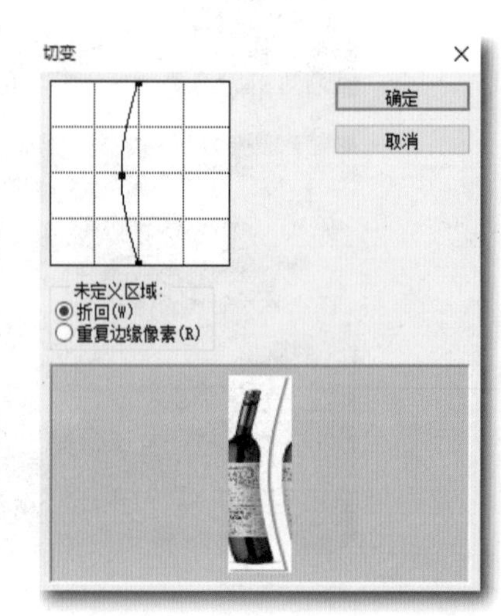

图 2–1–65 “切变”对话框

（2）“挤压”：该滤镜能产生一种图像或选区被挤压、膨胀的效果，实际上是压缩图像或选取中间部位的像素，使图像呈现向外凸或向内凹的效果。选择“滤镜”|“扭曲”|“挤压”命令即可，如图 2-1-66 和图 2-1-67 所示。

图 2-1-66　挤压效果图　　图 2-1-67　字体斜面浮雕效果

技能拓展

“渲染”滤镜主要用于不同程度地使图像产生三维造型效果或光线照射效果，或给图像添加特殊的光线，如云彩、镜头折光等效果。渲染滤镜菜单如图 2-1-68 所示。

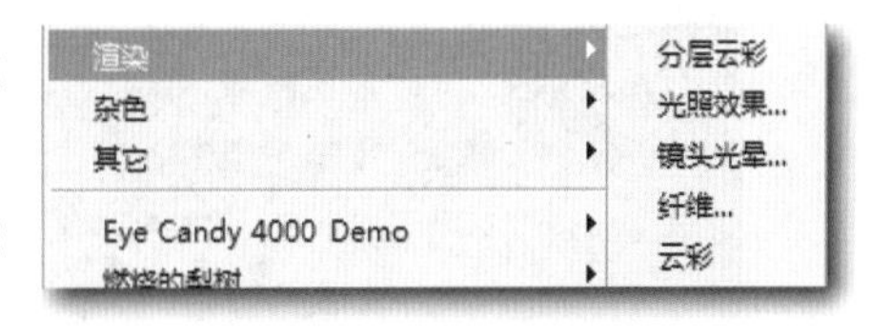

图 2-1-68　“渲染”滤镜菜单

（1）分层云彩：该滤镜可以使用前景色和背景色对图像中的原有像素进行差异运算，产生的图像与云彩背景混合并反白的效果。它首先生成云彩背景，然后再用图像像素值减去云彩像素值，最终产生朦胧的效果。打开如图 2-1-69 所示的素材图片，将前景色设为黑色，背景色设为白色，执行“分层云彩”滤镜后的最终效果如图 2-1-70 所示。

图 2-1-69　素材图片

图 2-1-70　分层云彩效果

（2）光照效果：该滤镜包括 17 种不同的光照样式、3 种光照类型和 4 组光照属性，可以在 RGB 图像上制作出各种各样的光照效果，也可以加入新的纹理及浮雕效果等，使平面图像产生三维立体的效果。光照效果面板如图 2-1-71 所示，在预览图中可以调整光照效果的范围以及大小。具体参数说明如下：

① 样式：可以方便地选择各种不同的光照样式。

② 存储：可以将自定义效果存储到光照效果的样式里。

③ 删除：删除存储在计算机中的光照效里的样式。

④ 光照类型：

- 平行光：以一条直线的形式，用鼠标按住一点进行拖动，直到效果满意为止。
- 全光源：以圆形的形式，用鼠标按住一点进行拖动使之变大变小，直到效果满意为止。
- 点光：可以随便按住一点使它变形，直到效果满意为止。

⑤ 强度：调整光照效果光的强度。

⑥ 聚焦：调整光照效果光的范围。

⑦ 光泽：调整光的强度。

⑧ 材料：调整塑料效果及金属质感。

⑨ 曝光度：调整曝光度，数值越小，曝光程度越小，数值越大，曝光程度就越大。

⑩ 环境：调整当前文件中光的范围。

图 2-1-71 “光照效果”滤镜

（3）镜头光晕：该滤镜能够模仿摄影镜头朝向太阳时，明亮的光线射入照相机镜头后所拍摄到的效果。这是摄影技术中一种典型的光晕效果处理方法。镜头光晕模拟白天太阳照射下来发出的光感，如图 2-1-72 所示。参数说明如下：

① 亮度：调整当前文件图像光的亮度，数值越大光照射的范围越大。

② 光晕中心：在缩略图中有一个“+”号，可以用鼠标对其进行拖动，指定光的位置。

③ 镜头类型：

- 50 ～ 300 毫米变焦（50 ～ 300mm Zoom）：照射出来的光是计算机的默认值。
- 35 毫米聚焦（35mm Prime）：照射出来的光感稍强。
- 105 毫米聚焦（105mm Prime）：照射出来的光感会更强。

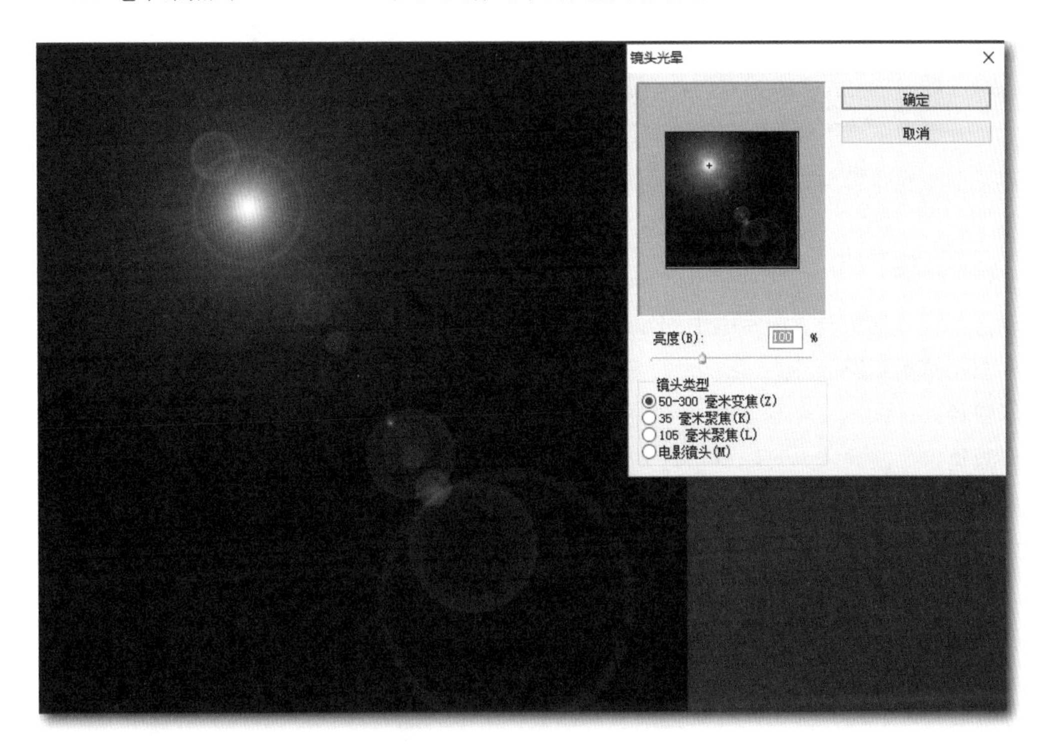

图 2-1-72　镜头光晕滤镜

（4）纤维：使用前景色和背景色创建具有编织纤维纹理的外观，如图 2-1-73 所示。参数说明如下：

① 差异：用来控制颜色的变化方式（较低的值会产生较长的颜色条纹；较高的值会产生非常短且颜色分布变化更大的纤维）。

② 强度：用来控制每根纤维的外观。低设置会产生松散的织物，而高设置会产生短的绳状纤维。

③ 随机化：单击该按钮可更改图案的外观；可多次单击该按钮，直到产生合适的图案。

（5）云彩：该滤镜是唯一能在空白透明层上工作的滤镜。它不使用图像现有像素进行计算，而是使用前景色和背景色计算。使用它可以制作出天空、云彩、烟雾等效果。将前景色设为黑色，背景色设为白色，应用云彩滤镜后的效果如图 2-1-74 所示

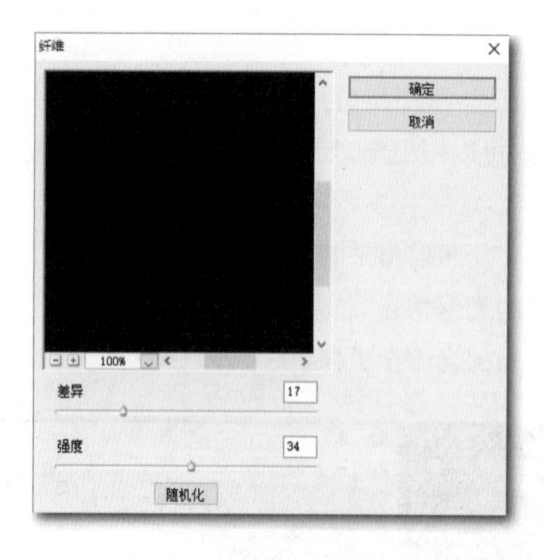

图 2-1-73 “纤维”滤镜

图 2-1-74 “云彩”滤镜效果

任务总结

通过本任务的实施，应掌握下列知识和技能：

- 图层基本知识；
- 路径；
- 画笔；
- 图层样式；
- 滤镜（重点）。

课后练习

1. 使用“扭曲”滤镜修改图 2-1-75（a）。最终效果参考图 2-1-75（b）。

（a）原图

（b）结果图

图 2-1-75 素材 1

2. 使用“渲染”滤镜修改图 2–1–76（a）。最终效果参考图 2–1–76（b）。

（a）原图

（b）结果图

图 2–1–76　素材 2

任务2 标志设计

双峰山森林公园位于大别山南麓，由于要全面拓展其业务和传播知名度，需要设计双峰山度假村标志。标志不仅仅是一个图形或文字的组合，更是依据企业的构成结构、行业类别、经营理念，为企业制定的标准视觉符号。

子任务1 标志的创意与设计

任务描述

了解标志设计的相关专业知识、工作流程。双峰山森林公园为了拓展其业务和加大传媒宣传的力度，需要设计一个企业形象标志。标志的设计需将具体的事物、事件、场景和抽象的精神、理念、方向通过特殊的图形固定下来，使人们在看到标志的同时，自然产生联想，从而对企业产生认同。标志与企业的经营紧密相关，是企业日常经营活动、广告宣传、文化建设、对外交流必不可少的元素。

任务分析

（1）熟悉“相关知识”。

（2）任务准备。

（3）标志设计调研分析。

（4）标志设计要素挖掘。

（5）标志设计开发。

（6）标志设计修正。

相关知识

一、标志设计规律

标志艺术除具有一般的设计艺术规律（如装饰美、秩序美等）之外，还有其独特的艺术规律。

1. 符号美

标志艺术是一种独具符号艺术特征的图形设计艺术。它把来源于自然、社会以及人们观念中认同的事物形态、符号（包括文字）、色彩等，经过艺术的提炼和加工，使之成为具有完整艺术性的图形符号，从而区别于装饰图和其他艺术设计。标志图形符号在某种程度上带有文字符号式的简约性、聚集性和抽象性，甚至有时直接利用现成的文字符号，但却不同于文字符号。它是以“图形”的形式体现的（现成的文字符号须经图形化改造），更具鲜明形象性、艺术性和共识性。符号美是标志设计中最重要的艺术规律．标志艺术就是图形符号的艺术。

2. 特征美

特征美也是标志设计独特的艺术特征。标志图形所体现的不是个别事物的个别特征（个性），而是同类事物整体的本质特征（共性），即类别特征。通过对这些特征的艺术强化与夸张，获得共识的艺术效果。这与其他造型艺术通过有血有肉的个性刻画而获得感人的艺术效果是迥然不同的。但它对事物共性特征的表现又不是千篇一律和概念化的，同一共性特征在不同设计中可以而且必须各具不同的个性形态美，从而各具独特艺术魅力。

3. 凝练美

构图紧凑、图形简练，是标志艺术必须遵循的结构美原则。标志不仅单独使用，而且经常用于各种文件、宣传品、广告、影像等视觉传播物之中。具有凝练美的标志，不仅在任何视觉传播物中（不论放得多大或缩得多小）都能显现出自身独立完整的符号美，而且还对视觉传播物产生强烈的装饰美感。凝练不是简单，凝练的结构美只有经过精到的艺术提炼和概括才能获得。

4. 单纯美

标志艺术语言必须单纯再单纯，力戒冗杂。一切可有可无、可用可不用的文字、色彩坚决不用；一切非本质特征的细节坚决剔除：能用一点一线一色表现的决不多加一点一线一色，高度单纯而又具有高度美感，正是标志设计艺术之难度所在。

二、标志设计的原则

标志设计不仅是实用物的设计，更是一种图形艺术的设计，它与其他图形艺术表现手段有相同之处，又有自己的艺术规律。必须体现前述的特点，才能更好地发挥其功能。由于对其简练、概括、完美的要求十分苛刻，即要完美到几乎找不到更好的替代方案，其难度比其他任何艺术设计都要大得多。

（1）设计应在详细了解设计对象的使用目的、适用范畴及有关法规等情况和深刻领会其功能性要求的前提下进行。

（2）设计须充分考虑其实现的可行性，针对其应用形式、材料和制作条件采取相应的设计手段。同时还要顾及应用于其他视觉传播方式（如印刷、广告设计、影像等）或放大、缩小时的视觉效果。

（3）设计要符合作用对象的直观接受能力、审美意识、社会心理和禁忌。

（4）构思须慎重推敲，力求深刻、巧妙、新颖、独特，表意准确，能经受住时间的考验⑤；构图要凝练、美观、适形（适应其应用物的形态）。

（5）图形、符号既要简练、概括，又要讲究艺术性。

（6）色彩要单纯、强烈、醒目。

（7）遵循标志设计的艺术规律，创造性地探求恰当的艺术表现形式和手法。锤炼出精当的艺术语言，使所设计的标志具有高度的整体美感，获得最佳视觉效果。

三、标志设计构思手法

标志设计的表现手段极其丰富多样，并且不断发展创新，仅举常见手段概述如下：

1. 表象手法

采用与标志对象直接关联而具典型特征的形象，直述标志的目的。这种手法直接、明确、一目了然，易于迅速理解和记忆。如表现出版业以书的形象、表现铁路运输业以火车头的形象、表现银行业以钱币的形象为标志图形等等。

2. 象征手法

采用与标志内容有某种意义上的联系的事物图形、文字、符号、色彩等，以比喻、形容等方式象征标志对象的抽象内涵。如用交叉的镰刀斧头象征工农联盟，用挺拔的幼苗象征少年儿童的茁壮成长等。象征性标志往往采用已为社会约定俗成认同的关联物作为有效代表物。如用鸽子象征和平，用雄狮、雄鹰象征英勇，用日、月象征永恒，用松鹤象征长寿，用白色象征纯洁，用绿色象征生命等等。这种手段蕴涵深邃，适应社会心理，为人们喜闻乐见。

3. 寓意手法

采用与标志含义相近似或具有寓意性的形象，以影射、暗示、示意的方式表现标志内容和特点。如用伞的形象暗示防潮湿，用玻璃杯的形象暗示易破碎，用箭头形象示意方向等 .

4. 模拟手法

用特征相近的事物形象模仿或比拟所标志对象特征或含义的手法，如我国南方航空公司采用凤凰比拟飞行和吉祥等。

5. 视感手法

采用并无特殊含义的简洁而形象独特的抽象图形、文字或符号，给人一种强烈的现代感、视觉冲击感或舒适感，引起人们注意并难以忘怀。这种手法不靠图形含义而主要靠图形、文字或符号的视感力量来表现标志。 如日本五十铃公司以两个菱形为标志，李宁牌运动服将拼音字母”L”横向夸大为标志等。为使人辨明所标志的事物，这种标志往往配有少量小字，一旦人们认同这个标志，去掉小字也能辨别它。

四、标志构成的表现手法

（1）秩序化手法：均衡、均齐、对称、放射、手大或缩小、平行或上下移动、错位等有秩序、有规律、有节奏、有韵律地构成图形，给人以规整感。

（2）对比手法：色与色的对比，如黑白灰、红黄蓝等；形与形的对比，如大中小、粗与细、方与圆、曲与直、横与竖等，给人以鲜明感。

（3）点线面手法：可全用大中小点构成，阴阳调配变化；也可全用线条构成，粗细方圆曲直错落变化；可纯粹用块面构成；也可点线面组合交织构成，给人以个性感和丰富感。

（4）矛盾空间手法：将图形位置上下左右正反颠倒、错位后构成特殊空间，给人以新颖感。

（5）共用形手法：两个图形合并在一起时，相互边缘线是共用的，仿佛你中有我，我中有你，从而组成一个完整的图形。

任务准备

一台装有 Windows 7 的计算机，且安装了 Photoshop CS6 软件。准备好任务需求分析表。

任务实施

标志设计的工作流程如下：

步骤 1 标志设计调研分析

商标（LOGO）设计不仅仅是一个图形或文字的组合，更是依据企业的构成结构、行业类别、经营理念，并充分考虑标志接触的对象和应用环境，为企业制定的标准视觉符号。在设计之前，首先要对企业做全面深入的了解，包括产品、经营战略、市场分析，以及企业最高领导人员的基本意愿，这些都是标志设计开发的重要依据。对竞争对手的了解也是重要的步骤，标志设计的重要作用即识别性，就是建立在对竞争环境的充分掌握基础上。

通过与双峰山森林公园旅游公司总经理沟通后，把收集到的信息进行分析总结，得到的结果是：LOGO 要表现出和自然界的高度融合，提供给游客自然、阳光、高贵的独特风情。这些调研分析结果都要融入设计中去，这都会影响 LOGO 的形状，颜色，渲染效果等。

步骤 2 标志设计要素挖掘

要素挖掘是为设计开发工作做进一步的准备。依据对调查结果的分析，提炼出标志的结构类型、色彩取向，列出标志所要体现的精神和特点，挖掘相关的图形元素，找出标志设计的方向，使设计工作有的放矢，而不是对文字图形的无目的组合。

首先确定必要的素材，如双峰山森林公园的风景图、“湖北·双峰山”文字。之后设定全标志采用黄色和绿色，象征旅游区的“自然、阳光、高贵”。为了充分体现双峰山旅游区独特的依山傍水、风光优美的山谷地形特点，直接将山谷风景照片作为标志设计元素，令人过目不忘。

步骤 3 标志设计开发

有了对企业的全面了解和对设计要素的充分掌握，可以从不同的角度和方向进行设计开发工作。通过设计师对标志的理解，充分发挥想象，用不同的表现方式，将设计要素融入设计中，标志必须达到含义深刻、特征明显、造型大气、结构稳重、色彩搭配能适合企业，避免流于俗套或大众化。不同的标志所反映的侧重或表象会有区别，经过讨论分析或修改，找出适合企业的标志。

在此任务中，半圆形边框既像横于天际的彩虹，又似可览自然美景的窗台，意境深远，引人联想。标志下方的彩带，既为整个标志增加了动感和活力，又暗示了度假村的欧式建筑风格，其中的“HuBeiShuangFengShan ”的广告语道出了现代城市人的共同心声，可以激发人们的共鸣。此外，标志图形使用了渐变和阴影，使标志层次感和立体感十足。

步骤 4 标志设计修正

提案阶段确定的标志，可能在细节上还不太完善，经过对标志的标准制图、大小修正、黑白应用、线条应用等不同表现形式的修正，使标志使用更加规范，同时标志的特点、结构在不同环境下使用时也不会丧失，达到统一、有序、规范的传播。

将创意设计好的 LOGO 绘制在纸上，用黑白颜色表现，辅助造型，观察整体效果，然后进行细节的修改，最后完成的标志设计效果如图 2-2-1 所示。

图 2-2-1　双峰山度假村标志

1. 什么是 LOGO

在字典中，LOGO 的解释是：“ logo: 标识语 ”。就计算机领域而言，LOGO 是标志、徽标的意思。

2. LOGO 的作用

（1）LOGO 是与其他网站链接以及让其他网站链接的标志和门户。Internet 之所以称为“互联网”，在于各个网站之间可以互相链接。要让其他人走入你的网站，必须提供一个让其进入的门户。而 LOGO 图形化的形式，特别是动态的 LOGO，比文字形式的链接更能吸引人的注意力。在如今争夺眼球的时代，这一点尤其重要。

（2）LOGO 是网站形象的重要体现。就一个网站来说，LOGO 即是网站的名片。而对于一个追求精美的网站，LOGO 更是它的灵魂所在，即所谓的“点睛”之处。

（3）LOGO 能使受众便于选择。一个好的 LOGO 往往会反映网站及制作者的某些信息，特别是对一个商业网站来说，受众可以从中基本了解到这个网站的类型，或者内容。在一个布满各种 LOGO 的链接页面中，这一点会突出地表现出来。试想，你的受众要在大堆的网站中寻找他想要的特定内容的网站时，一个能让人轻易看出它所代表的网站的类型和内容的 LOGO 会有多重要。

3. LOGO 的国际标准规范

为了便于 Internet 上信息的传播，一个统一的国际标准是需要的。实际上已经有了这样的一整套标准。其中关于网站的 LOGO 目前有三种规格：88 × 31 是互联网上最普遍的 LOGO 规格，120 × 60 规格用于一般大小的 LOGO，120 × 90 规格用于大型 LOGO。

4. LOGO 的制作工具和方法

我们平时所使用的图像处理软件或者动画制作软件都可以制作 LOGO，如 Photoshop、Fireworks 等。而 LOGO 的制作方法也和制作普通的图片及动画没什么两样，不同的只是规定了它的大小而已。

5. 一个好的 LOGO 应具备的条件

一个好的 LOGO 应具备以下的几个的条件，或者具备其中的几个条件：

（1）符合国际标准。

（2）精美、独特。

（3）与网站的整体风格相融。

（4）能够体现网站的类型、内容和风格。

技能拓展

一、中国科技馆标志设计欣赏

中国科学技术馆位于朝阳区奥林匹克公园中心区，建筑规模 10.2 万 m^2，新馆建筑为一体量较大的单体正方形，利用若干个积木般的块体相互咬合，使整个建筑呈现出一个巨大的“鲁班锁”，又像一个“魔方”，蕴含着“解锁”“探秘”的寓意。

馆标拐角处设计很有特点，两个“[”形及其组合关系在视觉上形成“错觉立体构成”——也称“矛盾空间”，使馆标成为一个“不可能图形”，如图 2-2-2 所示。

图 2-2-2　中国科技馆标志图

馆标中灰色象征“科学探秘”，绿色象征“和谐发展”；标识上的两个“[”形，交叉组合成中国古代的“鲁班锁”，象征“探秘、解锁”。同时，馆标外形也像一本书，标识中间的白色“S”形代表钥匙孔，“S”也是“science——科学”的首字母，象征只有利用科学这把钥匙才能解开未知世界的秘密。

标志的立体设计图形如图 2-2-3 所示。

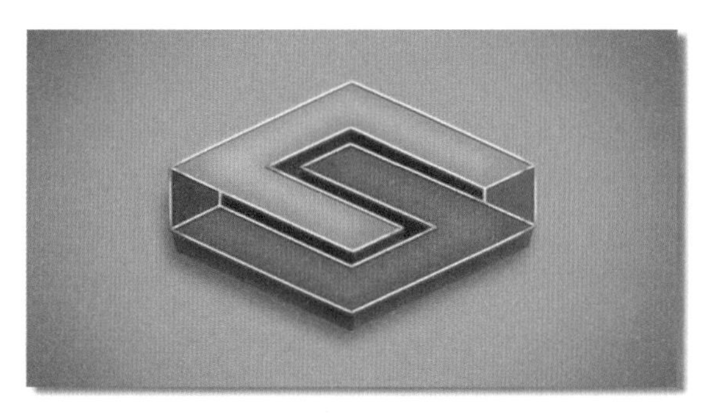

图 2-2-3　标志的立体图

二、中国红烛基金标志设计欣赏

中国红烛基金标志的一个户外展示图如图 2–2–4 所示。中国红烛基金标志如图 2–2–5 所示。光芒——象征温暖、爱心、传播如图 2–2–6 所示，红烛——象征教师品质，象征奉献如图 2–2–7 所示。图 2–2–8 所示的图形，类似于书籍，象征教育、知识。

图 2–2–4　中国红烛基金标志户外图

图 2–2–5　中国红烛基金标志

图 2–2–6　标志分解图 1

图 2–2–7　标志分解图 2

图 2–2–8　标志分解图 3

任务总结

通过本任务的实施，应掌握下列知识和技能：

- 标志设计规律（重点）；
- 标志设计的原则（重点）；
- 标志设计构思手法（重点）；
- 标志构成的表现手法；
- 标志设计的流程（重点）。

课后练习

1. 简要回答标志设计的流程。
2. 根据标志设计的规律原则和构思方法，试着设计自己学校的标志。

子任务 2　制作标志边框

任务描述

在完成任务 2 中的子任务 1 的标志创意与设计后，在此任务中开始制作标志的边框。本任务主要使用 PhotoShop CS6 图层的基本知识、画笔知识，以及钢笔、路径、图层样式等工具。

任务分析

（1）熟悉“相关知识”。

（2）任务准备。

（3）在 Photoshop 中新建图像文件。

（4）利用图层、路径、画笔工具绘图。

（5）颜色设置。

（6）图层样式设置。

相关知识

在 Photoshop CS6 中，图层是一个非常重要的概念。掌握好图层的一些基本操作，往往能够事半功倍，它与滤镜有着异曲同工之妙，只需简单的操作就可达到一些非常实用的效果。

1. 图层概述

对图层的理解是综合处理图像的基础。可以将图层理解为一张透明的薄膜纸，可以在这张透明纸上画画、写字、涂擦等，没有图画的部分依然保持透明的状态，从而可以透过它看到纸下面的图画，有画的部分还可以调整它的透明度。当在各张纸上画完后，计算机将这几张纸叠加起来，就形成了一幅完整的图像。

使用图层能够使图像组织结构清晰，不易产生混乱，图像的最终效果是几个图层叠加起来产生的，不同的叠加模式会产生不同的效果，对其中一个图层的操作不会影响到其他图层。

图层就是构成一个一个的层，每个层都能单独地进行编辑操作。通过图层可以把某个图像中的一部分独立出来，可以对其中的任一部分进行处理，并且这些处理不会影响其他部分，这就是图层的强大功能。还可以将多个图层通过一定的模式混合到一起，从而得到千变万化的效果。

在图层面板上，可以进行图层的顺序调换、图层的效果处理、图层的新建和删除等一系列操作。Photoshop 中可见的图像是所有图层作用的结果。

图层可以分为多种，如文字层、调整层、效果层、背景层、普通层、蒙版层、填充层。

① 普通层：指用一般方法建立的图层，是一种最常用的图层。

② 背景层：位于所有图层最下方的图层，名称只能是“背景（Background）”。在 PSD 文件中，可以没有背景层。背景层一般是被锁定的，因此在其上进行操作会受到一些限制，应尽可能避免在背景图层上编辑。可新建一个普通图层，然后在其上编辑。

③ 文字层：在使用文字工具时可得到文字层。默认情况下，文字层名称就是该层中的文字。

文字层受到保护，很多普通图层上能进行的操作，在该层上不能进行。修改文字层上的文字时，该层选定为当前图层，然后用文字工具在其上进行操作。

④ 调整层：对下方图层起调节作用的图层。调节色调、亮度、饱和度等。其特征是在“图层”面板上的缩微图中有调整滑块显示。

⑤ 效果层：实际上就是设置了图层效果的图层。

⑥ 蒙版图层：蒙版是用于编辑、隔离和保护图像的。利用蒙版，可制作出图像融合效果或屏蔽图像中某些不需要的部分，从而增强图像处理的灵活性。蒙版不允许单独出现，必须附在其他图层上。

2. “图层”面板

启动 Photoshop CS6 时，“图层”面板默认为显示状态，如果没有显示，选择“窗口”|“图层”命令，或按【F7】键，即可打开“图层”面板。下面将介绍“图层”面板中的各项功能。

① 正常：单击下拉列表框右边的下拉按钮，弹出 “图层混合模式”下拉列表，在其中可以选择当前图层和其相邻的下一个图层的混合模式。

② 不透明度：100%：用来设置图层的不透明度，可通过拖动滑块或直接输入数值来修改图像的不透明度。

③ 锁定：这四个按钮的作用分别为：

- 锁定透明像素：使当前图层中的透明区域不可被编辑。
- 锁定图像像素：使当前图层中的图像不接受处理。
- 锁定位置：锁定当前图层的位置，使当前图层不能被移动。
- 锁定全部：使当前图层完全锁定，任何操作都无效。

④ 填充：100%：设置当前图层内容的填充不透明度，可以通过滑块或直接输入数值来修改。

⑤ ：用来显示或隐藏图层：当在某图层左侧显示该图标时，表示当前图层处于可见状态。单击此图标，图标消失，此时图层上的内容全部处于不可见状态。

⑥ 图层链接图标：可以将当前所选择的多个图层链接起来。当对有链接关系的图层组中的某个图层进行操作时，所做的效果会同时作用到链接的所有图层上。

⑦ fx.添加图层样式按钮：用来给当前图层添加各种特殊样式效果，单击此按钮，可弹出下拉列表。

⑧ 添加图层蒙版按钮：单击该按钮，给当前图层快速添加具有默认信息的图层蒙版。

⑨ 创建新的填充或调整图层按钮：用于创建新的填充或调整图层，单击此按钮，将弹出下拉菜单。

⑩ 创建新组按钮：用来建立一个新的图层组，它可包含多个图层。

⑪ 创建新图层按钮：用来建立一个新的空白图层。

⑫ 删除图层按钮：用来删除当前图层。

⑬ 面板菜单按钮：单击此按钮，将弹出图层的下拉菜单。

⑭ 当前图层：当前层又称作用层，就是当前工作的图层。该图层在“图层”面板中以蓝色为底色显示，左侧有一个“画笔”图标。一个图像只能有一个当前图层，很多操作都是对该图

层而言的。要切换当前图层，只需要单击选定图层即可。

⑮ 图层预览缩略图：该列用于显示本图层的缩略图，以便在进行图像处理时参考。还可以根据需要调整缩略图的大小。

⑯ 图层名称：该列显示了图层的名称。如果创建图层未指定名称，系统会自动按规则对其命名，可以双击图层名称对其进行重命名。

⑰ 图层样式（效果）标志：如果图层右侧出现一个标志时，表明该图层已经添加了图层样式（效果）。添加图层样式后，与普通处理不一样，图层的样式（效果）可以随时清除、复制或调整。

3. “图层”菜单

单击图层面板右上角的面板菜单按钮可出现图层菜单，在这个菜单中可执行图层菜单的部分工作。

任务准备

（1）一台装有 Windows 7 的计算机，且安装了 Photoshop CS6 软件。

（2）完成标志的创意设计。参照任务 2 中的子任务 1：标志的创意与设计。

任务实施

标志边框制作的具体操作步骤如下：

步骤 1 在 Photoshop 中新建空白图像文件。按【Ctrl + N】组合键，新建一个宽度和高度均为 10 cm，分辨率为 300 像素 / 英寸背景为白色的图像文件，如图 2-2-9 所示。

步骤 2 新建图层 1。按【Ctrl + Shift + N】组合键，新建“图层 1”图层。

步骤 3 绘制正圆路径。选择工具箱椭圆工具，单击工具属性选项栏中的“路径”按钮，按住【Shift】键，配合鼠标拖动绘制一个正圆路径，如图 2-2-10 所示。

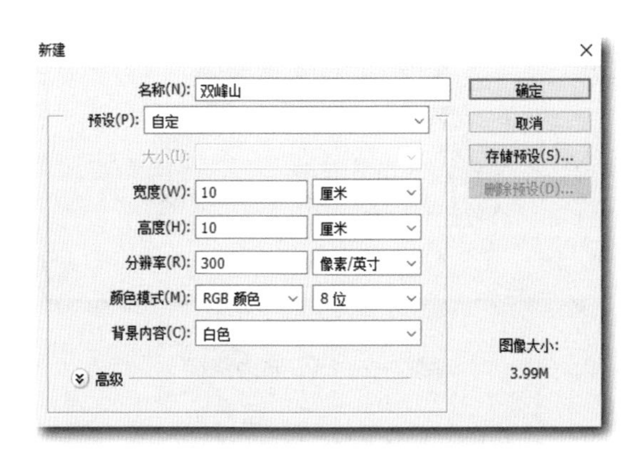

图 2-2-9 “新建”对话框

图 2-2-10 绘制正圆

步骤 4 调整路径。选择工具箱中的直接选择工具，选择下半圆线段，按【Delete】键删除，得到如图 2-2-11 所示的半圆路径。

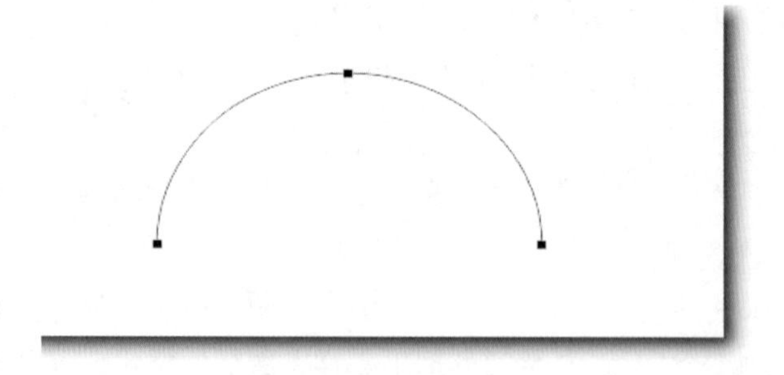

图 2-2-11　删除路径

步骤 5 调整画笔。选择工具箱中的画笔工具，在“画笔”面板中设置画笔大小为 90 像素，硬度为 100 %，间距为 1 %，如图 2-2-12 所示。

步骤 6 描边路径。设置前景色为 #f7e26b，切换至“路径”面板，单击“用画笔描边路径”按钮，结果如图 2-2-13 所示。Photoshop 默认用当前选择的工具对路径进行描边。

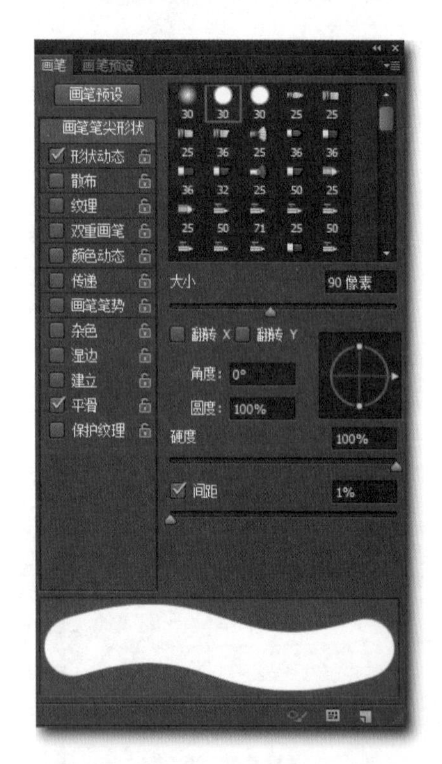

图 2-2-12　设置“画笔”参数

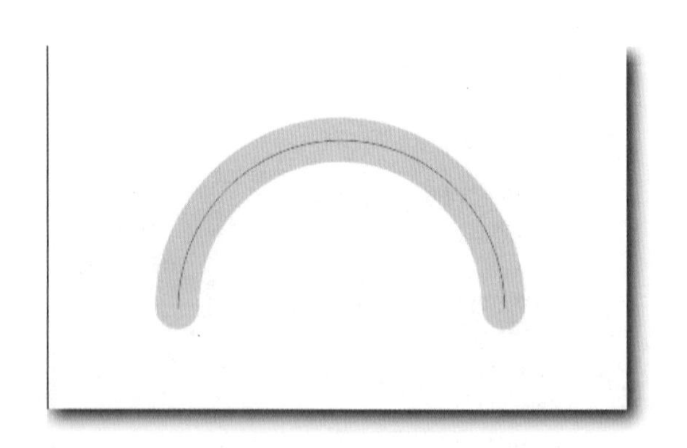

图 2-2-13　描边路径

步骤 7 图层样式。选择“图层” | “图层样式” | “投影”命令，弹出“图层样式”对话框，设置投影参数如图 2-2-14 所示，设置阴影颜色为 # 493c10。

步骤 8 调整图层样式“内阴影”。选择“内阴影”复选框，设置参数如图 2-2-15 所示，内阴影颜色为 # dec654。

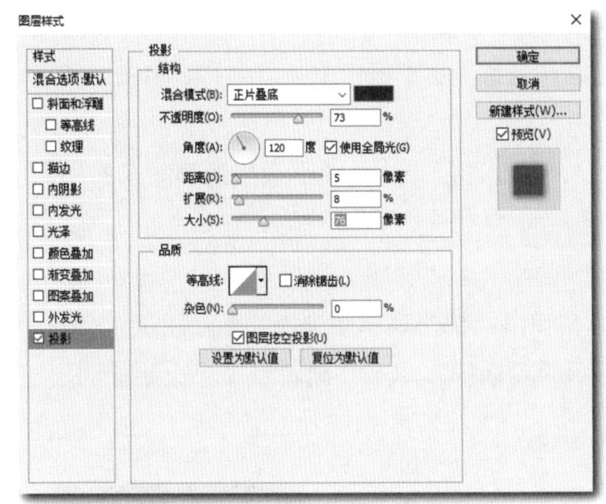

图 2-2-14 “投影”参数设置

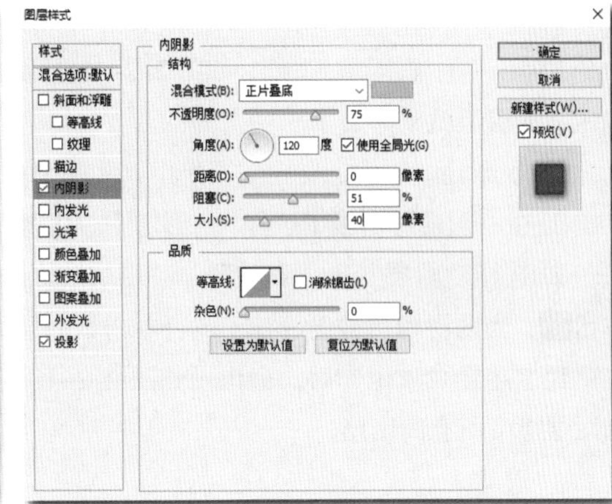

图 2-2-15 “内阴影”参数设置

步骤 9 得到边框设计。单击“确定”按钮，关闭“图层样式”对话框，得到如图 2-2-16 所示效果。

图 2-2-16 添加图层样式后的效果

知识拓展

1. 图层组的应用

图层组指的是若干个图层形成的一个组，在图层组中的图层之间的关系更为密切，有了图层组可以更方便地对图层进行组织和管理。位于同一个图层组中的图层相当于一个整体，即使组中的各图层没有链接关系，它们也可以被一起移动、变换、删除、复制。前提是必须选择图层组，单独选择组中的层是无法整体移动图层组的。图层组也具有不透明度的选项。

（1）创建图层组。创建图层组有如下三种方法：

① 选择“图层” | “新建” | “组”命令。

② 单击“图层”面板中的“创建新组”按钮。

③ 单击“图层”面板中的“面板菜单”按钮，在弹出的菜单中选择“新建组”命令。

经上述任一项操作后会弹出“新建组”对话框，单击“确定”按钮，即可创建新的图层组。这时“图层”面板中出现类似于文件夹的图标，用鼠标可把相应的图层拖动到图层组中。

（2）命名图层组。单击“图层”面板中的“面板菜单”按钮，在弹出的菜单中选择“新建组”命令，弹出“新建组”对话框，如图 2–2–17 所示，在“名称”文本框中输入新名称，单击“确定”按钮，图层组就重命名了。

（3）删除图层组。要在图层组中删除一个图层，与非图层组中的单个图层的删除操作相同。

① 在“图层”面板中选择一个图层作为当前层。

② 选择“图层” | “删除” | “图层”命令，或者单击“图层”面板下方的“删除图层”按钮，当前层即可被删除掉。或者右击当前层，在弹出的快捷菜单中选择“删除图层”命令。

经上述任一项操作后，会出现如图 2–2–18 所示的对话框，单击“删除组”将会删除图层组和图层组中所有的图层。

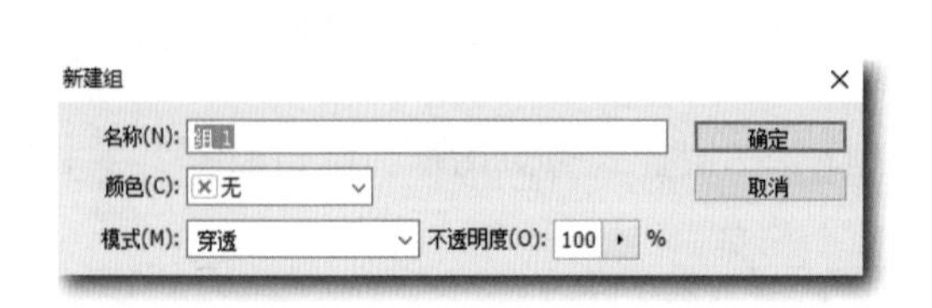

图 2–2–17 “新建组”对话框

图 2–2–18 删除组提示框

2. 编辑图层

（1）选择图层。单击要操作的图层，该图层呈蓝色，表示选择了该图层，此时该图层为当前图层。按【Ctrl】键，可以选中不连续的图层；按【Shift】键，可以选中连续的图层。

（2）复制图层。

要复制图层组，其方法如下：

① 选择“图层” | “复制组”命令。

② 选择要复制的组并右击，在弹出的快捷菜单中选择“复制组”命令。

③ 在“图层”面板中单击面板菜单按钮，然后选择“复制组”命令。

经上述任一项操作后，出现“复制组”对话框，如图 2–2–19 所示，设置好后，单击“确定”按钮。

④ 按住【Alt】键，用移动工具移动需要复制的图层组，然后释放鼠标即可。

要复制图层，其方法如下：

① 选择“图层” > “复制图层”命令。

② 选择要复制的图层并右击，在弹出的快捷菜单中选择“复制图层”命令。

③ 在“图层”面板中单击面板菜单按钮，然后选择“复制图层”命令。

经上述任一项操作后，出现“复制图层”对话框，如图 2–2–20 所示，设置好后，单击“确定”按钮。

④ 按住【Alt】键，用移动工具移动需要复制的图层，然后释放鼠标即可。

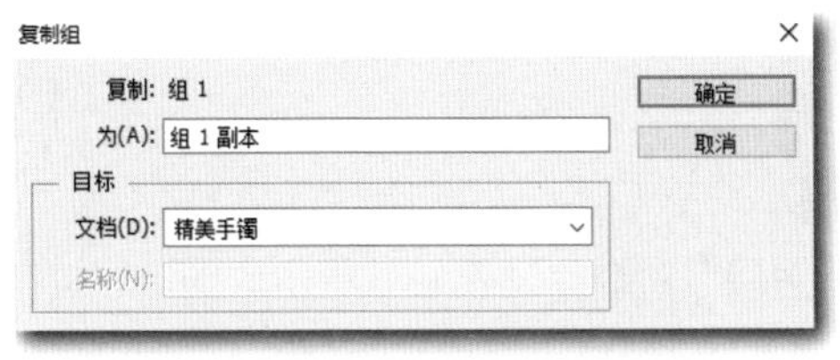

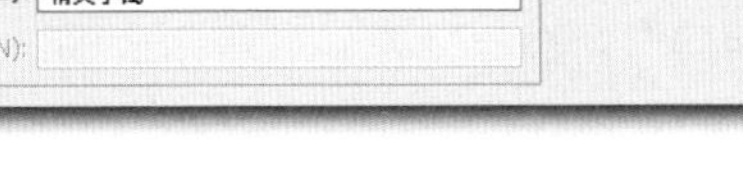

图 2-2-19 “复制组”对话框

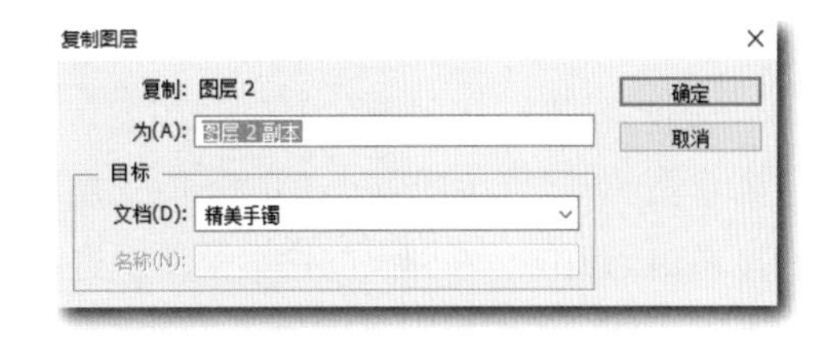

图 2-2-20 复制图层对话框

⑤ 按住【Ctrl+J】键也可以复制图层。

（3）隐藏与显示图层。为打印图像的一部分，或者为了让操作更方便一些，可以暂时隐藏一些图层，这样只有可见图层被显示出来。如果一些图层是可见的，则有一个眼睛图标显示出来，如果不可见，则没有眼睛图标。操作步骤如下：

① 在“图层”面板中，单击位于图层左边的显示图标，隐藏该层，再次单击同一位置，又可以显示该图层。

② 在显示图标中单击并拖动图标，可以显示或隐藏多个图层。

③ 按住【Alt】键并单击显示图标，只显示或隐藏单击的那一层。

（4）调节图层透明度。在 Photoshop 中，每个图层或者每个图层组都可以设置不透明度，降低不透明度后图层中的像素会呈现出半透明的效果，这有利于进行图层之间的混合处理。其方法是选中图层之后在图层面板的不透明度：100%选项中进行设置，可以直接输入数字也可以拖动滑块进行设置。

（5）调整图层顺序。图层最直接体现的效果就是遮挡。位于图层调板下方的图层层次是较低的，越往上层次越高。位于较高层次的图像内容会遮挡较低层次的图像内容。

图像中的图层是按一定的顺序叠放在一起的，所以图层的叠放顺序决定了图像的显示效果，在编辑图像时，经常需要调整图层的叠放顺序，具体的操作方法如下：

① 在“图层”面板中用鼠标将需要调整顺序的图层向上或向下拖动，这时“图层”面板会有相应的线框随鼠标一起移动，当线框调整到合适位置后，再释放鼠标即可。

② 选择“图层” | “排列”命令，弹出如图 2-2-21 所示的“排列”子菜单，其中“置为顶层”命令将当前选中的图层移动到“图层”面板的最高层；“前移一层”命令将选中的图层向前移动一层，若该图层已经处于最高层，则无效；“后移一层”命令将选中的图层向后移动一层，若该图层已处于最低层，即背景层的上一层，则无效；“置为底层”命令将选中的图层移动到最低层，也就是背景层的上一层。

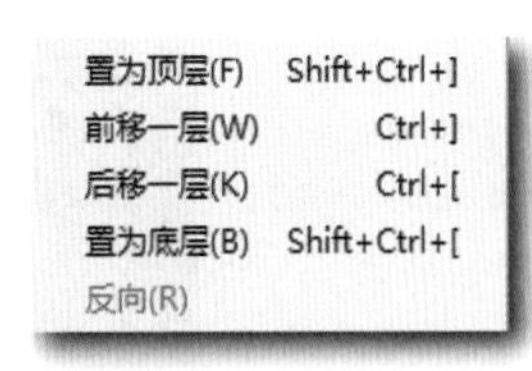

图 2-2-21 排列子菜单

（6）链接图层。要把几个图层链接起来，先选中要链接的图层，然后单击“图层”面板中的链接图层按钮，要取消图层链接时，只需再次单击该按钮。对链接中的任何图层进行移动、旋转或自由变形等操作，链接在一起的图层都会同时进行相应的变换。若这组链接图层中有一个图层被锁定，那么这一组图层也相应地被锁定。

（7）锁定图层。锁定图层后，就不能对该图层进行编辑，直到解锁。锁定图层的操作是：将图层选中，然后单击锁定全部按钮，将当前图层锁定。

（8）删除图层。在“图层”面板上选择一个图层作为当前层，然后操作如下：

① 选择“图层”|“删除”|“图层”命令。

② 单击“图层”面板下方的“删除图层”按钮。

③ 右击当前层，在弹出的快捷菜单中选择“删除图层”命令。设置好后单击“确定”按钮。

④ 将要删除的图层直接拖动到“删除图层”按钮上，释放鼠标即可。

以上任一选择都可以删除图层。

技能拓展

图片拼合的操作步骤如下：

① 打开四个素材图片，用裁剪工具和魔术棒工具将不需要的部分去掉，将另三幅图片拖动到图层的应用素材 03 上，用自由变换工具调整各图层图片的大小，效果如图 2-2-22 所示。图层面板如图 2-2-23 所示。

② 选中图层 1，将图层 1 的不透明度设置为 68%，参数设置如图 2-2-24 所示。

图 2-2-22　效果图

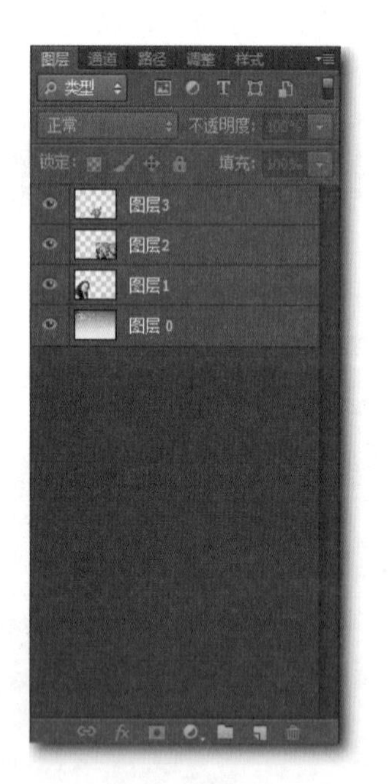

图 2-2-23　打开素材后的“图层”面板

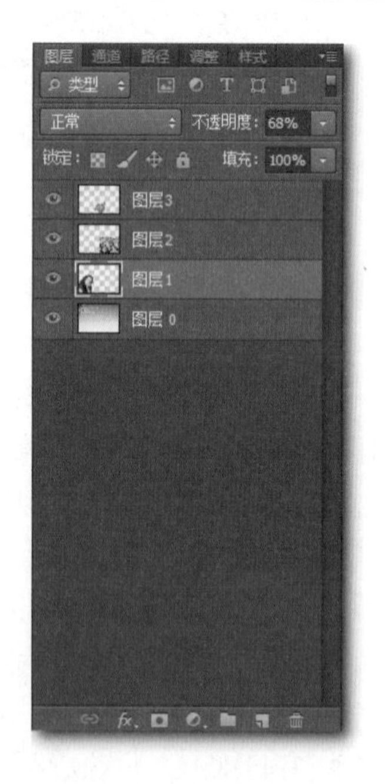

图 2-2-24　设置图层不透明度

③ 选中图层 2，将图层 2 的不透明度设置为 56%。

④ 选中图层 1，单击“锁定全部”按钮将图层 1 锁定；选中图层 2，单击“锁定全部”按钮将图层 2 锁定，以便于对图层 3 进行操作，锁定设置如图 2-2-25 所示。

⑤ 选中图层 3，将图层 3 的“填充”设置为 60%，设置如图 2-2-26 所示。

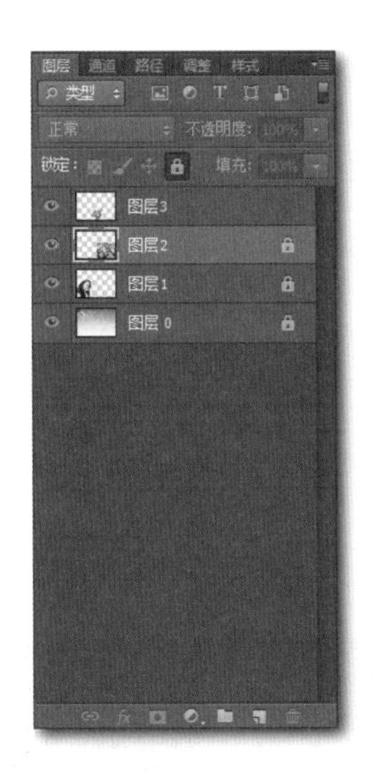

图 2-2-25　锁定图层

图 2-2-26　填充调整

⑥ 将背景图层置于顶层，选择“图层”｜“排列”｜“置于顶层”命令，如图 2-2-27 所示，将该图层的不透明度设置为 64%。右击该图层，在弹出的快捷菜单中选择“图层属性”命令，弹出“图层属性”对话框，将名称改为“画卷”。

⑦ 选择图层 1，按住鼠标左键，将其拖动“画卷”图层上面。按照前面所讲的方法将图层名称改为“人物”，将图层 2 改名为“花 1”，将图层 3 改名为“花 2”。设置如图 2-2-28 所示。

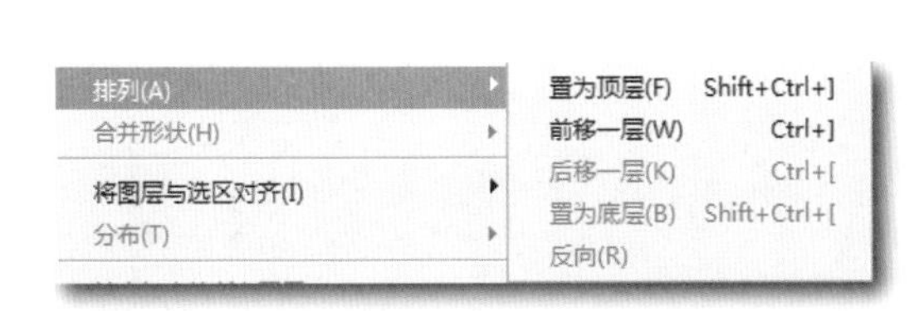

图 2-2-27　图层排列

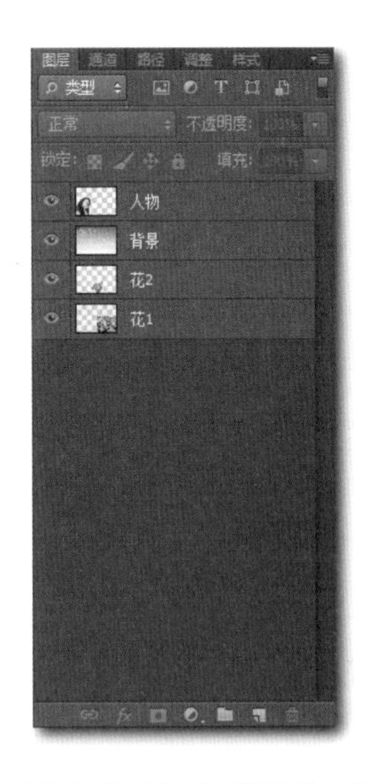

图 2-2-28　给图层重命名

任务总结

通过本任务的实施，应掌握下列知识和技能：

- 图层基本知识（重点）；
- 钢笔；
- 路径；
- 画笔；
- 图层样式。

课后练习

1. 利用图层合成图 2-2-29 所示的两张图片。

图 2-2-29　素材 1

2. 将图 2-2-30 所示的两张素材图片合成为一张图。

图 2-2-30　素材 2

子任务 3　制作标志标牌

任务描述

在完成任务 2 中的子任务 2 的标志边框制作后，下面开始制作标志的标牌。在此任务中，以子任务 1 中的标志边框为基础开始制作标志标牌，同时此任务中需要学习图层样式基本知识、钢笔知识，并利用这些工具绘制已经设计好的标志标牌。

任务分析

（1）熟悉“相关知识”。

（2）任务准备。

（3）利用路径工具绘制矩形。

（4）利用图层样式调整矩形效果。

（5）使用画笔工具描绘矩形。

（6）使用路径工具、图层样式绘制彩带。

相关知识

“图层样式”对话框的左侧是不同种类的图层效果，对话框的中间是各种效果的不同选项，可以从右边小窗口中看到所设定效果的预览图。

如果选择了“预览”复选框，那么在效果改变后，即使还没有应用于图像，在图像预览窗口中也可以看到效果变化对图像的影响。还可以将一种或几种效果的集合保存为一种新样式，应用于其他图像中。应用于图层的效果将变为图层自定义样式的一部分。

1. “投影”样式

投影是最常用的图层效果之一。图 2-2-31 所示为对图层的形状应用了默认（混合模式是“正片叠底”，不透明度为 75%）的投影效果。

投影效果的选项有：混合模式、颜色设置、不透明度、角度、距离、扩展、大小、等高线、杂色、图层挖空阴影。

① 混合模式：由于阴影的颜色一般都是偏暗的，因此这个值通常被设置为“正片叠底”，不必修改。

② 颜色设置：单击混合模式的右侧这个颜色框可以对阴影的颜色进行设置。

③ 不透明度：默认值是 75%，通常这个值不需要调整。如果要阴影的颜色显得深一些，应该增大这个值；反之，则减少这个值。

④ 角度：设置阴影的方向，如果进行微调，可以使用右边的文本框直接输入角度。在圆圈中，指针指向光源的方向，显然，相反的方向就是阴影出现的地方。

⑤ 距离：阴影和图层内容之间的偏移量，这个值设置得越大，会让人感觉光源的角度越低；反之，则越高。就像傍晚时太阳照射出的影子总是比中午时的长。

⑥ 扩展：这个选项用来设置阴影的大小，其值越大，阴影的边缘显得越模糊；反之，阴影的边缘越清晰。一般的投影扩展为 0%，边缘柔和过渡到完全透明；在扩展为 100% 的时候，会产生特殊效果（如图 2-2-32 所示，为了观察得更清楚，将图层的填充不透明度设为 0%）。

⑦ 大小：这个值反映光源距离图层内容的距离，其值越大，阴影越大，表明光源距离图层的表面越近，反之，阴影越小，表明光源距离图层的表面越远。

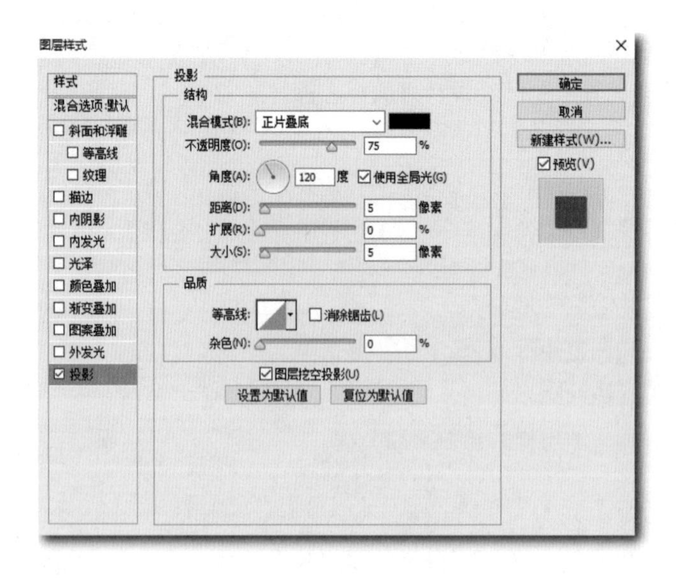

图 2-2-31　投影样式

⑧ 等高线：在投影的不透明像素进入透明区域内时，可产生各种变化，代替预设的平缓过渡。单击等高线旁边的下拉按钮，出现已载入的等高线类型，旁边的三角可以调出相关菜单，包括载入、复位默认等高线等命令。单击当前的等高线缩览图，出现等高线编辑器。在这里，可以像编辑曲线那样编辑等高线，重新编辑的等高线可以被保存下来，作为预设类型。图 2-2-33 所示为自定义的“环形 – 双”等高线。

图 2-2-32　效果对比

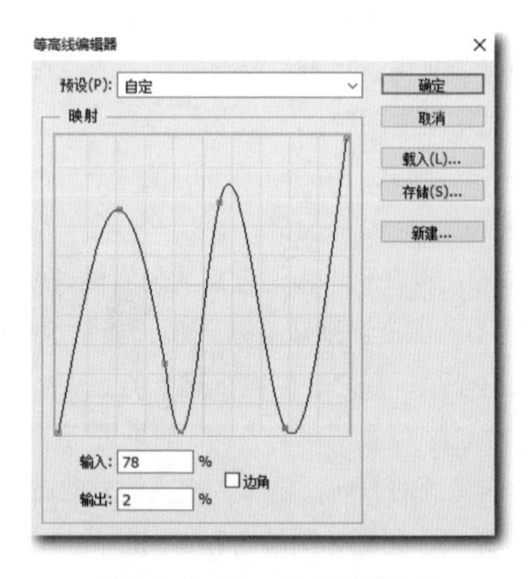

图 2-2-33　自定义等高线

图 2-2-34 所示为分别选择四种不同等高线（第二个由上文自定义）所得到的投影效果图。

⑨ 杂色：对阴影部分添加随机的透明点，如图 2-2-35 所示。

⑩ 图层挖空阴影：如果选择了该复选框，当图层的不透明度小于 100% 时，阴影部分仍然是不可见的，也就是说使透明效果对阴影失效。

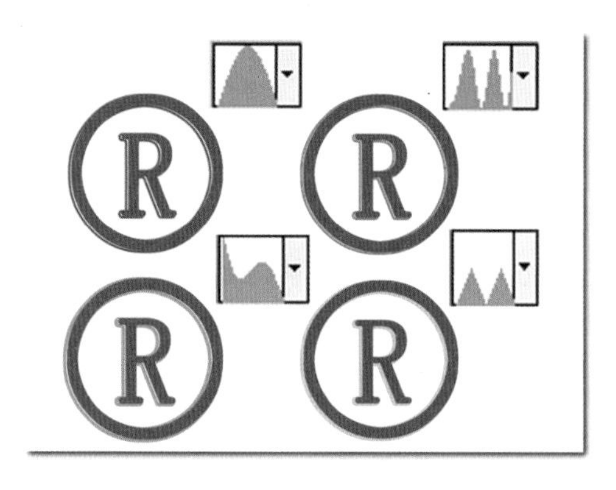

图 2-2-34　设置四种不同等高线所得到的投影效果

图 2-2-35　设置杂色后的效果

2. “内阴影”样式

内阴影效果和投影效果基本相同，图 2-2-36 所示为其默认的选项。投影是从对象边缘向外，而内阴影是从边缘向内。扩展选项起扩大作用而阻塞选项起收缩作用。内阴影效果没有图层挖空选项。除了下面要介绍到的斜面和浮雕效果之外，内阴影主要用来创作简单的立体效果，如果配合投影效果，那么立体效果就更加生动，图 2-2-37 中右边的图像就是内阴影和投影效果共同作用的结果。

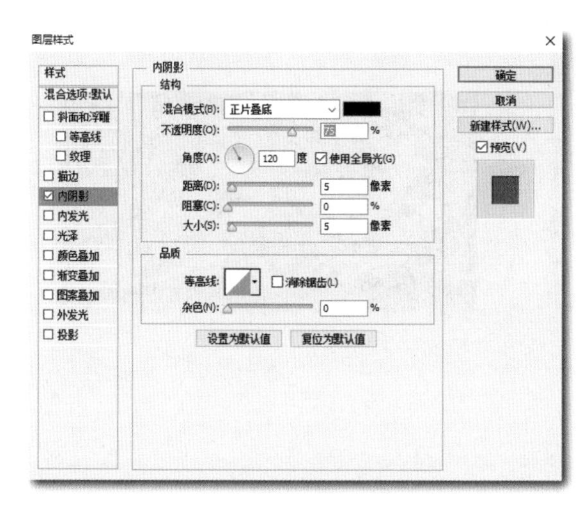

图 2-2-36　内阴影样式设置

图 2-2-37　设置后的效果

3. “外发光”和“内发光”样式

应用“外发光”效果的图层好像下面多出了一个图层，这个假想层的填充范围比其上的图层略大，混合模式为“滤色”，默认不透明度为 75%，从而产生图层的外侧边缘“发光”效果。

由于默认混合模式是“滤色”，因此，如果背景层设置为白色，那么不论如何调整“外发光”的设置，效果都无法显示出来。要想在白色背景上看到“外发光”效果，必须将混合模式设置为“滤色”以外的其他值。

“外发光”可以设置的参数包括：结构（混合模式、不透明度、杂色、渐变和颜色）、图案（方法、扩展、大小）、品质（等高线、范围、抖动），如图 2-2-38 所示。

① 混合模式：外发光样式如同在层的下面多出了一个虚拟层，因此设置混合模式将影响这个虚拟层，即发光层和下面的层之间的混合关系，对原图层并无影响。

② 不透明度：光一般是透明的，因此这个选项要设置小于 100% 的值。光线越强（越刺眼），应当将其不透明度设置得越大。

③ 杂色：杂色用来为光部分添加随机的透明点。杂色的效果和将混合模式设置为“溶解”所产生的效果有些类似，但是“溶解”不能进行微调，因此要制作细致的效果还是要使用“杂色”。参数设置图 2-2-39 所示，图 2-2-40 右侧图像为使用“杂色”后的效果。

④ 渐变和颜色：外发光的颜色设置可以通过选择“单色”或者“渐变色”单选按钮来设置。即使选择“单色”单选按钮，光的效果也是渐变的，不过是渐变至透明而已；如果选择渐变色，可以用“渐变编辑器”对渐变色进行随意设置，如图 2-2-41 所示。

选择渐变色 单选按钮，将发光大小调到 18 像素，其效果如图 2-2-42 所示。

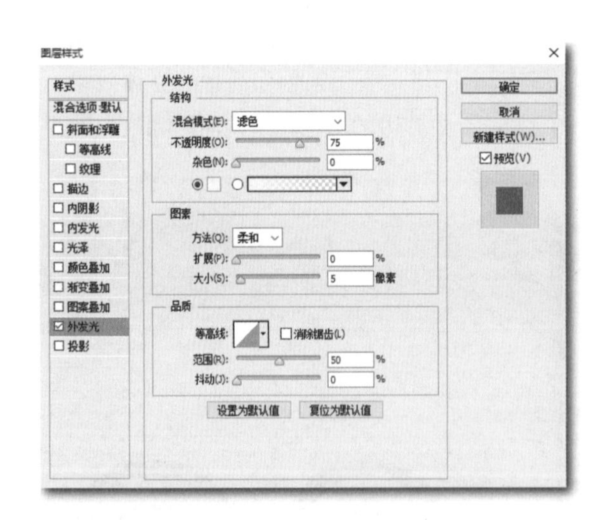

图 2-2-38　外发光样式设置

图 2-2-39　混合模式设置

图 2-2-40　效果图

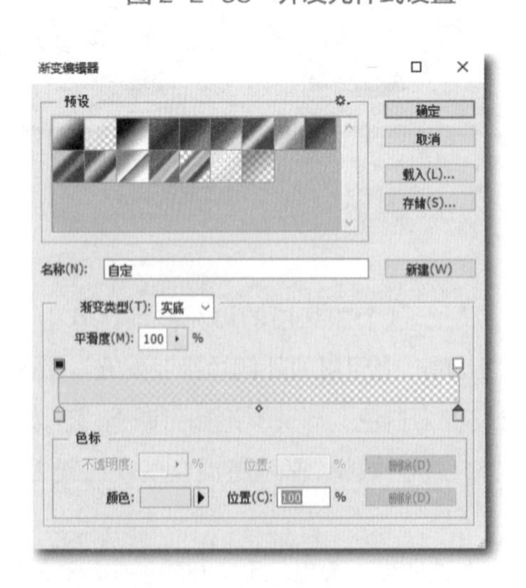

图 2-2-41　设置渐变色

图 2-2-42　效果图

⑤ 方法：方法的设置值有两个，分别是“柔和”与“精确”，一般用“柔和”就足够了，“精确”可以用于设置一些发光较强的对象，或者棱角分明且反光效果比较明显的对象。

⑥ 扩展：用于设置光中有颜色的区域和完全透明的区域之间的渐变速度。设置效果同颜色中的渐变设置以及下面的设置“大小”都有直接的关系，三个选项是相辅相成的。

⑦ 大小：设置光的延伸范围，其最终效果和颜色渐变的设置是相关的。

⑧ 等高线：等高线的使用方法和前面介绍的一样，效果略有不同。

⑨ 范围：用来设置等高线对光芒的作用范围，也就是说对等高线进行“缩放”，截取其中的一部分作用于光上。

⑩ 抖动：为光添加任意的颜色点，为了使“抖动”的效果能够显示出来，光至少应该有两种颜色。比如，首先将颜色设置为黄色、蓝色渐变，然后加大“抖动”值，这时就可以看到光的蓝色部分中出现了黄色的点，黄色部分中出现了蓝色的点，如图 2-2-43 所示，参数设置如图 2-2-44 所示。

图 2-2-43　设置“抖动”后的效果

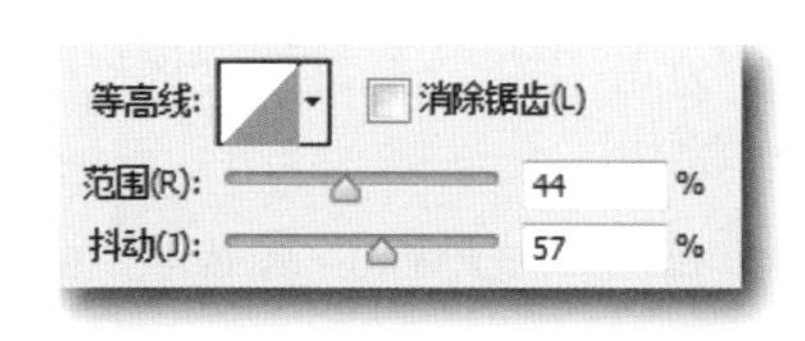

图 2-2-44　“抖动”参数设置

内发光效果和外发光效果的选项基本相同，除了将扩展变为阻塞外，只是在图形部分多了对光源位置的选择。如果选择居中，那么发光就从图层内容的中心开始，直到距离对象边缘设定的数值为止；如果选择边缘，则沿对象边缘向内。在应用普通的发光样式时，为了避免对象边缘出现杂色像素，一般会将两种发光效果联合起来应用。

任务准备

（1）一台装有 Windows 7 的计算机，且安装了 Photoshop CS6 软件。

（2）完成标志的边框设计。参照任务 2 中的子任务 2：制作标志边框。

任务实施

一、标志标牌制作

步骤 1　单击“图层”面板，新建“图层”图层。

步骤 2　切换至“路径”面板，拖动工作路径至面板底端的“创建新路径”按钮，保存后得到“路径 1”。

步骤 3　单击“创建新路径”按钮，创建“路径 2”，下面绘制的路径将保存在“路径 2”中。

步骤 4　选择工具箱中的矩形工具，绘制一个矩形路径，如图 2-2-45 所示。

步骤5 设置前景色为# f7e26b，单击“路径”面板底端的“用前景色填充路径”按钮，填充路径如图 2–2–46 所示。

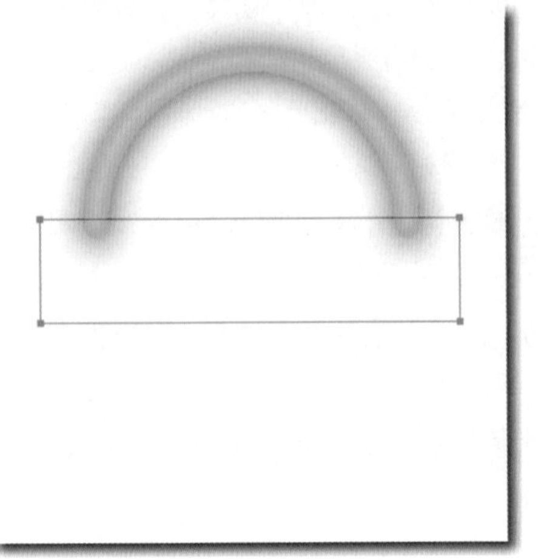

图 2–2–45 绘制矩形

图 2–2–46 填充矩形

步骤6 双击“图层 2 "，打开“图层样式”对话框，选择“投影”复选框，设置“投影”参数，如图 2–2–47 所示。

步骤7 选择“渐变叠加”复选框，设置“渐变叠加”参数，如图 2–2–48 所示

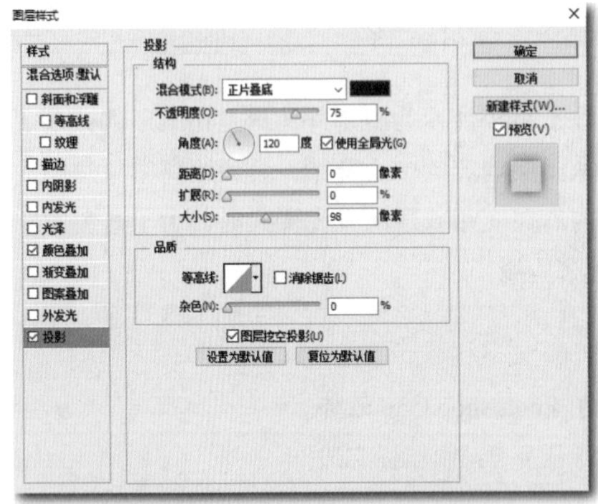

图 2–2–47 “投影”参数设置

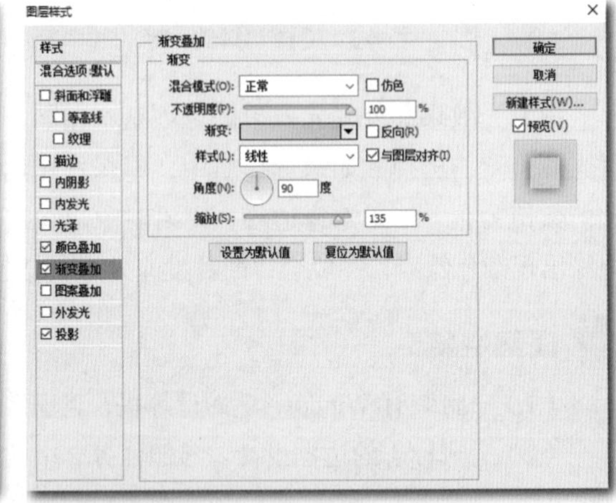

图 2–2–48 “渐变叠加”参数设置

步骤8 单击渐变条，打开“渐变编辑器”对话框，设置渐变参数，如图 2–2–49 所示，从左至右各色标颜色依次为# f5ce65 、# f9ef6b 和# f5dl71

步骤9 单击“确定”按钮，关闭“图层样式”对话框，添加图层样式效果如图 2–2–50 所示。

图 2-2-49 “渐变”参数设置

图 2-2-50 添加图层样式后的效果 1

步骤 10 选择工具箱中的直接选择工具，分别选择矩形路径左右两侧线段，按【Delete】键删除，如图 2-2-51 所示。

步骤 11 新建“图层 3”，选择工具箱中的画笔工具，设置画笔直径为 40 个像素，硬度为 100%。设置前景色为 #7ec70，用画笔描边矩形路径上、下两条线段，效果如图 2-2-52 所示。

图 2-2-51 删除线段

图 2-2-52 描边路径效果

步骤 12 选择“图层”|“图层样式”|“内阴影”命令，打开“图层样式”对话框，选择“内阴影”复选框，设置参数如图 2-2-53 所示，内阴影颜色设置为 # dd9010。

步骤 13 添加图层样式效果如图 2-2-54 所示。

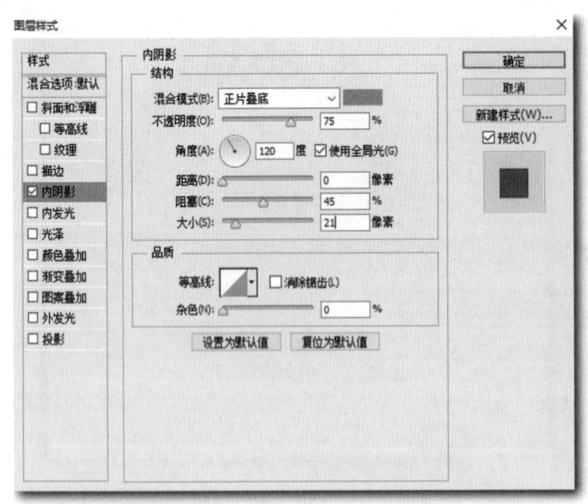

图 2-2-53 “内阴影”参数设置

图 2-2-54 添加图层样式后的效果 2

二、飘带的制作

步骤 1 单击“路径”面板中的“创建新路径”按钮，创建“路径 3”。选择工具箱中的钢笔工具，绘制如图 2-2-55 所示的两条闭合路径，分别作为左、右飘带。

步骤 2 选择工具箱中的路径选择工具，将右侧的路径移动至如图 2-2-56 所示的位置。

图 2-2-55 绘制两条闭合路径

图 2-2-56 移动路径

步骤 3 分别选择这两条路径，新建“图层 4”，选择左侧的飘带路径并填充颜色 #7e26b。

步骤 4 新建“图层 5”，选择右侧的飘带路径并填充颜色 #7e26b，此时图像效果如图 2-2-57 所示。

步骤 5 选择“图层 4”为当前图层，双击图层打开“图层样式”对话框，选择“投影”复选框，设置参数如图 2-2-58 所示。

图 2-2-57 填充路径

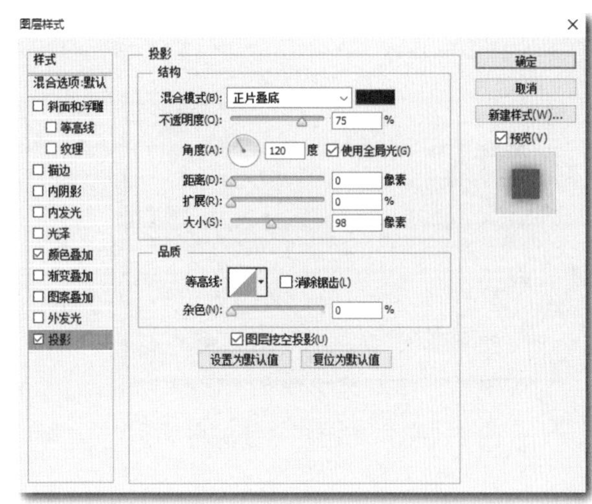

图 2-2-58 “投影”图层样式参数设置

步骤 6 选择“内阴影”复选框，设置参数如图 2-2-59 所示，内阴影颜色设为 #de9f1f。

步骤 7 选择“渐变叠加”复选框，设置参数如图 2-2-60 所示。单击渐变条，弹出“渐变编辑器”对话框，编辑渐变如图 2-2-61 所示，从左至右三个色标的颜色分别为：#f5ce65、#f9ef6b、#f5d171。

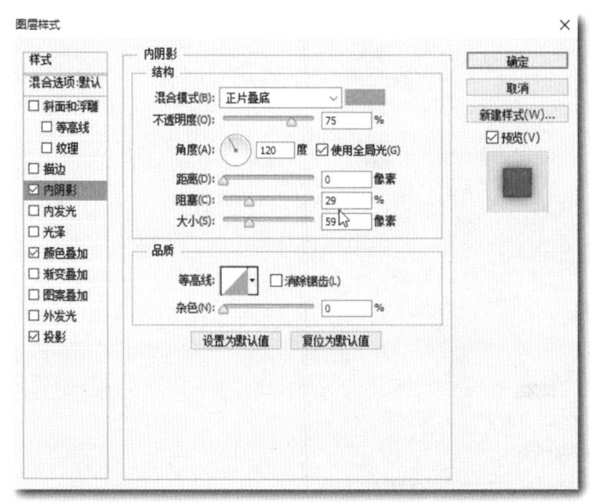

图 2-2-59 “内阴影”图层样式参数设置

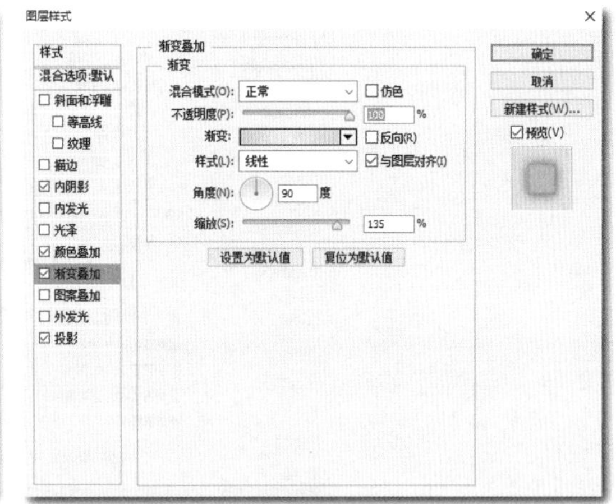

图 2-2-60 “渐变叠加”图层样式参数设置

步骤 8 按【Alt】键拖动“图层 4”图标至“图层 5”上方，复制“图层 4”图层样式，得到如图 2-2-62 所示的彩带效果。

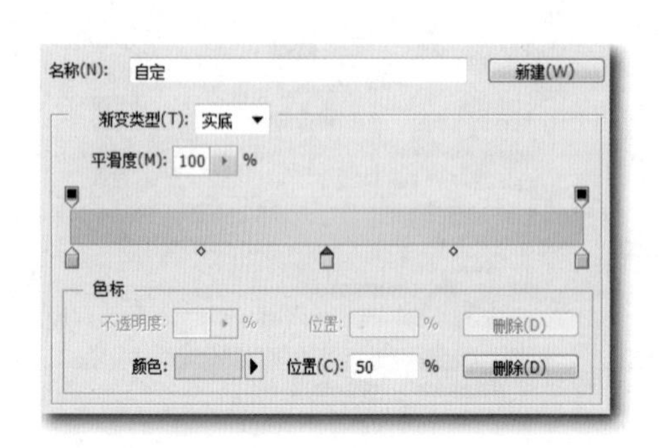

图 2-2-61 “渐变”参数设置

图 2-2-62 添加图层样式效果

知识拓展

1. “斜面和浮雕”样式

“斜面和浮雕”样式包括内斜面、外斜面、浮雕效果、枕状浮雕和描边浮雕。虽然选项都是一样的，但是制作出来的效果却大相径庭。斜面和浮雕效果的对话框共分为结构和阴影两个选项区域，其样式对话框如图 2-2-63 所示。

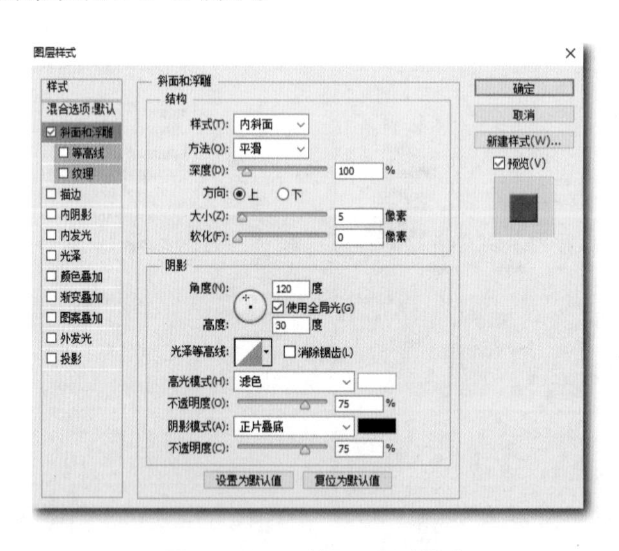

图 2-2-63 斜面和浮雕样式

① 样式：内斜面是最常用到的类型，这种斜面类型从图层对象的边缘向内创建斜面，立体感最强。它不同于外斜面样式从边缘向外创建斜面。浮雕效果使图层对象相对于下层图层呈浮雕状，枕状浮雕创建嵌入效果，而描边浮雕只针对图层对象的描边，没有描边，这种浮雕就不能显现。将深度调到 131% 后，五种斜面类型效果如图 2-2-64 所示。

② 方法：“平滑”选项模糊边缘，可适用于所有类型的斜面效果，但不能保留较大斜面的

边缘细节。“雕刻清晰”选项保留清晰的雕刻边缘，适合用于有清晰边缘的图像，如消除锯齿的文字等。“雕刻柔和”选项介于这两者之间，主要用于较大范围的对象边缘。图 2-2-65 是内斜面样式与三种斜面格式效果对比。

图 2-2-64　五种斜面类型效果的对比

图 2-2-65　内斜面样式与三种斜面格式效果对比

③ 深度：“深度”必须和“大小”配合使用，在“大小”值一定的情况下，用“深度”可以调整高台的截面梯形斜边的光滑程度。通过滑块或直接输入数据来确定斜面的大小。

④ 方向：方向的设置值只有“上”和“下”两种，其效果和设置“角度”是一样的。在制作按钮的时候，“上”和“下”可以分别对应按钮的正常状态和按下状态，比使用角度进行设置更方便，也更准确。

⑤ 大小：用来设置高台的高度，必须和“深度”配合使用。

⑥ 软化：软化一般用来对整个效果进行进一步的模糊，使对象的表面更加柔和，减少棱角感。

图 2-2-66 所示为对图层作“深度”“方向”“大小”“软化”参数的设置，调整之后的效果图 2-2-67 所示，呈现出一种非常柔和的立体感。

图 2-2-66　“结构”参数设置

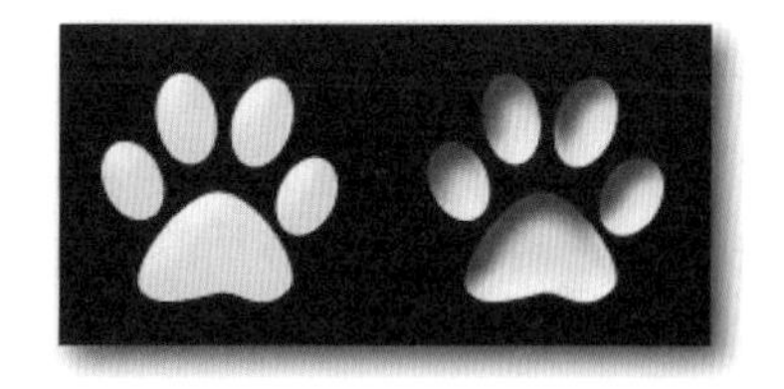

图 2-2-67　效果对比

2. “光泽”样式

“光泽”有时译作“绸缎”，用来在图层的上方添加一个波浪形（或者绸缎）效果。可以将光泽效果理解为光线照射下的反光度比较高的波浪形表面（比如水面）显示出来的效果。“光泽”样式参数设置如图 2-2-68 所示。

“光泽”效果之所以容易让人琢磨不透，主要是其效果会和图层的内容直接相关，图层的轮廓不同，添加光泽样式之后产生的效果完全不同（即使参数设置完全一样）。当图 2–2–68 所示的设置放到三个不同的图层上时，其效果如图 2–2–69 所示。

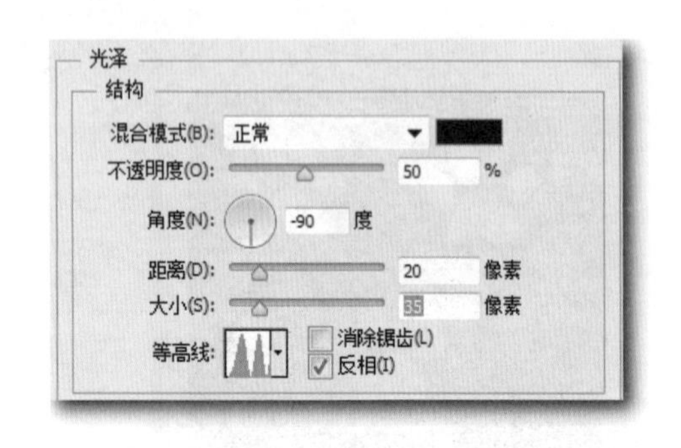

图 2–2–68 “光泽”样式参数设置

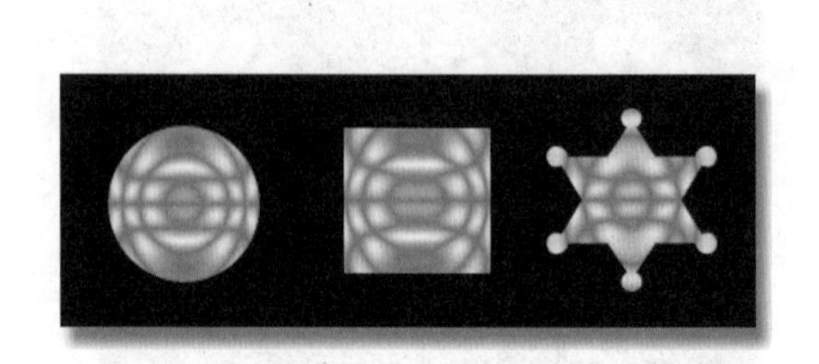

图 2–2–69 效果图

3. “颜色叠加”样式

这是一个简单的样式，其作用相当于为图层着色，也可以认为这个样式在层的上方加了一个混合模式为“普通”、不透明度为 100% 的“虚拟层”。添加了样式后的颜色是图层原有颜色和“虚拟层”颜色的混合。

参数设置和效果如图 2–2–70 所示，当黄色的文字图层与红色以差值模式叠加后变成绿色。

图 2–2–70 “颜色叠加”的参数设置及效果

4. 渐变叠加

“渐变叠加”和“颜色叠加”的原理是完全一样的，只不过“虚拟层”的颜色是渐变的，而不是纯色的。“渐变叠加”选项中，混合模式以及不透明度和“颜色叠加”的设置方法完全一样，只是多出了渐变、样式、缩放等选项。

① 混合模式：同图层混合模式。

② 经不透明度：设置叠加的“虚拟层”的透明度。

③ 渐变：设置渐变色，选择下拉列表框后面的“反色”复选框，用来将渐变色的“起始颜色”和“终止颜色”对调。

④ 样式：同 Photoshop 中的渐变样式，有线性、径向、角度、对称的、菱形五种。

⑤ 角度：设置“虚拟层”的叠加角度。

⑥ 缩放：放大或缩小“虚拟层”的覆盖面。

参数设置和效果如图 2–2–71 所示。

图 2-2-71　“渐变叠加”的参数设置及效果

5.　“图案叠加”样式

“图案叠加”样式的设置方法与“斜面和浮雕”中介绍的“纹理”完全一样，这里不做详述。参数设置和效果如图 2-2-72 所示。

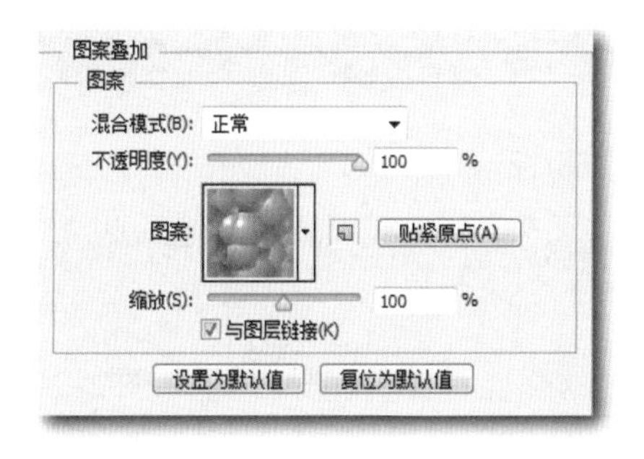

图 2-2-72　“图案叠加”的参数设置及效果

6.　“描边”样式

“描边”样式很直观简单，就是沿着层中非透明部分的边缘描边，这在实际应用中很常见。描边样式的主要选项包括：大小、位置、填充类型。

① 大小：设置描边的宽度。

② 位置：设置描边的位置，可以使用的选项包括内部、外部和居中，如图 2-2-73 所示。注意边和选区之间的关系。

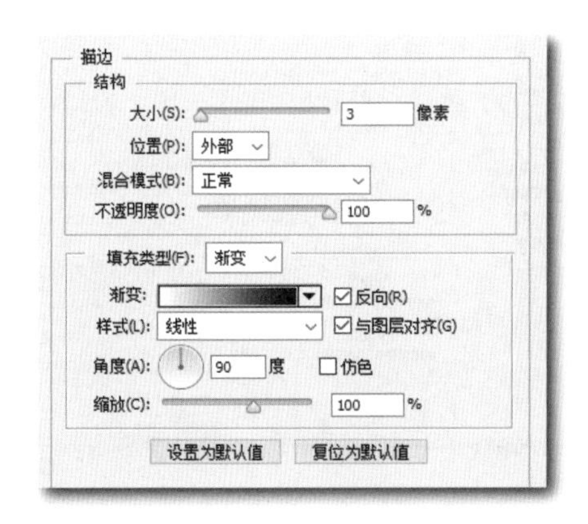

差值 差值

图 2-2-73　“描边”的参数设置及效果

③ “填充类型”：也有三种可供选择，分别是颜色、渐变和图案。“填充类型”用来设定边的填充方式。

技能拓展

绘制水滴的方法如下：

（1）在背景颜色为蓝色的图层上方添加新的图层，并绘制出初始的水滴形状。具体操作步骤如下：

① 选择“图层”|“新建”|“图层”命令，或单击“图层”面板底部的“创建新图层”按钮，创建“图层 1”。

② 按【D】键设置默认颜色，此时前景色色板将变成黑色。

③ 按【B】键激活画笔工具，然后在上方的属性选项栏中进行设置：硬边画笔为 19 像素、模式为正常、不透明度为 100%。参数设置如图 2-2-74 所示。

图 2-2-74　画笔工具属性选项栏

④ 在“图层 1”中绘制一个小黑点并在绘制时稍微摆动一下画笔。下面将用这个初始形状构建图层样式。

⑤ 按【Z】键激活缩放工具并单击水滴进行放大，这样能看得更清晰。效果如图 2-2-75 所示。

（2）通过减少填充不透明度来构建图层样式。具体操作步骤如下：

① 在“图层”面板中双击“图层 1”缩览图，打开“图层样式”对话框。

② 在“高级混合”选项区域中，将“填充不透明度”更改为 3%。这将减少填充像素的不透明度，但保持图层中所绘制的形状。该步骤会使“图层 1”中绘制的黑色几近于消失。参数设置如图 2-2-76 所示。

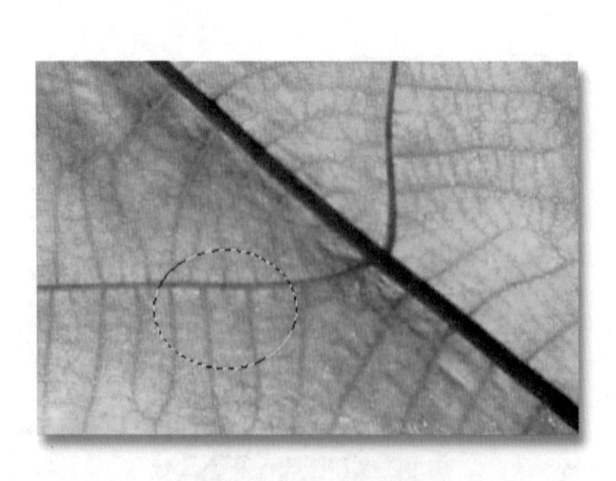

图 2-2-75　水滴形状

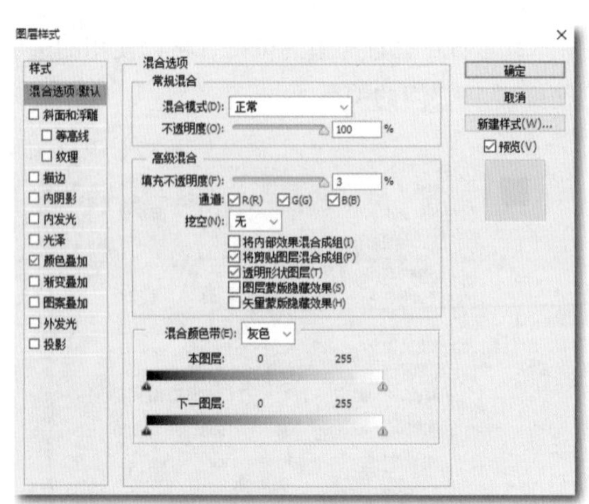

图 2-2-76　“混合选项”参数模式设置

（3）添加一小块浓厚的投影。具体操作步骤如下：

① 在对话框左侧的效果列表中单击“投影”名称（不是复选框）。

② 在右侧的“投影”选项区域中设置“不透明度”为 35%，将“距离”更改为 4 像素，“大小”更改为 1 像素。

③ 在“品质”选项区域中单击“等高线”曲线缩览图右侧的下拉按钮并选择“高斯”曲线。这是一条看起来像平滑的倾斜的 S 字母的曲线，参数设置如图 2-2-77 所示，效果如图 2-2-78 所示。

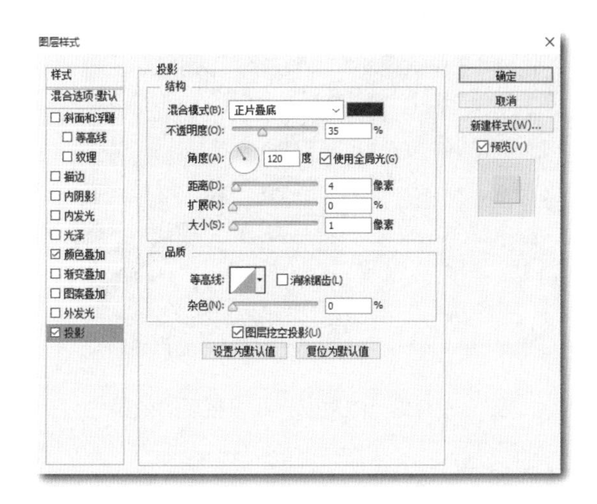

图 2-2-77　“投影”参数设置

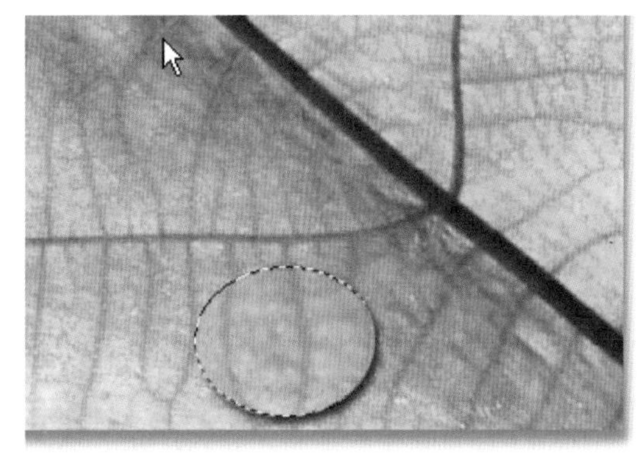

图 2-2-78　设置投影样式后的效果

（4）添加一个柔和的内阴影。具体操作步骤如下：

① 在对话框左侧的效果列表中单击“内阴影”名称。

② 在“结构”选项区域中将“混合模式”设置为“正片叠底”，“不透明度”设置为 51%，“大小”设置为 9 像素。参数设置如图 2-2-79 所示，效果如图 2-2-80 所示。

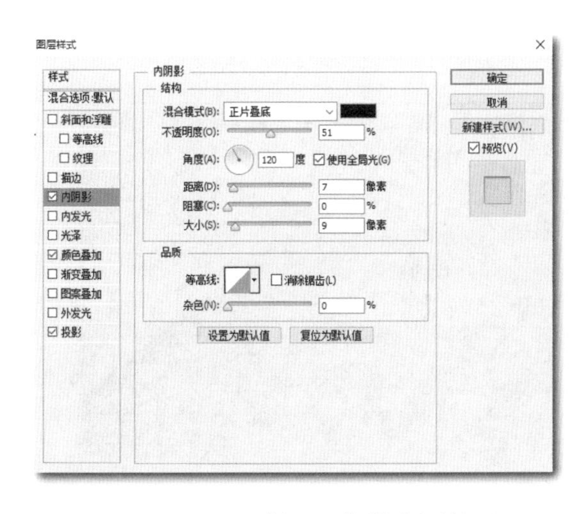

图 2-2-79　“内阴影”样式参数设置

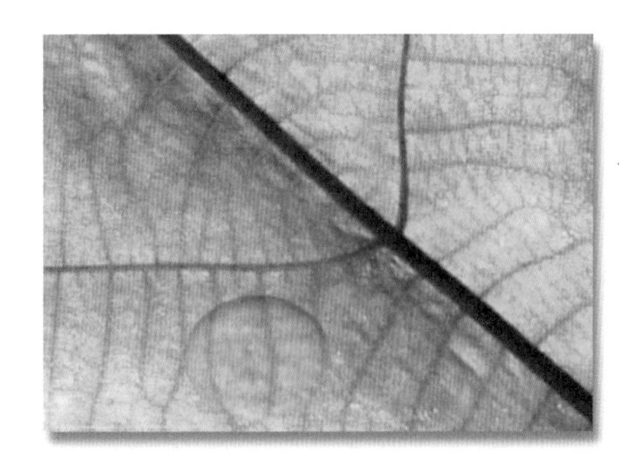

图 2-2-80　内阴影样式设置后的效果

（5）在形状边缘周围另外添加一个内阴影。具体操作步骤如下：

① 在对话框左侧的效果列表中单击“内发光”名称。

② 在“结构”选项区域中将“混合模式”设置为“叠加”，“不透明度”设置为 21%，颜色色板设置为黑色。

③ 若要更改颜色色板，可单击颜色色板打开拾色器，将光标拖动到黑色，然后单击“确定”按钮。参数设置如图 2-2-81 所示，效果如图 2-2-82 所示。

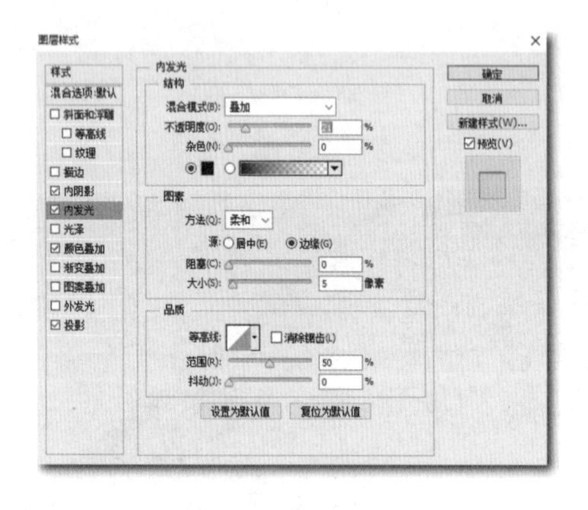

图 2-2-81 “内发光”样式参数设置

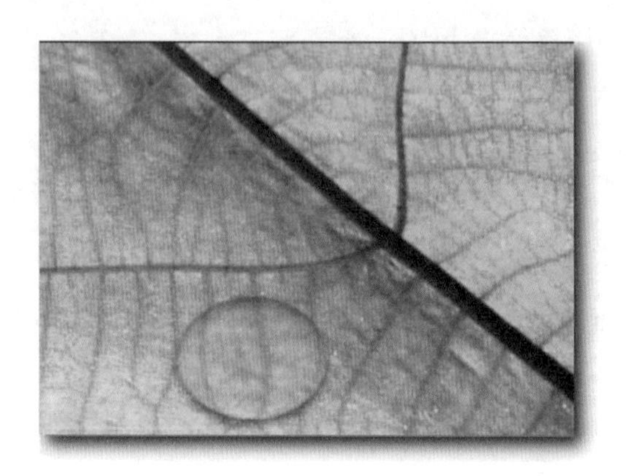

图 2-2-82 内发光样式设置后的效果

（6）在形状中添加高光和内发光。具体操作步骤如下：

① 在对话框左侧的效果列表中单击“斜面和浮雕”名称。

② 在“结构”选项区域中将“方法”设置为“雕刻清晰”，“深度”设置为 250%，“大小”设置为 15 像素，“软化”设置为 10 像素。

③ 在“阴影”选项区域中将“角度”设置为 120，“高度”设置为 30，“不透明度”设置为 75%。然后将“阴影模式”设置为“正片叠底”，其颜色色板设置为白色，“不透明度”设置为 18%。目前已完成了图层样式的设置，但先不要单击“确定”按钮。参数设置如图 2-2-83 所示，效果如图 2-2-84 所示。

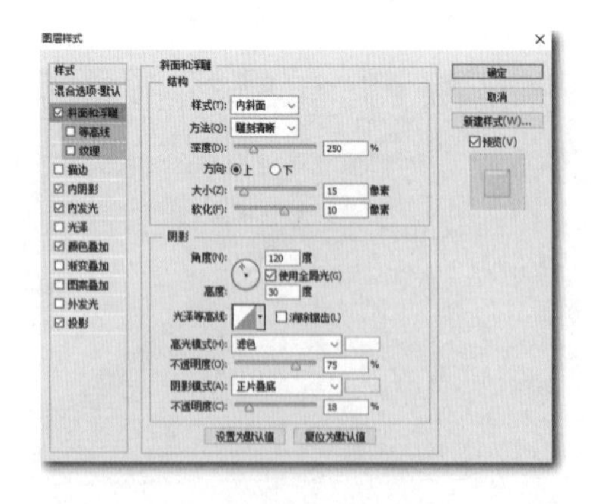

图 2-2-83 “斜面和浮雕”样式参数设置

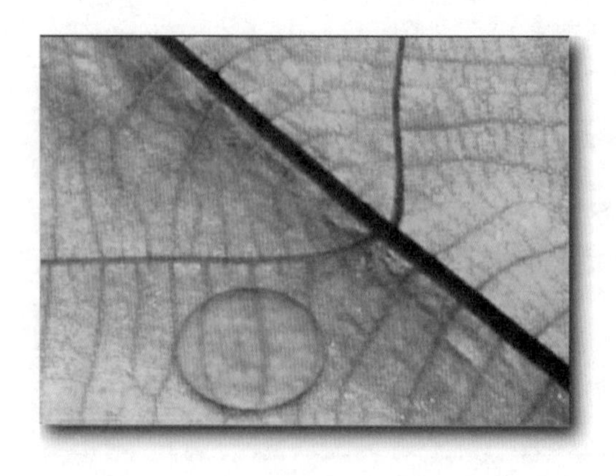

图 2-2-84 斜面和浮雕样式设置后的效果

（7）存储此图层样式备以后使用。具体操作步骤如下：

单击“图层样式”对话框右侧的“新建样式”按钮。弹出“新建样式”对话框，在其中命名该样式并单击“确定”按钮进行存储，如图 2-2-85 所示。

图 2-2-85　“新建样式”对话框

注 意

存储完样式后，你能通过选择“窗口”｜“样式”命令，在打开的“样式”面板中最后一个缩览图的位置找到该样式，如图 2-2-86 所示。

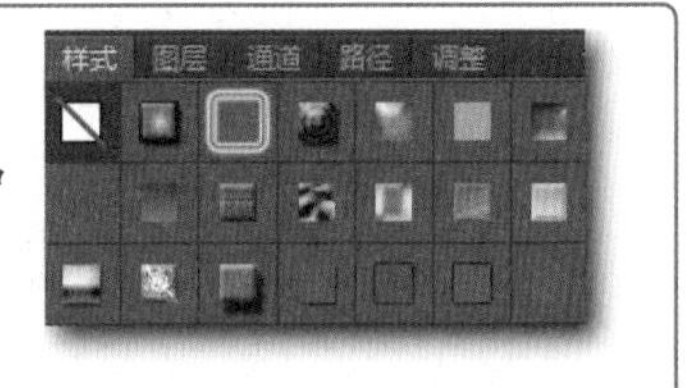

图 2-2-86　“样式”面板

（8）选择文本工具，输入“水滴”，即在图层面板上添加了一个文字图层。

（9）打开“窗口”｜“样式”命令，选择保存的“水滴”样式，此时，文字图层的样式与上面设置的“水滴”样式的设置一样，效果如图 2-2-87 所示。

图 2-2-87　水滴效果

任务总结

通过本任务的实施，应掌握下列知识和技能：

- 图层样式阴影（重点）；
- 图层的混合模式；
- 图层的斜面与浮雕（重点）；
- 光泽等高线设置；
- 颜色叠加、渐变叠加和图案叠加；
- 钢笔工具。

课后练习

1. 利用图层样式阴影工具设计水滴效果
2. 利用图层样式制作图 2-2-88 所示的手镯效果。

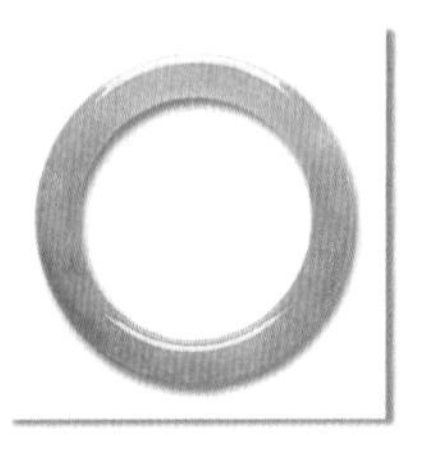

图 2-2-88　参考效果图

子任务 4　添加图片与文字

任务描述

在完成标志边框和标牌制作后，现在为标志添加图片和文字。在此任务中，打开任务 2 中子任务 3 的标志，为其添加图片和文字，同时还要学习图片大小的调整、图层蒙版的知识，并利用工具箱中相应的工具完成最后的标志设计制作部分。

任务分析

（1）熟悉“相关知识”。

（2）任务准备。

（3）导入素材图片，调整大小。

（4）使用图层蒙版裁切图像。

（5）编辑艺术字。

（6）使用文字变形工具进行修改。

相关知识

一、创建图层蒙版

图层蒙版是一张标准的 256 级色阶的灰度图像。在图层蒙版中，纯白色区域可以遮罩下面图层中的内容，显示当前图层中的图像；蒙版中的纯黑色区域可以遮罩当前图层中的图像，显示出下面图层中的内容；蒙版中的灰色区域会根据其灰度值使当前图层中的图像呈现出不同层次的透明效果。如果要隐藏当前图层中的图像，可以使用黑色涂抹蒙版；如果要显示当前图层中的图像，可以使用白色涂抹蒙版；如果要使当前图层中的图像呈现半透明效果，则可以使用灰色涂抹蒙版。

① 打开树林和老虎素材图片，并将树林图片拖动到老虎文件中。“图层”面板如图 2–2–89 所示

② 选择“老虎”图层，单击“图层”面板底部的■按钮添加一个图层蒙版，如图 2–2–90 所示。

图 2–2–89　背景层图

图 2–2–90　添加图层蒙版

③ 打开老虎素材（见图 2–2–91）、树林素材（见图 2–2–92）。选择画笔工具，将前景色设置为黑色，画笔直径设为 88 像素，硬度设为 0，在老虎周围进行涂抹，这时会看到，图层蒙版中被涂黑的部分透出了下层的“树林”，此时将画笔的直径缩小，仔细涂抹老虎的周围，这时便看见一只老虎躺在树林里，如图 2–2–93 所示。

图 2–2–91　老虎素材

图 2–2–92　树林素材

图 2–2–93　合成图

二、编辑图层蒙版

1. 启用与停用图层蒙版

创建图层蒙版后，按住【Shift】键的同时单击蒙版缩览图可暂时停用蒙版，此时蒙版缩览图上会出现一个红色的“×”，图像也会恢复到应用蒙版前的状态。按住【Shift】键再次单击蒙版缩览图：可重新启用蒙版，恢复蒙版对图像的遮罩。

2. 链接与取消链接

创建图层蒙版后，蒙版缩览图和图像缩览图之间有一个链接标志，它表示蒙版与图像处于链接状态，此时进行变换操作时，蒙版与图像一同变换。选择“图层”|“图层蒙版”|“取消链接”命令，或者单击该标志，可以取消链接，此时可以单独变换图像，也可以单独变换蒙版。

3. 应用与删除蒙版

如果想要将蒙版应用到图像，可选择图层蒙版，单击“图层”面板底部的“删除图层”按钮，弹出一个提示对话框，单击“应用”按钮，即可将其应用到图像。它会使得原先被蒙版遮罩的区域成为真正的透明区域。

任务准备

（1）一台装有 Windows 7 的计算机，且安装了 Photoshop CS6 软件。

（2）完成标志的边框和标牌制作。参照任务 2 中子任务 2 和子任务 3 的标志边框和标牌制作。

任务实施

添加图片和文字的具体操作步骤如下：

步骤 1 按【Ctrl +O】组合键，打开如图 2–2–94 所示风景素材，使用移动工具将其拖动至标志图像窗口，得到“图层 6”新建图层。

步骤 2 按【Ctrl + T】组合键开启自由变换，调整图像大小如图 2–2–95 所示。

图 2-2-94　风景素材

图 2-2-95　调整图像大小

步骤 3 在“路径”面板中单击“路径 1”激活半圆路径，如图 2-2-96 所示。

步骤 4 按【Ctrl + Enter】组合键，将路径作为选区载入，得到如图 2-2-97 所示的半圆选区。

图 2-2-96　显示路径

图 2-2-97　从路径创建选区

步骤 5 选择“图层”|“图层蒙版”|“显示选区”命令，为当前图层添加图层蒙版，将“图层 6”调整至半圆边框图层下方，即得到如图 2-2-98 所示的效果。

步骤 6 选择横排文字工具，选择字体为“方正大标简宋”，输入“湖北·双峰山”，如图 2-2-99 所示。

步骤 7 单击文字工具属性选项栏中的按钮打开“字符”面板，设置文字属性如图 2-2-100 所示。

步骤 8 使用同样的方法输入“SHUANGFENGSHANG”文字，按【Ctrl + T】组合键旋转文字，使文字方向与彩带方向一致，如图 2-2-101 所示。

步骤 9 双击“HUBEI”文字图层，进入文字编辑状态，在工具属性选项栏中单击“创建文字变形”按钮，弹出“变形文字”对话框，选择“旗帜”样式，设置“弯曲”参数为 -52%，如图 2-2-102 所示。

图 2-2-98　添加图层蒙板

图 2-2-99　输入文字

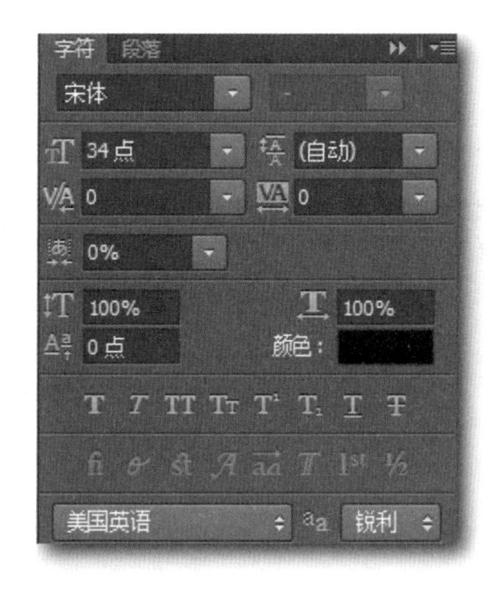

图 2-2-100　设置文字属性

图 2-2-101　输入文字

步骤 10 变形后的文字效果如图 2-2-103 所示。

步骤 11 最终制作完成的“双峰山”标志效果如图 2-2-103 所示。

图 2-2-102　“变形文字”对话框

图 2-2-103　文字变形效果

知识拓展

1. 快速蒙版

快速蒙版可以将任何选区作为蒙版进行编辑，而无须使用“通道”面板，在查看图像时也可如此。将选区作为蒙版来编辑几乎可以使用任何 Photoshop 工具。例如，如果用选框工具创建一个矩形选区，可以进入快速蒙版模式并使用画笔扩展或收缩选区，或者也可以使用滤镜扭曲选区边缘。还也可以使用选区工具，因为快速蒙版不是选区。

从选中区域开始，使用快速蒙版模式在该区域中添加或减去图像以创建蒙版。另外，也可完全在快速蒙版模式中创建蒙版。受保护区域和未受保护区域以不同颜色进行区分。当离开快速蒙版模式时，未受保护区域成为选区。

当在快速蒙版模式中工作时，“通道”面板中出现一个临时快速蒙版通道。但是，所有的蒙版编辑是在图像窗口中完成的。

2. 矢量蒙版

矢量蒙版是由钢笔工具或形状工具创建的，与分辨率无关的蒙版。它通过路径和矢量形状来控制显示区域，常用来创建 LOGO、按钮、面板或其他设计元素。

添加矢量蒙版的方法为：

① 在“图层”面板中，选择要添加矢量蒙版的图层。

② 选择一条路径或使用某一种形状工具或用钢笔工具绘制一条工作路径。（本例为选择钢笔工具，自定形状工具中的常春藤 2）

③ 单击“蒙版”面板中的“矢量蒙版”按钮，或选择“图层” | “矢量蒙版” | “当前路径”命令，便可添加矢量蒙板，如图 2-2-104 所示。

图 2-2-104　添加矢量蒙版

3. 编辑矢量蒙版

（1）改变矢量蒙版的形状

在“图层”面板中，选择包含要编辑的矢量蒙版的图层。单击“蒙版”面板底部的“矢量蒙版”按钮，或单击“路径”面板中的缩览图。然后使用形状工具、钢笔工具或直接选择工具更改矢量蒙版的形状。

（2）改变蒙版的透明度及羽化值

若要更改矢量蒙版不透明度或羽化蒙版边缘，可以选择包含矢量蒙版的图层。单击“蒙版”面板中的“矢量蒙版”按钮。在“蒙版”面板中，拖动“浓度”滑块以调整蒙版的不透明度；拖动“羽化”滑块以将羽化应用于蒙版边缘。

（3）移去矢量蒙版

在“图层 ”面板中，选择包含“矢量蒙版”的图层。单击“蒙版”面板底部的“矢量蒙版”按钮。单击蒙版面板底部的“删除蒙版”按钮，便可将矢量蒙版删除。

（4）停用或启用矢量蒙版

选择包含要停用或启用的矢量蒙版的图层，并单击“蒙版”面板底部的“停用 / 启用蒙版”按钮。或按住【Shift】键并单击“图层”面板中的矢量蒙版缩览图，选择包含要停用或启用的矢量蒙版的图层，并选取“图层”｜“矢量蒙版”｜“停用”命令，可在停用与启用矢量蒙版之间切换。

当蒙版处于停用状态时，“图层”面板中的蒙版缩览图上会出现一个红色的 ×，并且会显示出不带蒙版效果的图层内容。选择“图层”｜“矢量蒙版”｜“启用”命令可启用矢量蒙版。

（5）将矢量蒙版转换为图层蒙版

选择包含要转换的矢量蒙版的图层，并选取“图层”｜“栅格化”｜“矢量蒙版”命令，可将矢量蒙版转换为图层蒙版。

技能拓展

将一张照片（见图 2-2-105）制作成怀旧效果，如图 2-2-106 所示，具体操作步骤如下：

图 2-2-105　原始图像

图 2-2-106　最终效果

① 进入“以标准模式编辑”状态（工具箱中倒数第三行左边的按钮就是标准模式。在两个按钮间进行选择，就可以快速切换快速蒙版模式和标准模式，也可使用快捷键【Q】），如图 2-2-107 所示。

② 单击工具箱中颜色框，弹出“拾色器”对话框，设置前景色，如图 2-2-108 所示。

③ 新建一个图层（图层 1），将刚才设置的前景色填充图层 1，如图 2-2-109 所示。

④ 将图层 1 的图层混合模式更改为“颜色”，此处是为了改变图像色调，改变图像色调的方法很多，此处使用图层模式是为了在不影响图片的情况下方便查看效果，如图 2-2-110 所示。

⑤ 单击工具箱中颜色框右上角，切换前景色和背景色（或按【X】键），然后再次单击工具箱中颜色框，弹出“拾色器”对话框，选择浅灰色（这里灰色自定），如图 2-2-111 所示。

⑥ 次新建一个图层（图层 2），并且填充所选择的浅灰色，如图 2-2-112 所示。

图 2-2-107　进入标准编辑模式

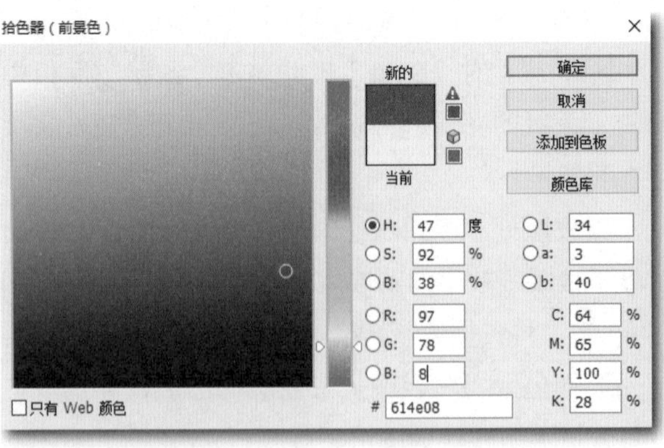

图 2-2-108　设置前景色

图 2-2-109　填充前景色

图 2-2-110　图层模式改为“颜色”

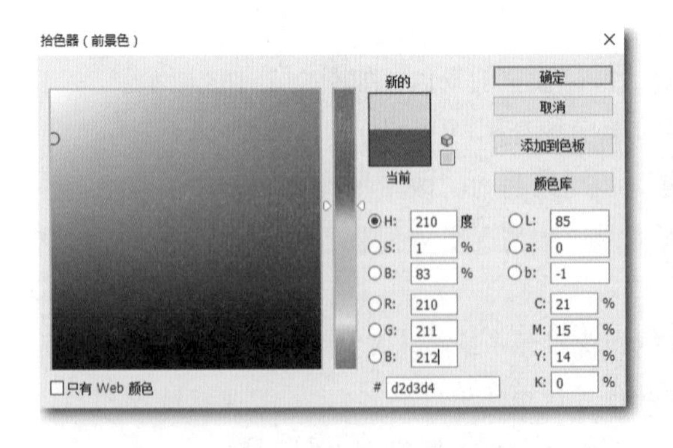

图 2-2-111　设置前景色颜色

图 2-2-112　填充图层

⑦ 选择“滤镜” | “杂色” | “添加杂色”命令，在浅灰色中加入杂点，制作燥点感觉，如图 2-2-113 所示。

⑧ 弹出添加杂色对话框，在数量中输入合适的数值，分布中选择平均分布，选择“单色”复选框，如图 2-2-114 所示。

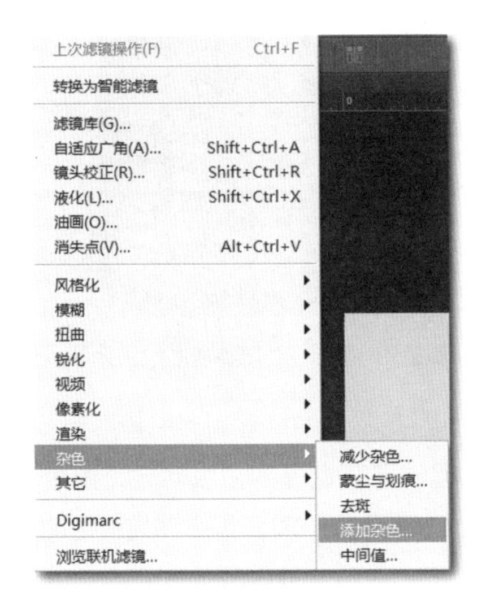

图 2-2-113　使用滤镜

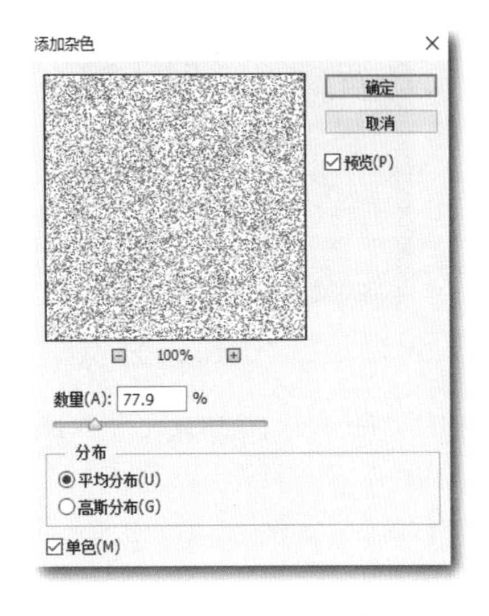

图 2-2-114　“添加杂色”对话框

⑨ 更改图层 2 的图层混合模式为“颜色加深”，如图 2-2-115 所示。

⑩ 另复制一层背景层为背景副本。并且以快速蒙版模式编辑（按【Q】键切换），如图 2-2-116 所示。

⑪ 使用工具箱中的渐变工具（按【G】键快速选择渐变工具），选择“径向渐变”，从图像中间向外拉出从前景色白色到背景色黑色的渐变效果，如图 2-2-117 所示。

⑫ 这时图像中可见一层红色透明的图层效果，这就是蒙版效果。进入“以快速蒙版模式编辑”的同时，“通道”面板中也自动出现了一个快速蒙版通道，如图 2-2-118 所示。

图 2-2-115　合成效果

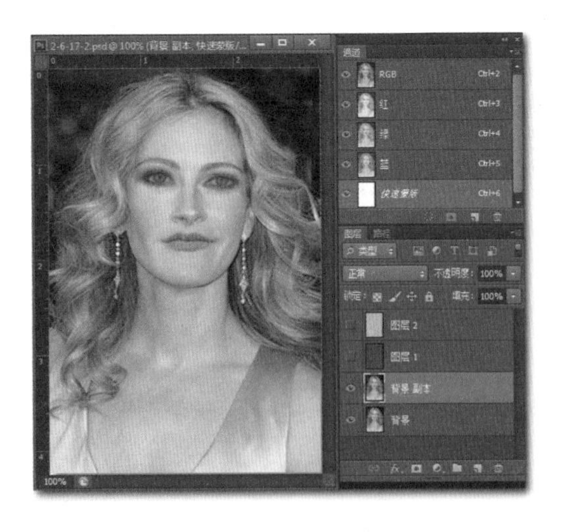

图 2-2-116　复制背景

图 2-2-117 “径向渐变”效果

图 2-2-118 出现快速蒙版通道

⑬ 单击“通道”面板右边的黑色下拉按钮，从弹出的隐藏菜单中可看到“快速蒙版选项”命令，由此可见蒙版与通道的联系，这就是为什么要在讲通道的同时也提到蒙版问题，蒙版与通道间是互不可少的关系。蒙版与通道一样也是黑到白 0 ～ 225 的色阶原理，是一种黑白之间的艺术，如图 2-2-119 所示。

⑭ 双击快速蒙版通道或工具箱中“以蒙版模式编辑”按钮，弹出“快速蒙版选项”对话框，在颜色框中选择颜色。设置合适的不透明度，以便在可以清楚地观察底层图像的同时也保持一定的遮罩区域，如图 2-2-120 所示。

图 2-2-119 快速蒙版选项

图 2-2-120 调整遮罩

⑮ 单击工具箱中“以标准模式编辑”按钮，系统会自动的生成径向渐变产生的未被遮罩的图像选区。进入标准模式编辑状态后，“通道”面板中的快速蒙版通道自动消失，但遮罩图像选区不消失，保持不变。这就是所谓的“快速”蒙版，在背景副本图层增加“蒙版”如图 2-2-121 所示，让所有图层可见，完成的最终效果如图 2-2-106 所示。

图 2-2-121　遮罩效果

任务总结

通过本任务的实施，应掌握下列知识和技能：

- 图层蒙版（重点）；
- 快速蒙版；
- 矢量蒙版；
- 图像大小的调整；
- 图像像素调整。

课后练习

1. 利用图层蒙版进行画面合成，参考效果如图 2-2-122 所示。
2. 利用图层蒙版把图 2-2-123 中的猫“抠”出来。

图 2-2-122　效果图

图 2-2-123　原图

任务3 按钮制作

某学院进行网站全面更新，对此次网站更新进行的美工设计需要设计制作相关的特色按钮，以下案例就是整个按钮设计中的一个部分。

任务描述

按钮是为网站的整体风格服务的一部分，由于创意构思的不确定性及设计主题的制约，需要对所选用图像素材的局限进行修改和补充，以达到和网站整体风格与色彩统一的要求。

任务分析

（1）熟悉“相关知识”。

（2）任务准备。

（3）使用自定义形状制作特效。

（4）图层样式的使用。

（5）添加文字。

（6）保存文件。

相关知识

Photoshop 的形状工具如图 2–3–1 所示，使用它们可以创建各种几何形状的矢量图形。

图 2–3–1　形状工具

一、矩形工具

矩形工具是用来绘制矩形和正方形的工具。选择该工具后，在图像上单击并拖动鼠标可创建矩形，按住【Shift】键的同时拖动鼠标可以创建正方形。

单击工具属性选项栏中的按钮，可以打开一个下拉面板，如图 2–3–2 所示。在下拉面板中可以设置矩形的创建方法。

① 不受约束：选择该单选按钮后，拖动鼠标时可创建任意大小的矩形。

② 方形：选择该单选按钮后，拖动鼠标时可创建任意大小的正方形。

③ 固定大小：选择该单选按钮后，可在其右侧数值栏中输入数值，W 代表矩形的宽度，H

代表矩形的高度。此后单击鼠标时，只创建当前设置的尺寸大小的矩形。

④ 比例：选择该单选按钮后，可在其右侧的数值栏中输入数值，w 代表矩形宽度的比例，H 代表矩形高度的比例。此后拖动鼠标时，无论创建多大的矩形，矩形的宽度和高度都保持设置的比例。

⑤ 从中心：选择该复选框后，在以任何方式创建矩形时，鼠标在画面中的单击点即为矩形的中心，拖动鼠标时矩形将由中心向外扩展。

⑥ 对齐像素：选择该复选框后，矩形的边缘与像素的边缘重合，图形的边缘不会出现锯齿，取消选中则矩形边缘会出现模糊的像素。

二、椭圆工具

椭圆工具用来创建椭圆形和圆形的工具。选择该工具后，在画面中单击并拖动鼠标可创建椭圆形，按住【Shift】键的同时拖动鼠标则可以创建正圆形。椭圆工具的属性选项栏与矩形工具的属性选项栏基本相同。可以创建不受约束的椭圆形和圆形，也选择创建固定大小和固定比例的图形。

三、多边形工具

多边形工具 是用来创建多边形和星形的工具。选择该工具后，可在属性选项栏中设置多边形或星形的边数，范围为 3 ~ 100 。在画面中单击并拖动鼠标可按照预设的边数创建多边形或星形。如图 2-3-3 所示设置边数为 5 时创建的多边形和星形。

四、自定形状工具

使用自定形状工具可以创建 Photoshop 预设的形状以及自定义的形状。选择该工具后，在属性选项栏的形状下拉面板中选择一种形状，然后在画面中单击并拖动鼠标便可以创建该图形。

单击属性选项栏中的按钮，可以打开一个下拉面板，如图 2-3-4 所示。在面板中可以设置“自定形状选项”，其设置方法与前面的其他形状工具的设置方法基本相同。如果选择了“不受约束”单选按钮，可以通过拖动鼠标设置形状的宽度和高度，在拖动时如果按住【Shift】键，则可以约束形状的比例。Photoshop 提供了大量的自定义形状，包括箭头、标识、指示牌等。

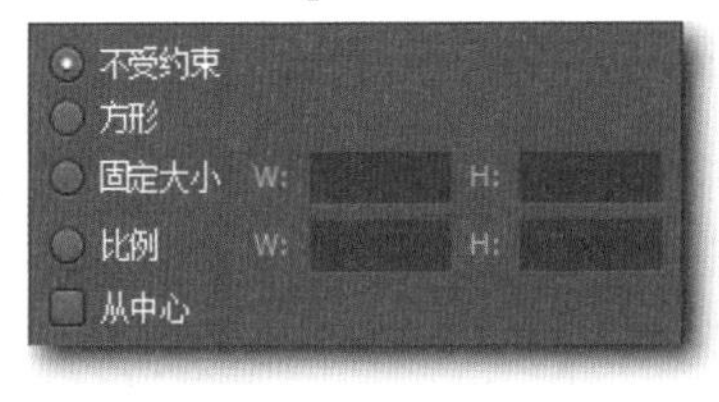

图 2-3-2　矩形工具选项

图 2-3-3　多边形和星形

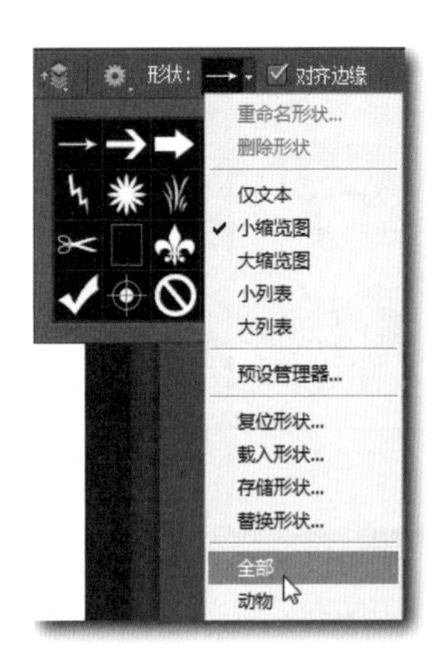

图 2-3-4　自定义形状工具选项栏

任务准备

（1）一台装有 Windows 7 的计算机，且安装了 Photoshop CS6 软件。

（2）本任务素材图片。

任务实施

该案例最终效果如图 2-3-5 所示。

图 2-3-5 水晶立体质感按钮最终效果图

步骤 1 新建一个宽度为 12 厘米，高度为 10 厘米，分辨率为 300 像素 / 英寸，模式为 RGB，背景为白色的文件。

步骤 2 新建图层 1，选择工具箱中的自定形状工具，在属性选项栏中选择蝴蝶形状，在画面中绘制蝴蝶路径，并转化为选区。将前景色设置为蓝色，为选区填充前景色，取消选区，效果如图 2-3-6 所示。

步骤 3 单击“图层”面板底部的“添加图层样式”按钮，在弹出的菜单中选择“投影”命令，在弹出的对话框中，设置“阴影颜色”设为褐色，其 RGB 为（116,86,56），“不透明度”为 75%，“距离”为 21，“扩展”为 0，“大小”为 13，其他保持默认值，单击“确定”按钮，效果如图 2-3-7 所示。

步骤 4 单击“图层”面板底部的“添加图层样式”按钮，在弹出的菜单中选择“内阴影”命令，在弹出的对话框中，设置“阴影颜色”设为紫色，其 RGB 为（131,41,150），“不透明度”为 57%，“距离”为 17，“阻塞”为 26，“大小”为 38，其他保存默认值，单击“确定”按钮，效果如图 2-3-8 所示。

图 2-3-6 使用自定义形状

图 2-3-7 添加投影后的效果

图 2-3-8 内阴影设置后的效果

步骤 5 选择“外发光”命令，在弹出的对话框中，设置“混合模式”为“滤色”，“不透明度”设置为 56%，“发光颜色”为橘黄色，其 RGB 为（246,184,87），“大小”为 21，其他保持默认值，效果如图 2-3-9 所示。

步骤 6 选择“内发光”命令，在弹出的对话框中，设置“不透明度”设置为 90%，“发光颜色”为深红色，其 RGB 为（152,42,42），“大小”为 21，其他为默认，效果如图 2-3-10 所示。

图 2-3-9　水晶立体质感按钮最终效果图

图 2-3-10　内发光设置后的光效果

步骤 7 选择“斜面和浮雕”命令，在弹出的对话框中，设置“大小”为 71，“软化”为 8，“高度”为 70，单击“光泽等高线”，弹出“等高线编辑器”对话框，参数设置如图 2-3-11 所示，单击“确定”按钮。

步骤 8 选择“消除锯齿”复选框，将“高光颜色”设置为灰蓝色，RGB 为（169,188,213），高光模式的“不透明度”设置为 100%，在“阴影颜色”中选择“颜色加深”，设置“不透明度”为 19%，其他保持默认值，单击“确定”按钮，效果如图 2-3-12 所示。

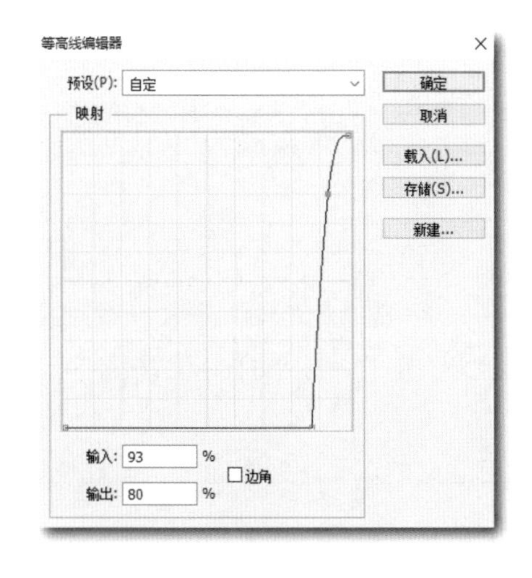

图 2-3-11　“等高线编辑器”对话框

图 2-3-12　设置高光后效果

步骤 9 选择“光泽”命令，设置“混合模式”为“叠加”，将“设置效果颜色”选项设为黄色，RGB 为（255,246,168），“不透明度”为 75%，“角度”为 135，“距离”为 92，“大小”为 104，在“等高线”中选择“环形”样式“，选择“消除锯齿”和“反相”复选框，效果如图 2–3–13 所示。

步骤 10 选择“颜色叠加”命令，设置“颜色”为橘红色，RGB 分别为（251,91,0），其他保持默认值，效果如图 2–3–14 所示。

步骤 11 选择文字工具，在按钮上输入文字，按住【Ctrl】键的同时单击文字层，生成选区，删除文字，选中图层 1，按【Delete】键删除选区中的图像，取消选区，效果如图 2–3–15 所示。

图 2–3–13　设置光泽后的效果

图 2–3–14　设置颜色叠加后的效果

图 2–3–15　添加文字后的效果

步骤 12 最后，加入一些装饰，蝴蝶按钮制作完成，如图 2–3–16 所示。

图 2–3–16　最终效果图

知识拓展

平面设计的元素有以下几种：

1. 关系元素

视觉元素在画面上如何组织、排列，是靠关系元素来决定的，包括方向、位置、空间、重心等。

2. 视觉元素

概念元素不在实际的设计中加以体现，便是没有意义的。概念元素通常是通过视觉元素体现的，视觉元素包括图形的大小、形状、色彩等。

3. 概念元素

概念元素是那些不实际存在的，不可见的，但人们的意识又能感觉到的东西。例如，我们看到尖角的图形，感到上面有点，物体的轮廓上有边缘线。概念元素包括点、线、面。

4. 实用元素

实用元素指设计所表达的含义、内容、设计的目的及功能。

技能拓展

按钮设计欣赏如下：

（1）网页按钮（见图 2-3-17）。

（2）水晶风格按钮（见图 2-3-18）。

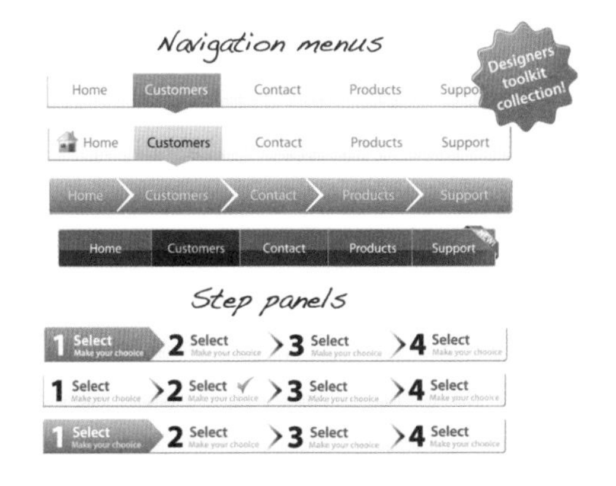

图 2-3-17　网页按钮

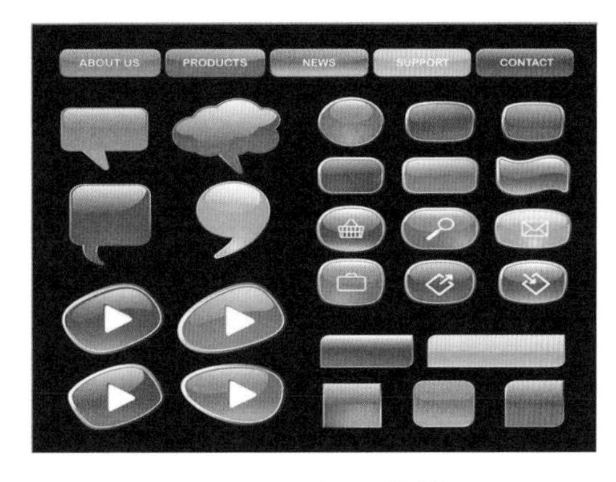

图 2-3-18　水晶风格按钮

（3）立体风格按钮（见图 2-3-19）。

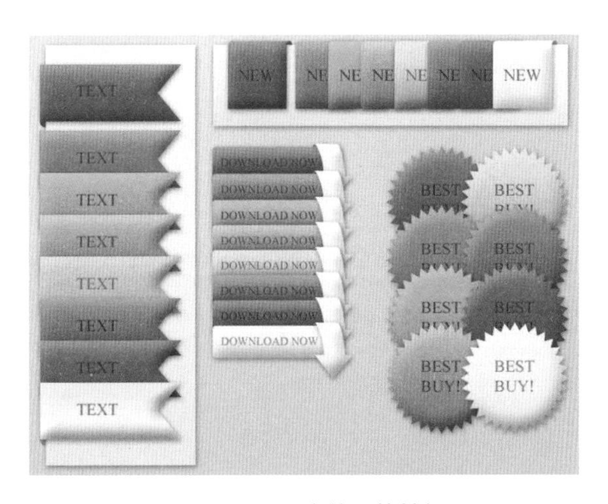

图 2-3-19　立体风格按钮

任务总结

通过本任务的实施，应掌握下列知识和技能：

• 图层基本知识；

• 钢笔工具；

- 路径；
- 画笔（重点）；
- 图层样式。

课后练习

1. 按钮是平面设计作品中的元素之一，设计、制作按钮时应该注意哪些问题？
2. 试设计制作图 2-3-16 中的立体按钮。

项目3 平面项目设计

常见的平面设计项目，可以归纳为十大类：网页设计、包装设计、DM广告设计、海报设计、平面媒体广告设计、POP广告设计、样本设计、书籍设计、刊物设计、VI设计。本项目以海报设计、三折页设计、包装袋设计为例，介绍了平面项目设计的工作流程，设计方法和技巧等知识。

任务1

海报设计

××广告有限责任公司是一家可以承担如巨型广告、路牌广告、霓虹灯广告、灯箱广告、气球广告等各种单项广告业务的中型综合性有限广告服务公司。现今承接了某房地产公司开发的新地产宣传业务，其中一部分宣传业务需要为其设计海报。

海报设计要求学生在人文知识、艺术修养与技术手段方面都有一定基础，并且能够融会贯通地运用于海报媒体。

子任务1　海报的创意与设计

任务描述

了解海报设计的相关专业知识，工作流程。某房地产公司为了加大其业务拓展和传媒宣传的力度，需要设计一个宣传海报，海报设计要求按照常规的海报设计流程进行，符合其设计原则，以把握产品特色及目前消费者关注的焦点作为主题。无论做什么样式的平面广告，都可用夸张主题呈现动态美感来达到预期的效果。

任务分析

（1）熟悉“相关知识”。

（2）任务准备。

（3）海报设计调研分析。

（4）海报设计要素挖掘。

（5）海报设计开发。

（6）海报设计修正。

相关知识

海报设计原则如下：

1. 一致原则

设计海报与设计其他任何图像艺术一样，很容易造成混乱，如摄影师对自己所拍的东西可能并不如意，文案人员不到最后一秒都不能定稿，市场营销人员可能每两分钟就改变一次主意。

在设计过程中，设计师必须对整个流程有一个清晰的认识并逐一落实。海报设计必须从一开始就要保持一致，包括大标题、资料、照片的选用。如果没有统一，海报将会变得混乱不堪难而以卒读。所有的设计元素必须以恰当的方式组合成一个有机整体。

2. 关联原则

要让作品具有一致性，第一个原则便是采用关联原则，也可称作分组。关联性是基于这样一个自然原则：物以类聚。如果在一个页面里看到各个组成部分被井井有条地放在一起时，人们就会试着去理解它们。人们会认为它们就是一组的，而并不理会实际上这些不同部分是否真的相似或关联。

海报设计师可以用多种途径来实现这个关联原则。首先，对人物、物品及文字分组能够提高信息的传达效果。很多广告都是由一张消费者的照片、产品图片及广告词组成的。对人物类型（小孩、老人、操劳过度的父母）的选择无可避免地要与产品产生关联。如果人物相片处理得好，那就像是消费者在说“我总是使用 ×××”，而不是一句硬邦邦的广告语。

其次，各个部分放在一起比单独松散的结构更能产生冲击力。当有几个物品是非常相似的（比如，几款不同的手表连环相扣放在一起），那么受众的眼睛就能很自然地从一只手表移到另一只手表上。这些物品就组成一个视觉单元，能够给受众一个单独的信息而不是一种间接的信息。

如果在海报中各个物品都非常相似，将它们组成一组的构图会令海报更能吸引别人的注意。而其他的元素则会被受众当作是次要的。

3. 重复原则

另一个使作品具有一致性的方法就是对形状、颜色或某些数值进行重复。当人们看到一个设计元素在一个平面里，并且其不同部分被反复应用，那么人们的眼睛自然就会跟随着它们。有时，就算它们并不是放在一起，但人们的视觉仍会将它们视作一个整体，而且会下意识地在它们之间画上连线。

应用重复最简单的方法就是在海报的背景中创造一个图案，然后重复应用。在背景中，这些重复的图案会产生一种很有趣的视觉及构图效果，然后将背景与前景的元素联系起来。

另一个应用重复的方法是用一行重复的元素引导受众的眼睛到一个重要的信息、海报或图片上。重复的元素能够产生一条路径来引导人们的视线，使受众产生一种好奇心——另一端是什么呢？这其实是一种讲故事的方式，吸引受众继续看下去。

人的视觉对重复具有非常强烈的感觉，甚至有时在图中的对象没有重复时我们也会将它们看作是重复的。比如，在一张关于指甲油的海报中，在海报上方的位置加一滴很大的指甲油，而在海报的他个地方，同这滴指甲油同样的图形或颜色都会产生一种与上方那滴油对应的效果。人们在不经意中，目光已经移到下方了。

对一些产品的宣传海报来说，重复同样是一种说服受众去进行比较的有效策略。如在一张广告海报中可能会放上十多双鞋，但每一双都不一样。主要的信息（鞋）就很容易让受众感受到，因为这个物品在海报中被重复应用，所以接着受众就会去仔细看一下各款鞋子的样式。

另一个流行的设计技巧是将所有一模一样的东西都排列在一起，但其中有一件是与众不同的，从而达到出其不意的效果。比如可以设计出 15 个方块并排列成方阵，其中 14 块是蓝色，而只有一块是粉红色，并且包含了公司的海报。可以想象，这块粉红色的方块将会是受众关注的焦点。

当然，重复原则对设计一个系列的海报也可以产生一致性的效果，无论这些海报是放在一起还是分开。比如对一个夏季音乐会的系列户外广告来说，不断重复主要元素就可以产生一种力量感。人们看到其中一张时就会想到另外一张。位置、颜色、大小或图像的重复能够强化识别，并让观看的人能够关注所有海报想传达的信息。

4. 延续性原则

通过延续的方法也可以创造一致性的作品。延续通常与重复一起应用，当一个设计师应用延续的方式设计时，作品中的对象组成一起，引导受众去关注另一个位置。

这个方法一般采用线性效果来达到。当人们看到一条线时，其眼睛本能地就会跟随着它，想看看这条线会去到哪里。

延续的方法可以使海报中的图片引导受众的眼睛去到作品所要传达的信息或品牌上。但如果作品不是用图片，而是用文字构成的图形，也是一种不错的选择。

如果作品里各个元素的形状、颜色或外观都没有共同点，那如何使作品具有统一性呢？一个简单的解决办法是将这些元素都放在一个实色区域里。但一般都不这样处理。对于大多数商业海报来说，需要让海报能够快速传达其想要传达的信息，因此一般使用有关联的形状或颜色。

对于一些艺术事件的海报，受众会花时间去了解每一部分的含义，然而，一些不和谐的元素有时能够传达一种有趣的视觉效果。有时一个广告商会要求将各个对象以一种超现实形式结合在一起，将各个关系不大的元素放在一个区域很大的背景颜色区域中能够使受众产生一种它们之间是有关联存在的感觉。

5. 协调原则

无论是协调的构图或不协调的构图都能够使海报的版面具有强烈的视觉效果。因为打破均衡会产生一种紧张的氛围。对于小孩子来说，要让他们远离那些倾斜的树木、岩石、家具或梯子等这些具有潜在危险性的东西。而失衡的构图同样让人们产生这种感觉：我是不是要掉下去？是不是有东西要掉到我身上来？

在观看作品时，人们总在心里设想会有一条垂直的中轴线及两边都对称的构图。协调对于设计来说特别重要，因为海报总是作为单独的个体出现，在它的周围并没有其他东西使它在视觉上有支撑点（如杂志广告的设计，它相邻的一页或其他周围的元素都可以作为支撑点）。

（1）对称协调

自然界里充满对称。蝴蝶、枫叶及雪花都有非常对称的形状。人类对这些对称的事物觉得特别亲近，也可能是因为我们的身体同样是对称的。

设计师利用人类的这种天性设计作品。在创作海报时，一个设计师经常会将一张主要的图片或文字放在垂直的中轴线上并且左右对称。这种构图使观看的人感觉舒服——所有东西都井然有序。当图中的对象是一张脸或一个人的身体时，对称的构图能够帮助受众与作品产生共鸣。

将各个设计对象放在左右两边的对应位置上同样可产生对称。这种利用重复及对称相结合的创作手法使作品产生一种协调、稳定的感觉。

然而，对称的构图也有缺点。人们有时并不希望一件作品总是给人一种稳定的、自然的感觉，因为这些作品看起来缺乏活力。海报经常被作为一种能够说服受众接受新产品、某件新事物或新思想的宣传媒介，而一件充满活力的作品更能达到良好的宣传效果。需要注意的是，这并不意味着要创作一件不协调的作品——只是通过不同的途径产生协调。

（2）不对称协调

设计师经常使用不对称构图的手法使海报充满活力，利用颜色、数值、形状及位置产生一种既不完全平衡但又不会造成混乱的平面构成。绝对不对称的构图其实并不容易实现——如果大小、颜色及其他元素的差别不大，同样具有一种均衡感。

（3）颜色协调

荷兰著名画家蒙德里安（Piet Mondrian）的作品为什么如此生动？因为蒙德里安在他的作品中大量使用颜色协调技巧。比如，在他的一幅作品中，左上方大部分都是白和黄的色块，而右下方则是一小块蓝色。这块不大的蓝色块与大面积的黄色形成了完美的协调。为了产生这种协调，蒙德里安在绘画时在画布上打满了栅格，然后再上颜色，以保证上色的比例能够准确掌握。

颜色是否协调往往凭直觉决定，所以这就需要平时多加实践。其中涉及以下几条原则：

① 较小的颜色区域与较大的无颜色区域能够产生和谐效果。颜色比空白的区域更能吸引人，而一小块颜色与一大块空白区域在视觉心理上是相等的。

② 暖色比冷色更能吸引人的视线。人们很容易注意到橙色及红色，而蓝色及绿色有一种向后退的感觉。因此，面积较大的冷色配上面积较小的暖色能够产生和谐效果的。

③ 颜色的饱和度越大，就越令人注目。深蓝比灰蓝更吸引人。一小块鲜艳的颜色与一大块较淡的颜色能够生产协调感。

（4）数值协调

不对称协调的原理是基于两部分对眼睛的吸引力都是一样的，所以各个对象虽有区别，但对眼睛的吸引力却是平均的。“数值差异”也能够吸引人们的眼球，如光暗对比。黑色与白色搭配形成了强烈的对比，而灰色与白色的对比度就较小。

如何设计出一种颜色数值协调效果以提高海报的吸引力？可凭直接利用光暗的数值搭配，同样也可凭直觉分配形状的搭配。为了提高了直觉能力，设计师可将海报中一些不能确定的区域挡住，然后仔细观察其他未挡住的区域，接着，将挡住的区域也显示出来，看一下这些区域与刚才没被挡住的区域在一起时是否比单独观察的颜色及形状数值搭配更好还是更差。

提 示

如果设计师对颜色的数值没有太过准确的把握，可以将图片转换成灰度模式。然后观察黑、白、灰三种颜色的分配是否具有良好的对比度。

在海报中，每一部分的数值对比都能产生吸引视觉的效果，也使各部分之间产生一种紧张的对比。眼睛从这一部分移到另一部分，试图将这两部分联系起来。活泼的视觉元素及观看的人下意识产生的兴奋感都是通过作品中不同的元素的互相作用而产生的。

（5）形状及位置协调

形状协调分布同样能够使海报设计产生一致性。一个面积较大而且简单的形状（或图片及文字区域）与一个面积较少但复杂的元素能够形成良好的搭配效果。在作品中较大的形状能够吸引别人的注意，而较小的元素虽然是较次要的部分，但从视觉上来看，它们与大的区域能够形成一种稳定的视觉效果。

对于一些形成角度的设计，协调理论同样适合。一个呈角度放置的较大对象可以在其对应的位置上放上一个对象以形成协调效果。

任务准备

一台装有 Windows 7 的计算机，且安装了 Photoshop CS6 软件。准备好任务需求分析表。

任务实施

海报设计的工作流程如下：

步骤 1 海报设计调研分析

海报不仅仅是一个图形或文字的组合，它更是依据企业的构成结构、行业类别、经营理念，并充分考虑海报设计的对象和应用环境，按照客户提出工作要求来制作。在设计之前，首先要对企业做全面深入的了解，包括客户要求、经营战略、市场分析、以及企业最高领导人员的基本意愿，这些都是海报设计开发的重要依据。对竞争对手的了解也是重要的步骤，海报设计的重要作用即传播性，就是建立在对竞争环境的充分掌握上。

通过和房地产公司总经理进行沟通后，把收集到的信息进行分析、总结，得到的结果是，海报要表现出和自然界的高度融合，提供给住户自然、阳光、高贵的独特风情，并且特别强调环境保护概念。这些调研分析结果都要融入设计中去，并会影响海报的图片与文字搭配、颜色、渲染效果等。

步骤 2 海报设计要素挖掘

要素挖掘是为设计开发工作做进一步的准备。依据对调查结果的分析，提炼出海报的结构类型、色彩取向，列出海报所要体现的精神和特点，挖掘相关的图形元素，找出海报设计的方向，使设计工作有的放矢，而不是对文字图形的无目的组合。

首先确定必要的要素素材，如房地产公司的宣传口号、广告宣传文案以及环境资源保护概念创意等。

海报整体采用深蓝色和浅黄色的渐变搭配，象征此地段的特点——自然、阳光、高贵。为了充分体现此地产项目独特的湖水依傍、阳光充足和视野辽阔的地形特点，直接将高级建筑群照片作为海报设计元素，令人过目不忘。

步骤 3 海报设计开发

有了对企业的全面了解和对设计要素的充分掌握，便可从不同的角度和方向进行设计开发工作。通过设计师对海报的理解，充分发挥想象，用不同的表现方式，将设计要素融入设计中。海报必须达到含义深刻、特征明显、造型大气、结构稳重、色彩搭配能适合企业，避免流于俗套或大众化。不同的海报所反映的侧重或表象会有所区别，经过讨论分析或修改，找出适合企业的海报。

在此任务中，用透明的玻璃缸盛放楼宇的设计来表现地产宣传特点，形象地表现建筑小区内的自然，空气，水都被充分地保护，并且表现出高雅、与世隔绝的自然美景，意境深远，引人联想。海报中玻璃缸下面的水，体现了楼宇与自然的充分亲近，既为整个海报增加了专业感和高雅感，又暗示了此楼盘的建筑风格。另外，海报中的“亲近自然，盛装一切”的广告语道出了现代城市人的共同心声，可以激发人们的共鸣。此外，海报图形使用了渐变和阴影，使海报层次感和立体感十足。

步骤 4 海报设计修正

提案阶段确定的海报，可能在细节上还不太完善，经过对海报的标准制图、大小修正、黑白应用、线条应用等不同表现形式的修正，使海报更加规范，同时海报的特点、结构在不同环境下使用时，也不会丧失，达到统一、有序、规范的传播。

将创意设计好的海报，绘制在纸上，用黑白颜色表现，辅助造型，观察整体效果，然后进行细节的修改，最后完成海报设计，效果如图 3-1-1 所示。

图 3-1-1　海报效果

知识拓展

1. 海报制作的注意事项

（1）海报版面的字体设计需要简化

从近几年获奖海报版面体现出设计风格来看，字体设计的版面都在尽可能地舍去变化多样的字体，追求粗眉头（大标题）、小文章、大眼睛（大图片）、轮廓分明（块面结构）的阳刚直率之美。

留白也可以使人在读报时产生轻松、愉悦之感，标题越重要，就越要多留空白。在密密麻麻的字体设计的版面上看到空白，有如一个疲倦的摩托车手穿过深长的山洞后瞥见光明。海报也是如此。

（2）海报版面设计的模块式编排

模块式编排，美国密苏里新闻学院莫恩教授作了这样的解释：“模块就是一个方块，最好是一个长方块，它既可以是一篇文章，也可以是包括正文、附件和图片在内的一组辟栏，字体设计的版面都由一个个模块组成。”这种设计最大的好处是方便阅读。

此外，海报版面设计的模块式编排基本上以横题横排为主，从生理学上分析，眼球转动，是由眼球上下6根筋肉运动而来，当眼球上下转动时，不像左右转动那样只是眼球自身转动，它还要连上下眼盖一起转动，较费力，容易疲倦，因而横向阅读比直向阅读省力。

（3）海报版面设计的“货架式陈列”

超市里的货物都是分门别类地陈列，而且很少变动，这样，顾客想买什么，就会熟门熟路直奔那个货架，减少浏览寻找的时间。同样，采用固定的编排形式，分门别类地“陈列”海报信息，也会减少浏览的时间，尽可能快地从版面上得到自己所需要的信息。

2. 海报用途

（1）广告宣传海报：可以传播到社会中，满足人们的利益。

（2）现代社会海报：较为普遍的社会现象，为大多数人所接纳，提供现代生活的重要信息。

（3）企业海报：为企业部门所认可，可以利用其引导员工的某些思想，引发思考。

（4）文化宣传海报：文化是当今社会必不可少的，用于展示社会文娱活动及各种展览。

技能拓展

一、海报设计——“南京印象·城”

“南京印象·城”系列海报获得国际海报设计奖竞赛特定专题银奖，如图3-1-2所示。

图3-1-2 “南京印象·城”海报图

该海报以“城砖”为背景，用事物来反映文字的表现形式，非常切合城市印象这个主题。海报本身所具有很强的表现力，还能够把很多细节以不同的形式结合在一起，使整个海报在任何时候都表现出新意。这是一张充满智慧、精致、标准的海报。它能吸引人的注意力，需要人们仔细的观察和深刻的诠释，并且远观也很美，非常具有美学价值，不认识字的人也能看明白。它向观赏者传达了一种极端简朴与和谐的美。然而，由于这幅海报受其本身深厚文化底蕴的限制，它的内涵对于很多人来说还是很深奥的。触觉和理念、信息的联系、形式与图像的有机结合，既有浓厚的地方特色，又带来了新的视觉上的冲击。

二、海报设计—波兰海报设计欣赏

波兰海报设计赏析简介：波兰不仅以伏特加酒及“音乐诗人”肖邦的故土著称，波兰的海报设计在全世界也有盛名，其平面经典作品融合了 20 世纪各种现代艺术运动的特征，如立体主义、超现实主义、表现主义和野兽派的风格等，并结合现代艺术与现代设计，使之对立模糊化，具有独特风格和极高的艺术水平，为世界广告设计界贡献杰出的案例。莱克·马杰维斯基作品的设计与隐喻，更像其艺术发挥与阐述主题后的文化活动所激发的文字，是一种对主题的艺术印象而非简单的描述，他认为：设计海报乃是一种享受，因此，他的海报的终极震撼力并非依赖于一种变动的、无任何强烈的对比和色彩所提供的独立。他最高的价值一如很多波兰海报设计中的色彩学派那样，诚如他对自己的风格评价一样，“统一是源于事物的学术态度而非形式上的相依”。

从第 13 届国际爵士歌手会海报中，如图 3–1–3 所示，我们可以明显领略马杰维斯基的风格：在两乐谱架之间的爵士歌手，他如诗如画、如火如荼的歌唱，以浪漫、夸张的火焰表现，平面设计的沟通与联想让期待这场歌手会的观赏者被深深地吸引，热情如火的原创形象与设计师的电影海报——《昔日爵士》，在创作的原发与继发过程中有异曲同工之妙，昔日爵士显示在黑夜中的浮沉，他的吹奏或歌唱如火般带来光明和希望。歌手的眼睛如自由女神的双眸，正是追求光明、自由的视觉符号。第 14 届歌手会海报，飘逸狂放的金发衬托出一位青春女爵士歌手的大半个面部和颈、肩。设计师省略了其余部分，让人一下子看出面部的红唇——歌手的特征。颤动的几根彩线，让人联想到爵士歌曲与生活的融合，金黄色的暖调子让受众感受到爵士歌手咏唱的热烈之情。第 15 届海报平面形象上，依然是女性，设计师巧妙地用面膜虚化了女歌手的五官，又用面膜上的文字、印记强化了第 15 届国际爵士歌手会的传播要素，通过女歌手微启的唇中喷发的淡紫红色，简约、完整地与观赏者进行了成功的沟通。

而第 15 届海报，如图 3–1–4 所示，其平面设计采用的是“犹抱琵琶半遮面”的艺术手法。女歌手面部代之以一块菱形的彩色画板，画板中央是歌手们的共同特征——具有情爱、生活、对话沟通、歌唱功能的口唇，具象与抽象相结合。1947 年 2 月 23 日生于波兰奥兹汀的莱克•马杰维斯基，在他的第 15 届歌手会海报里，能看到他对爵士歌手会的全新诠释，他用象征着红色口唇的圆形路标表示来自世界各地爵士歌手的多元组合，以及此会对人生与艺术的“指示性”功能。唇形之中，可看到与其说是象征牙齿，毋宁说是喻作钢琴键的双关创意，在蓝天白天的背景右上角是歌手抑或是观赏者的眼睛的特写，表现出两者的互动，达到平面设计画面与爵士音乐的通感之妙。

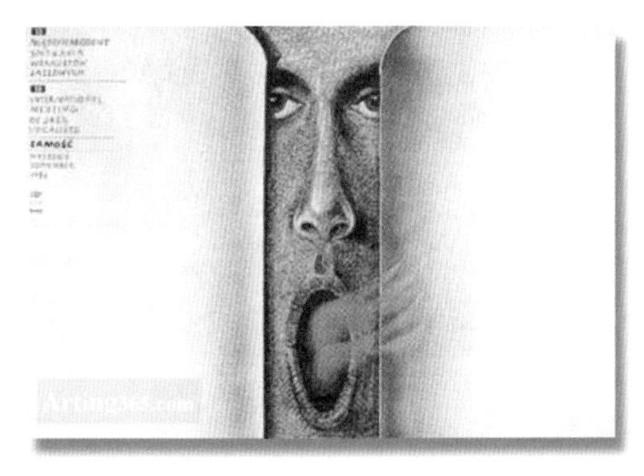

图 3–1–3　第 13 届波兰海报设计得奖作品

图 3–1–4　第 15 届波兰海报设计得奖作品

以速写笔触，夸张地给出张开大口的猫咪，是第21届海报给人们的第一印象，如图3-1-5所示。童话的、浪漫的创意手法，那半钩月牙既揭示具体的夜晚时间，又颇似观赏者会意的笑靥。马杰维斯基不断求新求变，即使是同一题材爵士歌手会海报，给人们带来的却是系列的平面经典。爵士鼓的激昂鼓点，大胆以点彩色调表现，是音乐与绘画艺术糅合的神来之笔。这是第20届海报在创意发想与构思创作中的原发过程与继发过程中的不同寻常的成功配合。华得马·斯维尔兹是波兰杰出的平面设计师之一，他创作的爵士音乐海报，以酣畅淋漓的点彩笔触，表现爵士音乐的狂放，在歌手与观赏者之间互动；用绘画表现音乐，同时让音乐韵律流动于绘画之中，他善于捕捉爵士歌手的神韵，作品中充满了表现主义的艺术手法，他对各种颜色驾轻就熟；蜡笔，丙烯，彩色铅笔，水彩等设计工具应用自如。以至他的每幅平面作品均具有强烈的视觉传达功能。 斯维尔兹设计表演艺术的海报可谓得心应手，他设计的美国摇滚音乐家Jimi Hendrix的海报，形象传神，非常富有个性，极好地传播了摇滚音乐的特色；笔法貌似是无章法的涂鸦，却恰恰蕴藏着绘画哲理的极致；狂放生动的用笔，明艳刺激的色彩，烘托出摇滚音乐的张扬个性，反抗社会的独特文化背景。派特·莫多瑟涅克的《“小人物”摇滚歌手滚石乐队海报》运用黑白分明的手法，成功塑造的是用滚石乐队“小人物”那铿锵有力的字符表现出鲜明的节奏，它感染着受众，让他们沉浸在摇滚音乐的狂热震撼之中，也自然会引发人们对摇滚时代的向往。

图3-1-5 21届波兰海报设计得奖作品

任务总结

通过本任务的实施，应掌握下列知识和技能：

- 海报设计基础（重点）；
- 海报设计的原则（重点）；
- 海报特点、分类和格式内容；
- 海报制作的注意事项；
- 海报作用（重点）。

课后练习

1. 制作海报需要注意哪些要点？请从网上下载一组海报，讨论海报的设计方法。

2. 请为“世界爱眼日”设计一张海报，注意设计海报的基本原则，要求主题突出、布局合理、色彩协调、创意新颖。

子任务 2　制作海报背景

任务描述

在完成子任务 1 的海报创意与设计后，下面开始制作海报的背景。在此任务中，需要使用 Photoshop CS6 这款软件。新建空白文件后，开始学习选区的基本知识、选区的创建、选区的编辑。还要用到简单的滤镜工具，利用这些工具绘制已经设计好的海报。

任务分析

（1）熟悉“相关知识”。

（2）任务准备。

（3）在 Photoshop 中新建图像文件。

（4）利用渐变工具绘制背景。

（5）使用选区工具绘制背景。

（6）使用滤镜工具进行画面修饰。

相关知识

在 Photoshop CS6 中，选区是一个非常重要的概念。掌握好图层的一些基本操作，往往能够事半功倍。选区用于分离图像的一个或多个部分。在 Photoshop 中如果要处理局部图像，首先必须选择要处理的区域，即创建选区。选区可以将编辑效果和滤镜应用于图像的局部，未选定区域不会被处理。几乎所有的操作都是在选区中完成的，所以选区的使用就显得尤为重要。

1. 创建规则选取

（1）矩形选框工具

矩形选框工具以是创建规则选区的工具。使用此工具在图像中单击并拖动鼠标即可创建矩形选区。如果拖动鼠标时按住【Shift】键，则可以创建正方形选区。图 3-1-6 为矩形选框工具属性选项栏。

羽化：0 像素　消除锯齿　样式：正常　宽度：　高度：　调整边缘...

图 3-1-6　矩形选框工具属性选项栏

① 选区选项按钮：工具选项栏最左侧的 4 个按钮用来设置选区选项，包括新选区、添加到选区、从选区减去和与选区交叉。

② 羽化：输入数值可以创建带有羽化的选区。它的范围为 0 ~ 250 像素，此值越高，羽化的范围越广。

③ 样式：选择此下拉列表中的选项可以选择选区的创建方法，如图 3-1-7 所示。选择“正常”选项时，可以通过鼠标拖动出任意大小的选区。选择“固定比例”选项时，选项右侧的“宽度”和“高度”文本框被激活，在文本框中可以输入选区的宽度和高度的比例。例如，要创建一个高度是宽度 2 倍的选区，可输入“宽度”为 2，“高度”1。选择“固定大小”选项时，可以在“宽

度”和“高度”文本框中输入选区的宽度与高度值，此后使用矩形选框工具时，只需在画面中单击即可创建固定大小的选区。如果要切换宽度和高度的数值，可单击高度和宽度互换按钮。

④ 调整边缘：单击此按钮，可以打开“调整边缘”对话框，在对话框中可以进一步调整选区边界、对照不同的背景选区或将选区作为蒙版来看。

（2）椭圆选框工具

使用椭圆选框工具在图像中单击并拖动鼠标可以创建椭圆形选区。如果拖动鼠标时按住【Shift】键，则可以创建正圆形选区，如图 3-1-8 所示。

图 3-1-7 “样式”选项

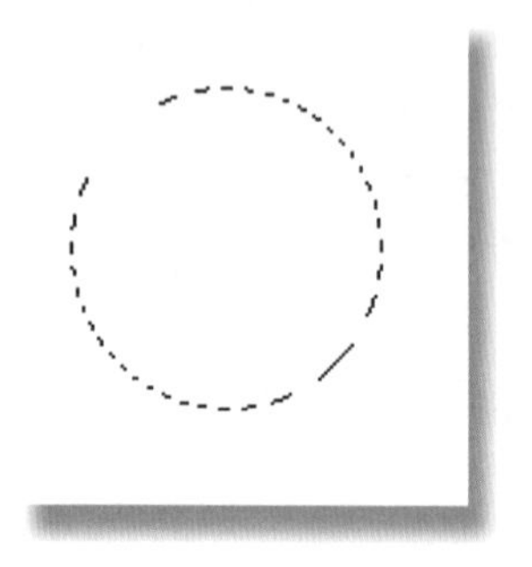

图 3-1-8 正圆选框

图 3-1-9 所示为椭圆选框工具的属性选项栏．除“消除锯齿”外，其他选项都与矩形选框工具相同。

图 3-1-9 椭圆选框工具属性选项栏

消除锯齿：“消除锯齿”是除了矩形选框工具和快速选择工具之外，其余的选择工具（椭圆选框工具、单行和单列选框工具、套索工具、魔棒工具）的工具属性选项栏共有的选项。创建圆形或者多边形等不规则选区时会出现锯齿，选择此选项后，可以平滑选区的边缘。例如，图 3-1-10 左侧所示为选择了“消除锯齿”的效果，右侧为没有选择“消除锯齿”时的效果。

提 示

在使用矩形选框工具和椭圆选框工具时，按住【Alt】键拖动鼠标将以单击点为中心创建向外选区；按住【Shift + Alt】组合键拖动鼠标将以单击点为中心创建正方形或正圆形选区；按下【Shift+m】组合键则可以在这两个工具之间切换；如果在创建选区的同时按住空格键并继续拖动鼠标，则可以移动选区。

（3）单行选框工具和单列选框工具

单行选框工具和单列选框工具用来创建 1 个像素宽度的单行或单列选区，如图 3-1-11 所示。选择这两个工具后，只需在图像上单击鼠标即可创建选区，在创建选区时拖动鼠标可以移动选区。

图 3-1-10　“消除锯齿”效果对比图

图 3-1-11　单行选框和单列选框

2. 不规则选区的创建

（1）套索工具

使用套索工具可以自由地创建选区，该工具对于绘制选区边框的手绘线段十分有用。选择套索工具后，在图像中单击，然后按住鼠标拖动，可以形成任意形状的区域。释放鼠标后会自动形成封闭的选区。图 3-1-12 所示为套索工具创建的选区。

（2）多边形套索工具

多边形套索工具用来创建边界为直线的多边形选区，如图 3-1-13 所示。选择该工具后，在被选取对象的各个转折点上单击，可创建直线的选区边界，将光标移动到选区的起点处，光标旁边会出现一个圆圈，此时单击鼠标可以封闭选区。如果在选区起点以外的区域双击，将在起点和终点处连接一条直线来封闭选区。

图 3-1-12　套索工具创建的选区

图 3-1-13　多边形套索工具创建的选区

提 示

在使用多边形套索工具绘制选区时，如果按住【Shift】键，可以创建水平、垂直或 45 度角倍增的直线；如果按住【Alt】键并拖动鼠标，可切换为套索工具且只绘制手绘效果的选区，放开【Alt】键可恢复为多边形套索工具；如果要删除最近绘制的直线段，可以按【Delete】键。如果按住【Delete】键不放，或者按【Esc】键，则可以取消绘制的选区。

任务准备

（1）一台装有 Windows 7 的计算机，且安装了 Photoshop CS6 软件。

（2）完成海报的创意设计。参照任务 1 中的子任务 1 海报的创意与设计。

任务实施

海报背景制作的具体操作如下：

步骤 1 在 Photoshop 中新建空白图像文件。选择“文件” | “新建”命令，在弹出的“新建”对话框中设置“宽度”为 14.71 厘米，“高度”为 10 厘米，“分辨率”为 300 像素 / 英寸，如图 3-1-14 所示，完成后单击“确定”按钮，新建图像文件。

步骤 2 新建图层 1，创建渐变填充。新建“图层 1”，使用渐变工具，设置渐变色为蓝色（R12,G25,B16），黄色（R213,G205,B159），如图 3-1-15 所示。

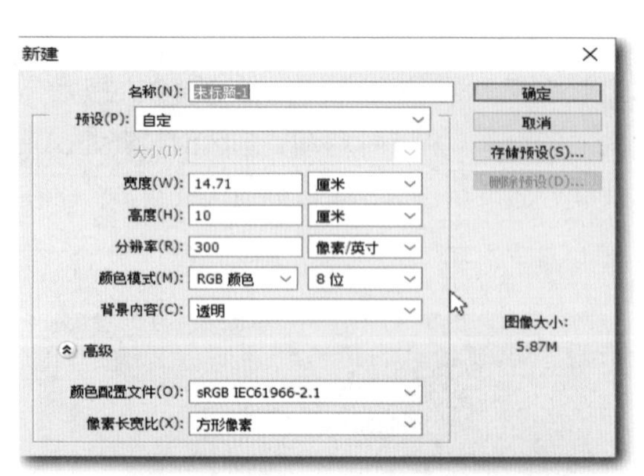

图 3-1-14 “新建”对话框

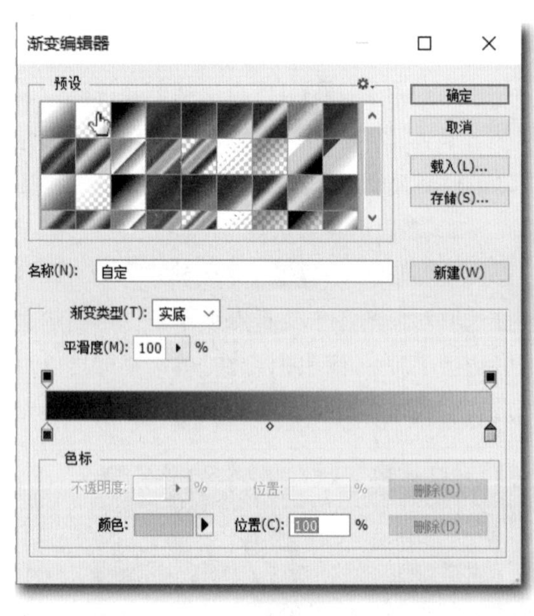

图 3-1-15 “渐变编辑器”对话框

步骤 3 设置填充方式。使用渐变工具，设置上方的属性选项栏的填充方式为线性，模式为正常、不透明度为 100%，如图 3-1-16 所示。

图 3-1-16 渐变工具属性选项栏

步骤 4 填充方向设置。使用渐变工具，在图层 1 上进行拖动，方向从左上到右下填充颜色，如图 3-1-17 所示。

步骤 5 进行填充。使用渐变工具，进行填充，效果如图 3-1-18 所示。

图 3-1-17　填充方向渐变色

图 3-1-18　填充渐变色效果

步骤 6 绘制矩形选区。新建图层 2，使用矩形选框工具，在画面下方如图 3-1-19 所示的位置创建选区，设置前景色为深蓝色（R75,G96,B89），并使用减淡工具增加图像的颜色变化，效果如图 3-1-19 所示。

步骤 7 高斯模糊。选择“滤镜” | “模糊” | “高斯模糊”命令，在弹出的“高斯模糊”对话框中设置“半径”为 10 像素，如图某某所示，单击“确定”按钮，效果如图 3-1-20 所示。

图 3-1-19　填充选区

图 3-1-20　高斯模糊后的效果

步骤 8 填充选区。新建图层 3，在画面下方创建矩形选区。设置前景色为 (R12,G26,B16)，并填充选区，效果如图 3-1-21 所示。

图 3-1-21　填充选区

知识拓展

1. 磁性套索工具

磁性套索工具可以沿着对象的边缘自动生成选区．适合快速选择边缘复杂，与背景对比较大的图像，图像与背景的明度差别越大，就越容易创建选区。

选择磁性套索工具后，在需要选取的对象边缘单击，然后沿着边缘拖动鼠标，如图 3–1–22 所示。当光标移动到选区的起点时，光标旁边会出现一个小圆圈，此时单击即可封闭选区。如果在起点之外的区域双击，或者按【Enter】键，则可在起点和终点处连接一条直线来封闭选区。

图 3–1–22　磁性套索工具创建选区

提 示

在绘制选区的过程中，如果按住【Alt】键并拖动鼠标，可切换为套索工具，创建自由形状的选区，如果按住【Alt】键并单击，则可切换为多边形套索工具，创建直线选区。如果要删除最近绘制的线段，可以按【Delete】键。如果按住【Delete】键不放，或者按【Esc】键，则可以取消绘制的选区。

如图 3–1–23 所示为磁性套索工具属性选项栏。其中“羽化”和“消除锯齿”的功能都与矩形选框工具相同。下面介绍其他选项。

图 3–1–23　磁性套索工具属性选项栏

① 宽度：用来指定磁性套索工具检测的宽度，范围为 1 ~ 256 像素，输入“宽度”的像素值后，磁性套索工具只检测从光标指针开始到指定距离以内的边缘。此值越小，绘制出的选区边缘越精确。如果按【Caps Lock】键，则光标在画面中会显示为“精确光标”状，圆形的大小即为工具能够检测到的边缘的宽度。

② 对比度：用来指定磁性套索工具对图像边缘的灵敏度，范围为 1% ~ 100%。较高的数值将只检测与其周边对比鲜明的边缘，较低的数值将检测低对比度边缘

③ 频率：用来设置磁性套索工具在绘制选区时生成的固定点的数量，范围为 0 ~ 100，数值越高，生成的固定点越多，选区的边界越准确。图 3–1–24 所示为设置此值为 10 时，生成的

固定点，图 3-1-25 所示为设置此值为 100 时生成的固定点，如果“频率”值设置得过高则选区将不够光滑。

图 3-1-24　频率值为 10

图 3-1-25　频率值为 100

2. 快速选择工具

（1）快速选择工具

快速选择工具能够利用可调整的圆形画笔笔尖快速绘制选区。使用该工具在图像上拖动时，选区会向外扩展并自动查找和跟随图像中定义的边缘，如图 3-1-26 所示。图 3-1-27 所示为快速选择工具属性选项栏。

图 3-1-26　快速选择工具创建选区

对所有图层取样　自动增强　调整边缘...

图 3-1-27　快速选择工具选项栏

① 选区选项按钮：单击“新选区”按钮，可以创建一个新的选区；单击“添加到选区”按钮，可以在原选区上添加选区；单击“从选区减去”按钮，可以在原选区减去当前绘制的选区。

② 画笔：单击此选项右侧的按钮，可以打开一个一下拉面板，在面板中可以修改快速选择工具画笔笔尖的大小。在建立选区时，可以按快捷键来调整笔尖的大小，按下右方【] 】键可增大快速选择工具画笔笔尖的大小，按下左方【 [】键可减小快速选择工具画笔笔尖的大小。

③ 对所有图层取样：选择此选项，可基于所有图层（而不是仅基于当前选定图层）创建一个选区。

④ 自动增强：选择此选项，可减少选区边界的粗糙度和块效应。“自动增强”自动将选区向图像边缘进一步流动并应用一些边缘调整，也可以通过在“调整边缘”对话框中使用“平滑”“对比度”“半径”选项来手动应用这些边缘调整功能。

（2）魔棒工具

魔棒工具可以选择颜色一致或颜色相近的区域。选择此工具后，在图像上单击即可选择与单击点相近的颜色，单击的位置不同，选择的颜色范围也不相同。在使用魔棒工具时，可以基于与单击位置的图像像素的相似度，为魔棒工具选择的色彩范围指定容差。图 3-1-28 所示为魔棒工具的属性选项栏。

图 3-1-28　魔棒工具属性选项栏

① 容差：用来设置选定像素的相似点差异，它决定了魔棒工具选取的颜色范围，数值越小，只能选择与单击点颜色非常相似的颜色，数值越高，选择的颜色范围越广。

② 连续：选择此选项时，在图像中单击，则只选择与单击点颜色连接的区域，如图 3-1-29 所示。取消选择此选项，则会选择整个图像中与单击点颜色相近的区域，包括没有连接的区域，如图 3-1-30 所示。

图 3-1-29　选择“连续”

图 3-1-30　不选择“连续”

③ 对所有图层取样：选择此选项时，将使用所有可见图层中的数据来选择颜色。取消选择此选项时，魔棒工具将只从当前图层中选择颜色。

3. 色彩范围

“色彩范围”命令可选择现有选区或整个图像内指定的颜色或色彩范围。选择“选择” | “色彩范围”，弹出“色彩范围”对话框，如图 3-1-31 所示。

在色彩范围对话框中可进行以下设置：

① 选择：在此下拉列表中可以选择“ 取样颜色”选项。也可以选择颜色或色调范围，如图 3-1-32 所示。选择“ 取样颜色”则可以使用吸管工具拾取图像上的颜色，拾取颜色后可以调整“颜色容差”来设置颜色范围，此值越高，包含的范围越大；选择下拉列表中的“红色”等选项时，可以选择图像中特定的颜色；选择“高光”“中间调”“阴影”选项时，可以选择图像中不同的色调范围。

② 选择范围 / 图像：用来设置对图像中的颜色进行取样而得到的选区。白色区域是选定的像素，黑色区域是未选定的像素，而灰色区域是部分选定的像素。

③ 选区预览：用于设置选区在图像中的预览方式。

④ 吸管工具：使用吸管工具在图像上或预览区中单击可以对颜色进行取样。

图 3-1-31　“色彩范围”对话框

图 3-1-32　“选择”下拉列表

技能拓展

分别使用磁性套索、快速选择工具、魔棒工具将图 3-1-33 所示的图片中的“向日葵”抠出。制作步骤如下：

① 打开图 3-1-33 所示的向日葵素材图片。

② 选择磁性套索工具，属性选项栏设置如图 3-1-34 所示。在向日葵周围开始拖动鼠标，便可将向日葵选出，如图 3-1-35 所示。选择过程中若超出范围，可按【Delete】键撤销，并在向日葵边缘单击即可。

③ 选择快速选择工具，属性选项栏设置如图 3-1-36 所示，在向日葵上连接单击，便可将颜色范围相似的部分选出，直至将向日葵全部选出。

图 3-1-33　素材图片

图 3-1-34　磁性套索工具属性选项栏

图 3-1-35　用磁性套索工具选择向日葵

图 3-1-36　快速选择工具属性选项栏

④ 选择魔棒工具，属性选项栏设置如图 3–1–37 所示，在向日葵上连续单击。

图 3–1–37 魔棒工具属性选项栏

对比以上三种方法，可发现在此实例中，能够快速准确地选择出向日葵的方法为：磁性套索工具和快速选择工具，而魔棒工具选择起来较复杂，这是因为，向日葵的颜色不纯，连续范围内的相似色较少。

任务总结

通过本任务的实施，应掌握下列知识和技能：

- 选区的基本操作（重点）；
- 选区的创建；
- 选区的编辑；
- 选区的合成；
- 滤镜的使用。

课后练习

1. 请改变图 3–1–38 的背景颜色，并用三种以上的方法将图中所有的花朵选出，然后比较哪一种方法最快捷。

图 3–1–38 原图

2. 如何将上图中花的颜色改为蓝色，你能列出几种方法？

子任务 3 绘制玻璃缸

任务描述

在完成子任务 2 的海报背景后，我们开始制作海报中的“玻璃缸”。在此任务中，需要使用 Photoshop CS6 软件，打开之前制作的海报背景，使用钢笔工具进行绘制，同时还要使用加深工具和减淡工具。此部分对于钢笔路径的控制有较高的要求。很多手绘技法需要慢慢在练习中把握。

任务分析

（1）熟悉“相关知识”。

（2）任务准备。

（3）打开之前绘制的海报背景。

（4）用钢笔工具绘制缸体。

（5）加深、减淡工具绘制倒影。

（6）合成风景图。

相关知识

1. 认识路径

计算机图形主要分为两类，一类是位图图像，另外一类是矢量图形。Photoshop 是典型的位图编辑软件，但其也包含矢量编辑功能，可以创建矢量图形和路径。下面介绍钢笔工具和路径的概念。

（1）路径

路径是可以转换为选区或者使用颜色填充和描边的轮廓，它既可以转换为选区，也可以进行填充或者描边。

路径分为两种：一种是包含起点和终点的开放式路径，另一种是没有起点和终点的闭合式路径。由于路径是矢量对象，它不包含像素，因此，没有进行填充或者描边处理的路径是不能被打印出来的。

（2）钢笔工具

钢笔工具属于矢量绘图工具，其优点是可以勾画平滑的曲线，在缩放或者变形之后仍能保持平滑效果。钢笔工具画出来的矢量图形称为路径。

图 3-1-39 钢笔工具

① 绘制直线路径：如图 3-1-39 所示，在工具箱中选择钢笔工具（快捷键【P】）并设置钢笔工具的属性选项栏如图 3-1-40 所示。

图 3-1-40 钢笔工具属性选项栏

然后用钢笔在画面中单击，每单击一下，便会出现一个点，这个点称为“锚点”，点与点之间有线段相连，按住【Shift】键并单击，可以让所绘制的点与上一个点保持45度整数倍夹角（比如0度、90度），这样可以绘制水平或者垂直的线段，如图3-1-41所示。这些点与线便是直线路径。

② 绘制曲线路径：如图3-1-42所示，在绘制出第二锚点之后拖动鼠标，会出现一条曲线路径。

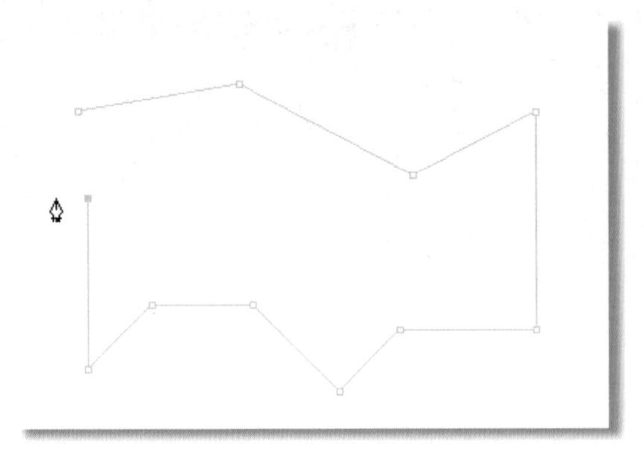

图3-1-41　绘制直线路径

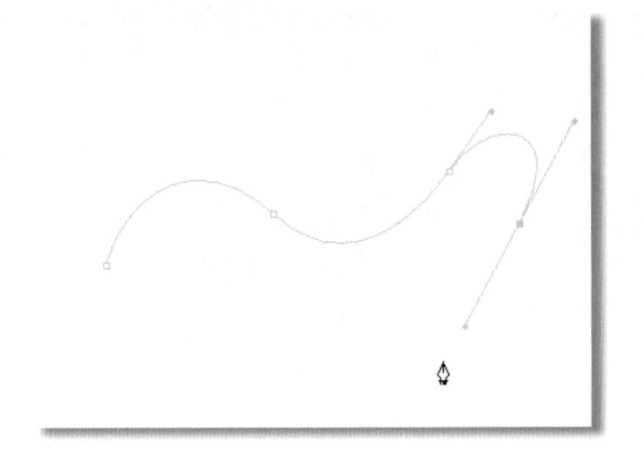

图3-1-42　描绘曲线路径

（3）锚点

路径是由一个或多个直线路径段或者曲线路径段组成的，而用来连接这些路径段的对象便是锚点。锚点分为两种：一种是平滑点，如图3-1-43所示；另外一种是角点，如图3-1-44所示。平滑点处的连接可以形成平滑的曲线，而角点处的连接则可以形成直线或者转角曲线。

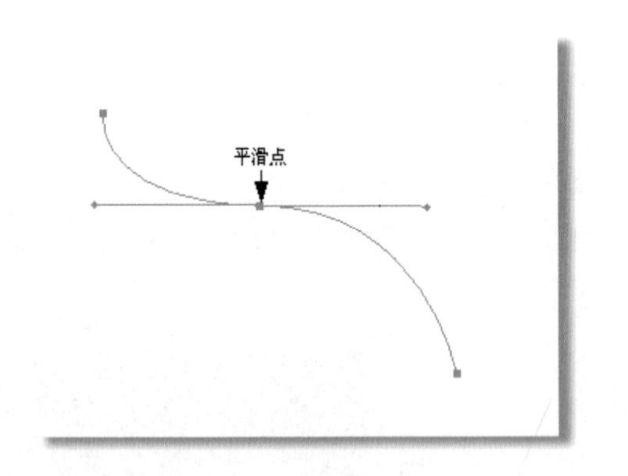

图3-1-43　平滑点

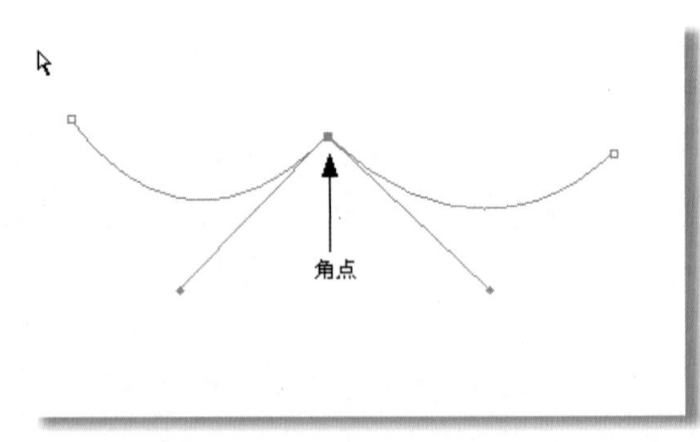

图3-1-44　角点

曲线路径段上的锚点都包含有方向线，方向线的端点为方向点。方向线和方向点的位置决定了曲线的曲率和形状，移动方向点能够改变方向线的长度和方向，从而改变曲线的形状。当移动平滑点上的方向线时，将同时调整平滑点两侧的曲线路径段，如图3-1-45（a）所示。而移动角点上的方向线时，则只调整与方向线同侧的曲线路径段，如图3-1-45（b）所示。

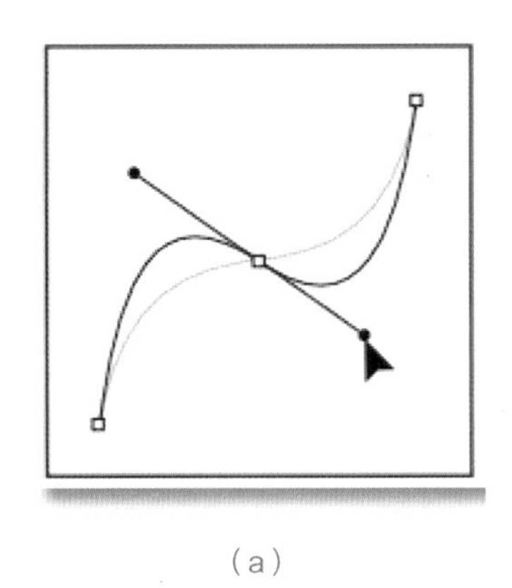

（a）

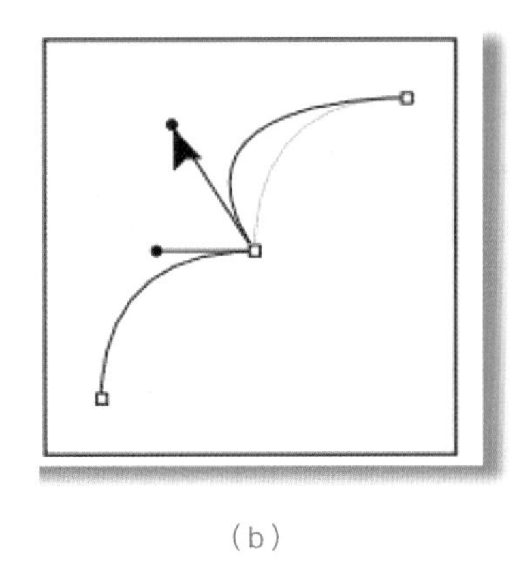

（b）

图 3–1–45　调整锚点

2．路径的创建

（1）用钢笔工具创建路径

单击钢笔工具按钮，在画布上连续单击可以绘制出线段，通过单击工具箱中的钢笔按钮结束绘制，也可以按住【Ctrl】键的同时在画布的任意位置单击，如果要绘制多边形，则在闭合时，将鼠标箭头靠近路径起点，当鼠标箭头旁边出现一个小圆圈时，单击就可以将路径闭合。

如果在创建锚点时单击并拖动鼠标会出现一个曲率调杆，该调杆可以调节该锚点处曲线的曲率，从而绘制出路径曲线。

选择钢笔工具，在属性选项栏中可以设置钢笔工具的属性。钢笔工具有两种创建模式：形状和路径。

选择“形状”选项时，此模式不仅可以在路径面板中新建一个路径，同时还在图层面板中创建了一个形状图层，所以如果选择“形状”选项，可以在创建之前设置形状图层的样式，混合模式和不透明度的大小，如图 3–1–46 所示。

图 3–1–46　创建新的图层

（2）绘制心形路径

通过拖动的方式绘制的曲线光滑流畅， 但是如果想要绘制与上一段曲线之间出现转折的转角曲线，就需要在设置锚点前改变方向线的方向。下面通过绘制心形路径来了解如何绘制转角曲线。制作步骤如下：

① 新建一个大小为 500 × 500 像素，分辨率为 100 像素 / 英寸的文件。选择“视图”｜“网格”命令。

② 选择钢笔工具，在工具属性选项栏设置参数，如图 3–1–47 所示。在网格点上单击并向右上方拖动鼠标，创建一个平滑点，如图 3–1–48 所示。

图 3–1–47　钢笔工具属性选项栏

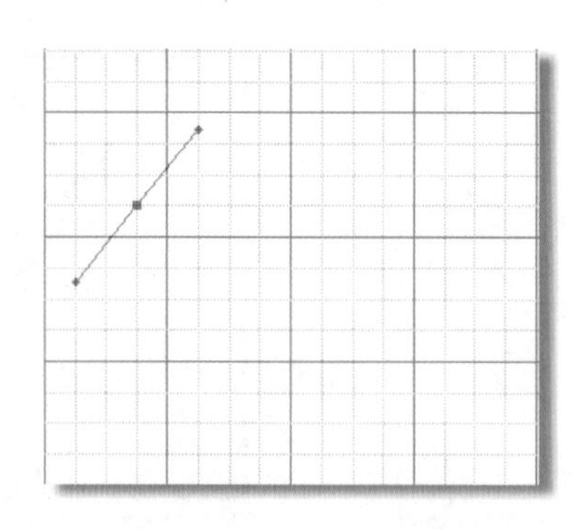

图 3-1-48 创建平滑点

③ 将光标移至下一个网格点处，单击并向下拖动鼠标，创建曲线，如图 3-1-49 所示。将光标移至下一个网格点处，单击创建一个角点（此处单击即可，不要拖动鼠标），如图 3-1-50 所示。这样就完成了右侧心形的绘制。

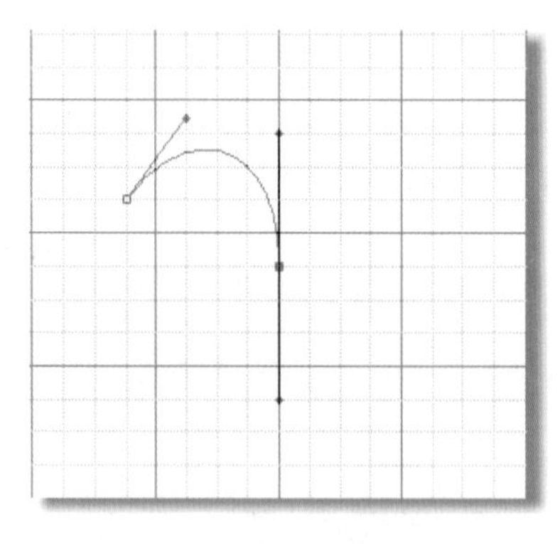

图 3-1-49 创建曲线 1

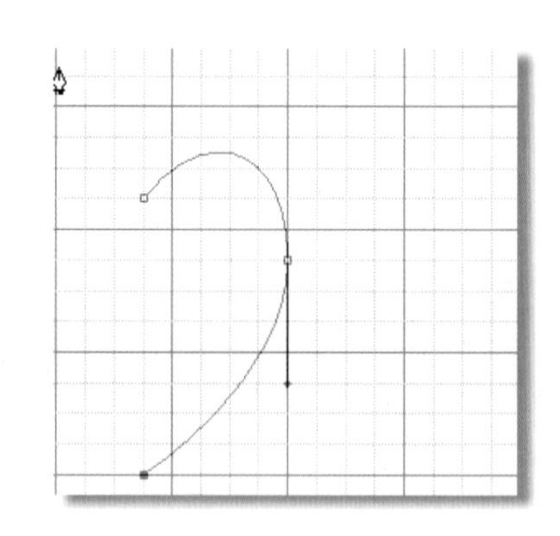

图 3-1-50 创建角点

④ 在如图 3-1-51 所示的网格点上单击并向上拖动鼠标，创建曲线。将光标移至路径的起点上，单击鼠标闭合路径，如图 3-1-52 所示。

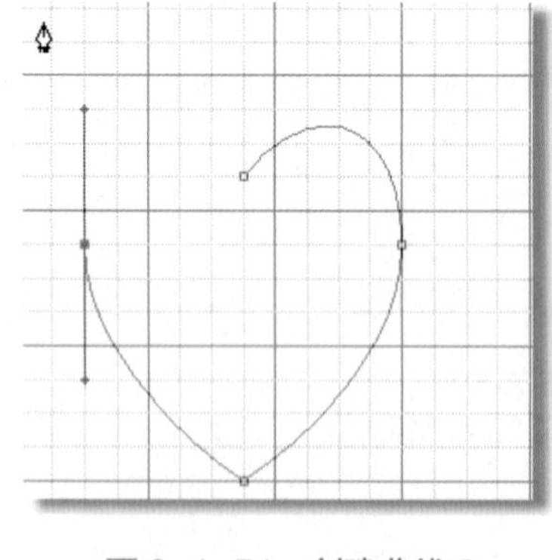

图 3-1-51 创建曲线 2

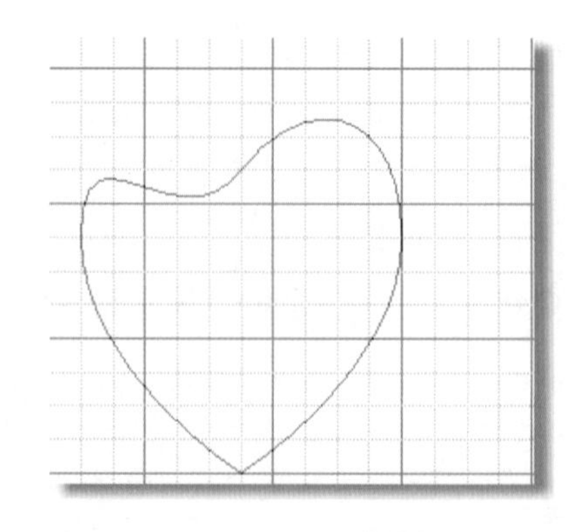

图 3-1-52 闭合路径

⑤ 选择直接选择工具，在路径的起始处单击，显示锚点，如图 3-1-53 所示。此时当前锚点上会出现两条方向线，将光标移至左下角的方向线上，按住【Alt】键切换为转换点工具，将左

侧手柄向上拖动，使左右手柄位置对称。此时心形路径便绘制完成了，如图 3-1-54 所示。

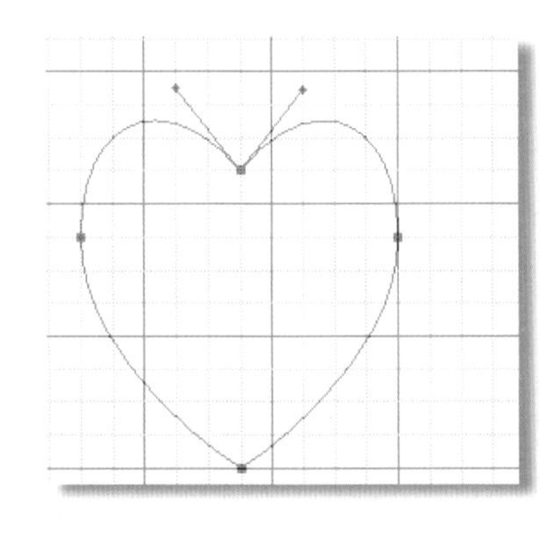

图 3-1-53　显示锚点

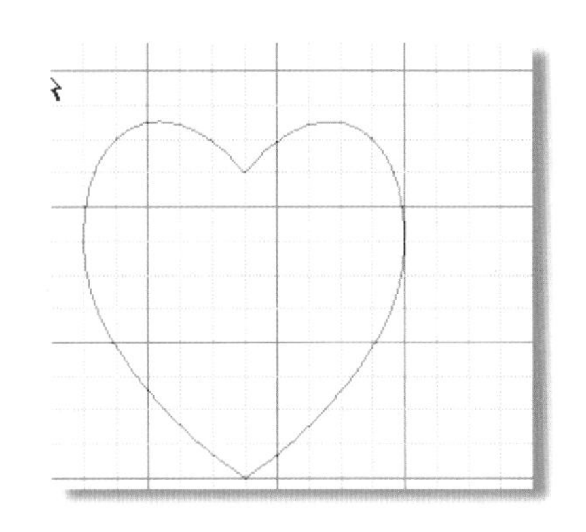

图 3-1-54　心形路径

（3）用自由钢笔工具创建路径

使用自由钢笔工具，可以像用画笔在画布上画图一样自由地绘制路径曲线。不必定义锚点的位置，它将自动被添加，可在绘制完后再做进一步的调节。自动添加锚点的数目由自由钢笔工具属性选项栏中的“曲线拟合”参数决定，该参数值越小，自动添加锚点的数目越大，反之则越小，“曲线拟合”参数的范围是 0.5 ~ 10 像素，如图 3-1-55 所示。

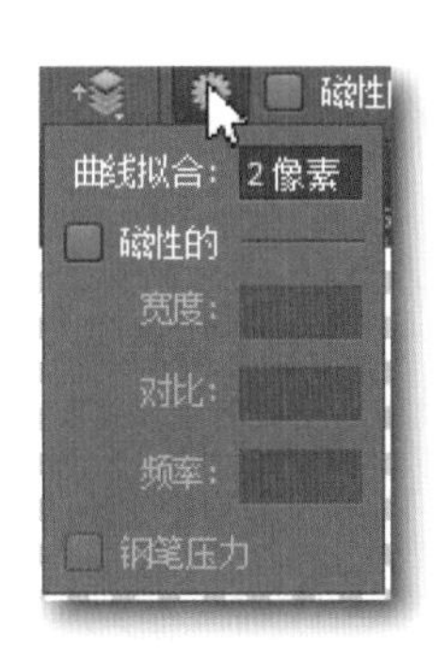

图 3-1-55　自由钢笔工具选项

选择自由钢笔工具之后，在工具属性选项栏中选择“磁性的”复选框，如图 3-1-56 所示，可将自由钢笔工具变为磁性钢笔工具。磁性钢笔的特点和使用方法都与磁性套索工具非常相似，它能够自动找到反差较大的边缘，并沿着边缘绘制路径。在使用该工具时，只需在对象边缘处单击，然后释放鼠标，沿对象边缘拖动鼠标即可。在绘制路径的过程中，可按【Delete】键删除锚点，双击则可以闭合路径，如图 3-1-57 所示。

图 3-1-56　自由钢笔工具属性选项栏

图 3-1-57　磁性钢笔工具的绘制路径

（4）将选区转换为路径

创建的任何选区都可以定义为路径。“建立工作路径”命令可以消除选区上应用的所有羽化效果，还可以根据路径的复杂程度和在“建立工作路径”对话框中选取的容差值来改变选区的形状。单击“路径”面板底部的“建立工作路径”按钮，可将当前的选区转换为路径，并出现在“路径”面板的底部。图 3-1-58 所示为选区，图 3-1-59 所示为选区转换后的工作路径。

图 3-1-58　选区

图 3-1-59　工作路径

任务准备

（1）一台装有 Windows 7 操作系统的计算机，且安装了 Photoshop CS6 软件。

（2）完成海报的背景制作。参照任务 1 中的子任务 2 制作海报背景。

任务实施

海报中“玻璃缸”的制作步骤如下：

步骤 1 在 Photoshop 中打开之前制作的海报背景，如图 3-1-60 所示。

步骤 2 新建“路径 1”，使用钢笔工具绘制出玻璃缸的轮廓，如图 3-1-61 所示，在路径面板上单击“将路径作为选区载入”按钮创建选区，如图 3-1-62 所示。

图 3-1-60　打开背景图

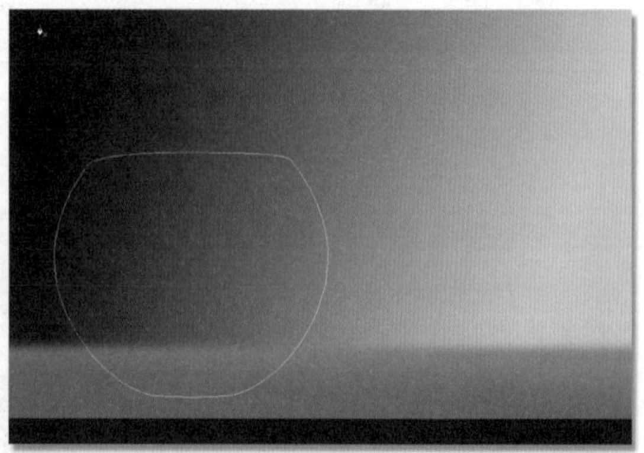

图 3-1-61　绘制“路径 1”

步骤 3　新建“图层 4”，使用画笔工具，在其属性选项栏中设置不透明度为 30%，流量为 20%，设置前景色为白色，在选区内绘制玻璃缸外轮廓，按快捷键【Ctrl+D】取消选区，使用画笔工具绘制出缸口，并配合使用减淡工具和加深工具创建玻璃缸口的色彩变化，效果如图 3–1–63 所示。

图 3–1–62　把路径转换为选区 1

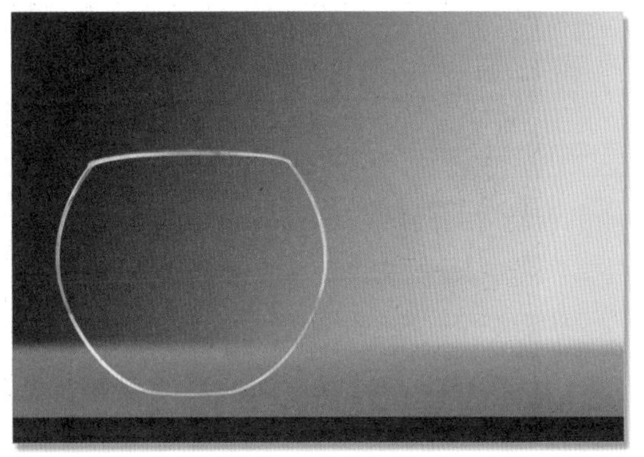

图 3–1–63　绘制玻璃缸

步骤 4　新建“路径 2”和“路径 3”绘制如图 3–1–64 和图 3–1–65 所示的两条路径。

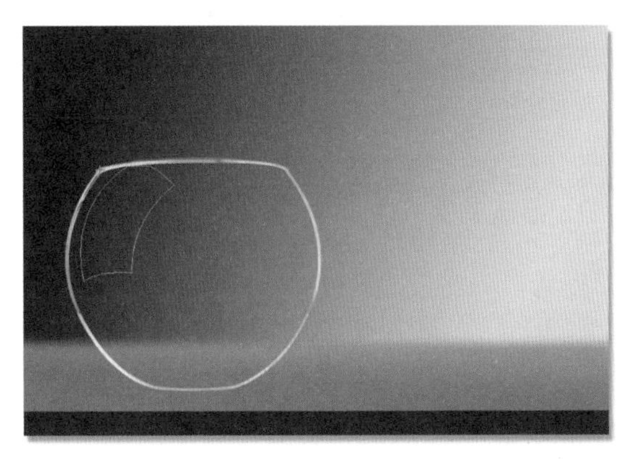

图 3–1–64　绘制“路径 2”

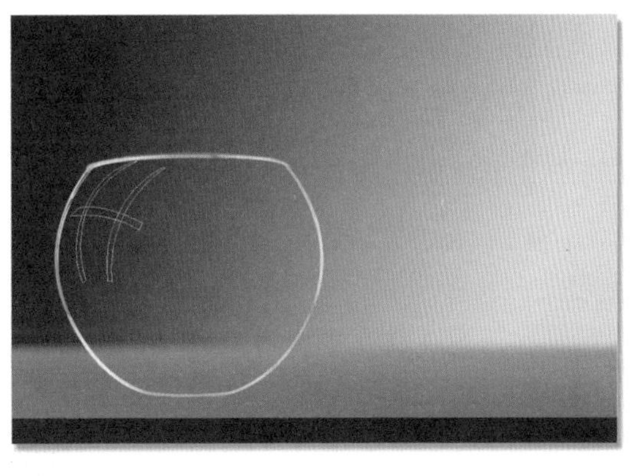

图 3–1–65　绘制“路径 3”

步骤 5　将“路径 2”转化为选区，然后再减去“路径 3”转化的选区，得到如图 3–1–66 所示的选区。注意，载入选区，需要按住【Ctrl】键并单击需要的路径。配合【Shift】键可以加选当前路径转化的选区，【Alt】键可以减选当前路径转化的选区。【Shift+Alt】组合键是选择相交选区。可以按住【Ctrl】键并单击“路径 2”，用以加载选区，然后按【Alt+Ctrl】组合键并单击“路径 3”，用以减选“路径 3”的选区。

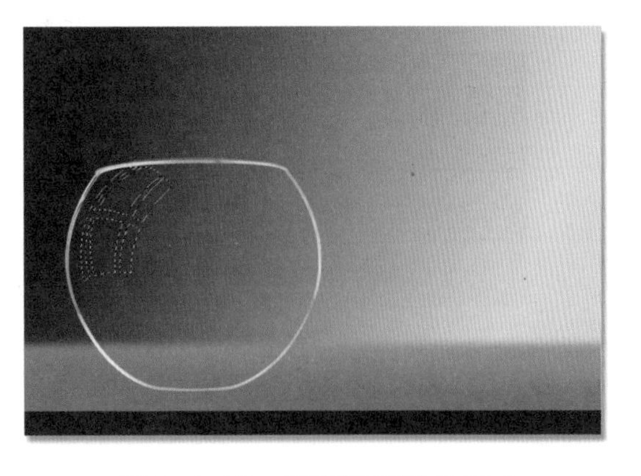

图 3–1–66　把路径转换为选区 2

步骤 6 使用通道中的“将选区保存为通道”按钮，把当前选区保存为通道 Alpha1，以供以后使用，如图 3-1-67 所示。

步骤 7 用同样的方法，新建路径 4、5、6、7，分别用钢笔工具绘制出缸体的高光部分，如图 3-1-68 ~ 图 3-1-71 所示。

图 3-1-67 把选区保存为通道

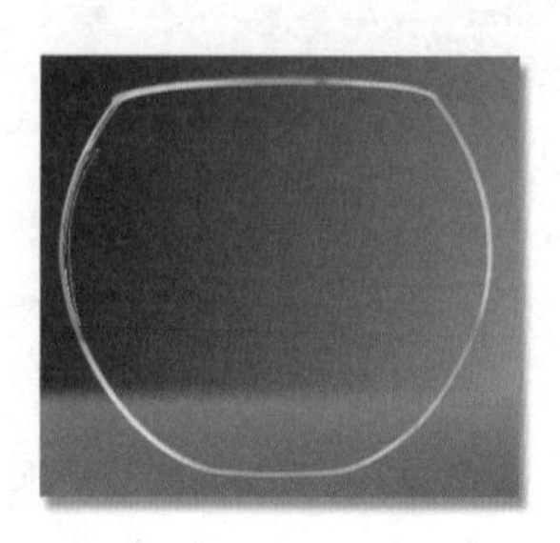

图 3-1-68 绘制“路径 4”

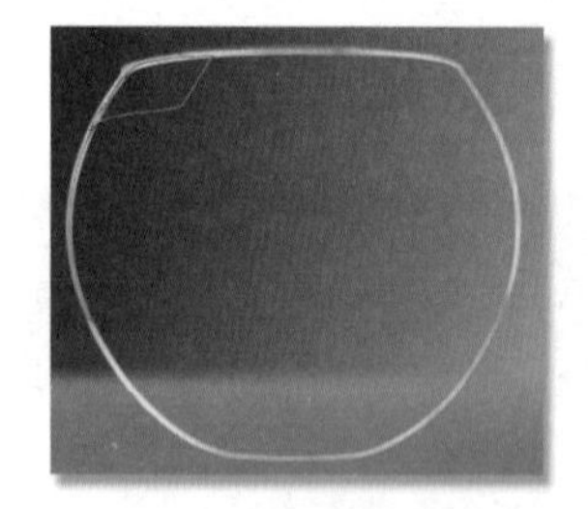

图 3-1-69 绘制“路径 5”

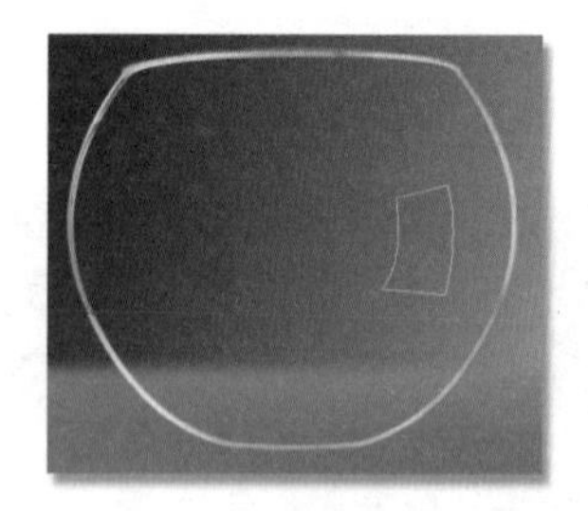

图 3-1-70 绘制“路径 6”

步骤 8 载入刚才的通道 Alpha1，以及路径 4、5、6、7 的选区，使用画笔工具绘制出缸口，并配合使用减淡工具和加深工具创建玻璃缸高光部分的色彩变化，效果如图 3-1-72 所示。

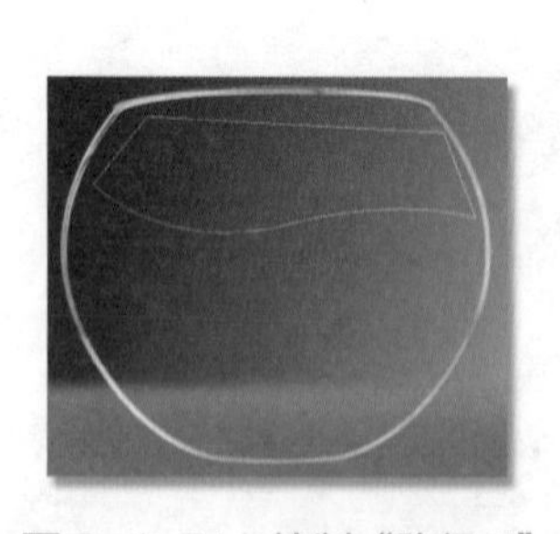

图 3-1-71 绘制“路径 7”

图 3-1-72 描绘高光效果

步骤 9 使用钢笔工具绘制玻璃缸的大致水位，如图 3-1-73 所示，并单击“将路径作为选区载入”按钮，创建选区。按住快捷键【Ctrl+Shift+Alt】并单击最先创建的玻璃缸轮廓路径，从而创建水位选区，如图 3–1–74 所示。

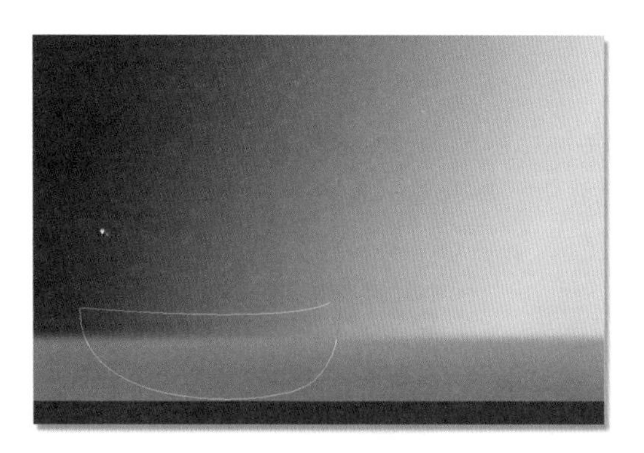

图 3–1–73　绘制水位

图 3–1–74　创建水位选区

步骤 10 填充选区后使用相同的方法，使用画笔工具配合减淡工具和加深工具，来创建玻璃缸装水的质感，效果如图 3–1–75 所示。

步骤 11 打开素材图“高楼”，使用移动工具，拖动素材到当前图层中，效果如图 3–1–76 所示。

图 3–1–75　创建水的质感

图 3–1–76　添加“高楼”素材

步骤 12 选择“图像”|“调整”|“色相 / 饱和度”命令，弹出“色相 / 饱和度”对话框，如图 3–1–77 所示，设置各项参数，完成后单击“确定”按钮，使素材的图像色调与整体色调一致，调整好位置和大小，效果如图 3–1–78 所示。

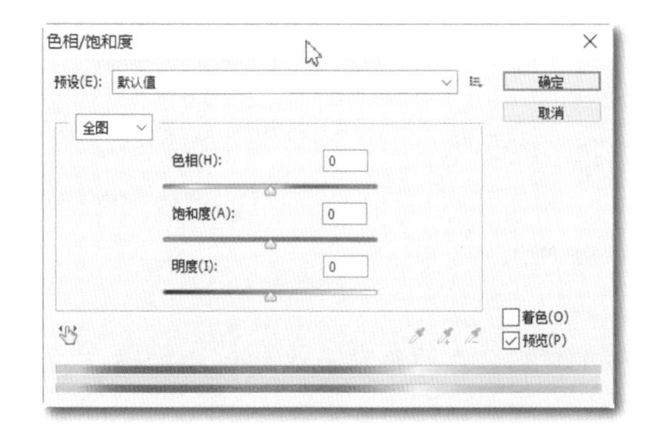

图 3–1–77　“色相 / 饱和度”对话框

图 3–1–78　设置“色相 / 饱和度”后的效果

步骤 13 打开“船只”素材图，使用移动工具，拖动素材到当前图层中，实行与步骤 12 同样的操作，调整好色调，大小和位置，裁切不需要的部分，放入玻璃缸中合适的位置，效果如图 3–1–79 所示。

步骤 14 选择椭圆选框工具，创建玻璃缸的阴影反光域，如图 3–1–80 所示，填充蓝色(R50,G135,B131)，使用减淡工具与加深工具丰富颜色变化，效果图 3–1–81 所示。

图 3–1–79　添加“船只”素材

图 3–1–80　创建阴影反光域

步骤 15 使用钢笔工具，配合减淡工与加深工具绘制玻璃缸的阴影图像，效果如图 3–1–82 所示。

图 3–1–81　填充效果

图 3–1–82　绘制阴影图像

知识拓展

1. 路径的编辑

（1）选择路径

路径选择工具有两种，如图 3–1–83 所示。

① 路径选择工具，可以直接选择所点击的全部路径。

② 直接选择工具，可以用来选择路径的各个部分，包括路径段，锚点，曲线句柄等，如图 3–1–84 所示。选择该工具后，单击锚点可选择该锚点，被选中的锚点成实心方形，未选择中的锚点为空心方形，如图 3–1–85 所示。

路径选择工具　A
直接选择工具　A

图 3–1–83　路径选择工具

（2）添加 / 删除锚点

添加锚点工具可以在路径上添加锚点。选择该工具后，在路径单点击便可添加锚点，如图 3–1–86 所示。选择删除锚点工具后，在路径的锚点上单击可以将该锚点删除，如图 3–1–87 所示。如果要绘制一个很复杂的形状，很难一次就绘制成功，应该先绘制一个大致的轮廓，然后结合添加锚点工具和删除锚点工具对其逐步进行细化，直到达到最终效果。

图 3-1-84　选择路径

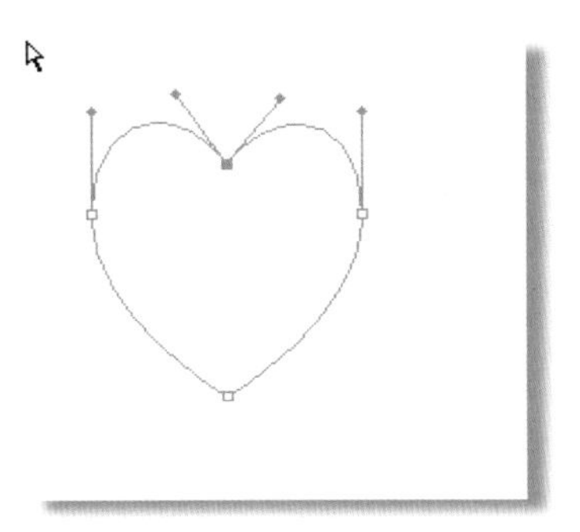
图 3-1-85　选择锚点

图 3-1-86　添加锚点

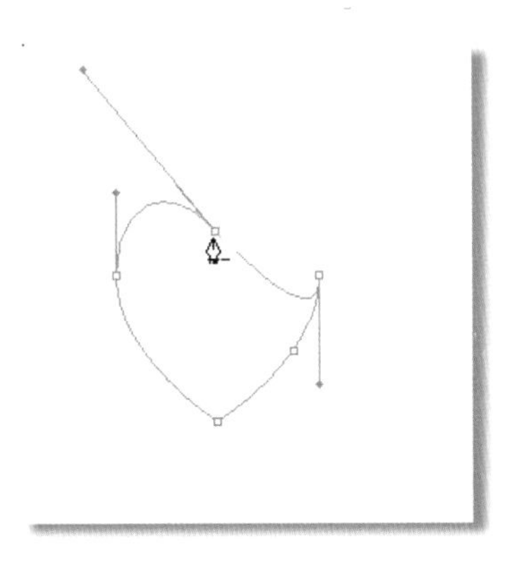
图 3-1-87　删除锚点

（3）转换点工具

路径上的节点有两种：无曲率调杆的节点称为角点，有曲率调杆的节点称为平滑点。转换点工具用来转换锚点的类型，它可以在角点转和平滑点之间相互转换。图 3-1-88 所示为平滑点，当使用转换点工具在此锚点上单击后，便转换为图 3-1-89 的角点。

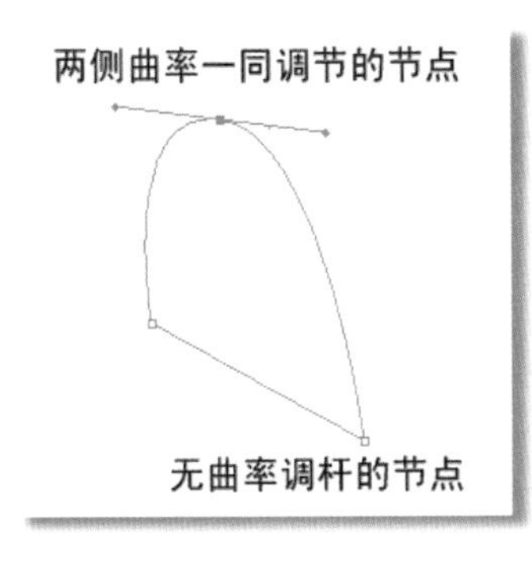

图 3-1-88　平滑点

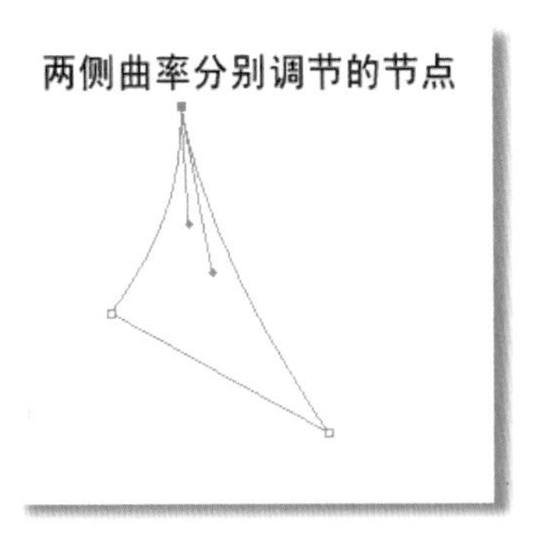

图 3-1-89　角点

（4）路径转换为选区

在“路径”面板中选择路径。按住【Alt】键并单击路径面板底部的“将路径作为选区载入”按钮，打开如图 3–1–90 所示的“建立选区”对话框。单击“确定”按钮后可将选择的路径转换为选区。

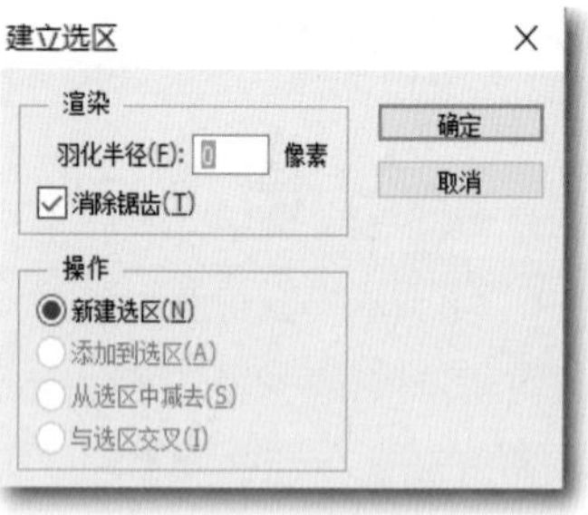

在此对话框中可以进行以下设置：

① 羽化半径：定义羽化边缘在选区边框内外的伸展距离。输入以像素为单位的值。“消除锯齿”在选区中的像素与周围像素之间创建精细的过渡。前提是要确保“羽化半径”设置为 0。有关这些选项的更多信息，选择“操作”选项。

图 3–1–90 “建立选区”对话框

② 新建选区：可只选择路径定义的区域。

③ 添加到选区：可将由路径定义的区域添加到原选区。

④ 从选区中减去：可从当前选区中删除由路径定义的区域。

⑤ 与选区交叉：可选择路径和原选区的共有区域。如果路径和选区没有重叠，则不会选择任何内容。

（5）描边路径

① 使用钢笔工具绘制路径，如图 3–1–91 所示。

② 选择画笔工具，改变前景色为红色，将画笔的主直径设为 19，选择描边路径，描边后的效果如图 3–1–92 所示。

图 3–1–91 选择钢笔工具绘图

图 3–1–92 描边后的效果

（6）路径的运算

路径未必是由一系列路径段连接起来的一个整体，它也可以是由多个彼此完全不同并且相互独立的路径组件构成，这些路径组件称为子路径。图 3–1–93 所示的图形便是由两条路径组成的。

在使用钢笔工具或者形状工具创建多个子路径时，可以在工具属性选项栏中按下相应的路径区域按钮，如图 3–1–94 所示，以确定子路径的重叠区域会产生怎样的交叉结果。

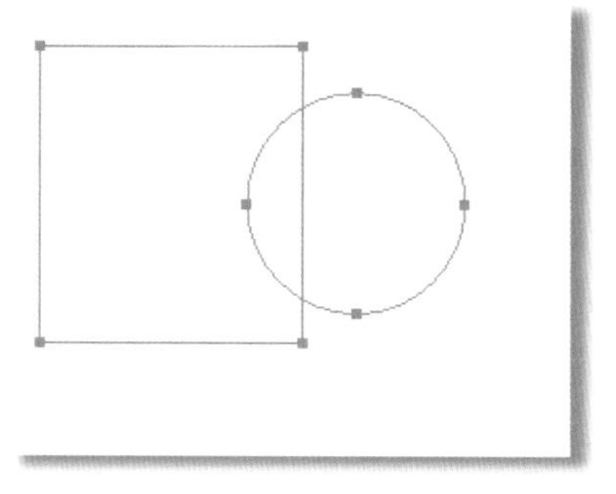
图 3-1-93　多条路径

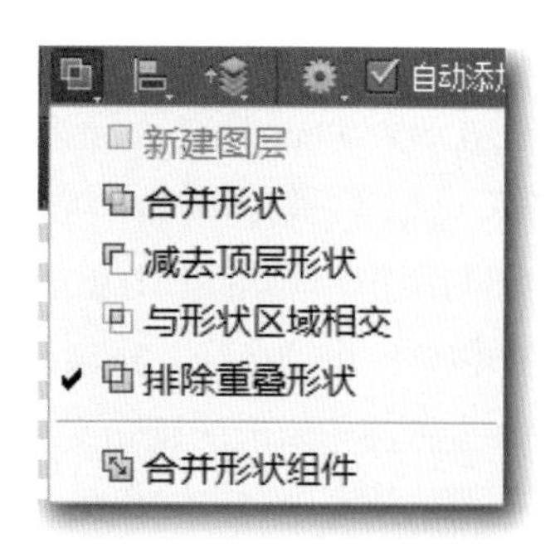

图 3-1-94　路径运算工具

在创建路径后，可以使用路径选择工具选择多个子路径来进行运算操作。使用路径选择工具选择两个子路径的不同选项的运算结果如下：

① 如果单击工具选项栏中的“添加到形状区域”按钮，可将路径区域添加到重叠路径区域。图 3-1-95 所示为该路径的填充效果。

② 如果单击“从形状区域减去”按钮，可将路径区域从重叠路径区域中移去。图 3-1-96 所示为面板中的路径状态。

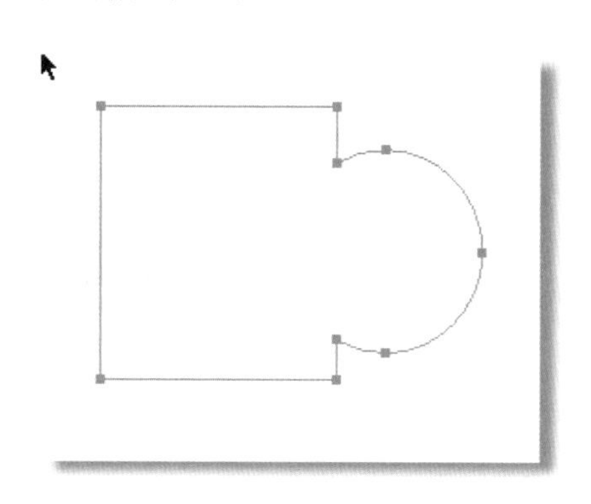
图 3-1-95　添加到形状区域

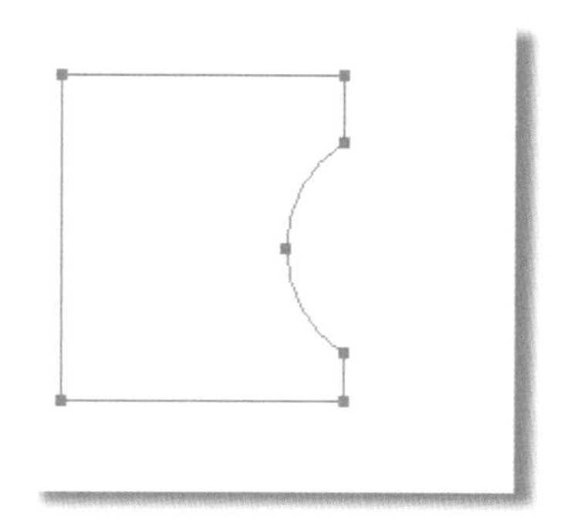
图 3-1-96　从形状区域减去

③ 如果单击“交叉形状区域”按钮，可将区域限制为所选路径区域和重叠路径区域的交叉区域。图 3-1-97 所示为面板中的路径状态。

④ 如果单击“重叠形状区域除外”按钮，则排除重叠区域。图 3-1-98 所示为面板中的路径状态。

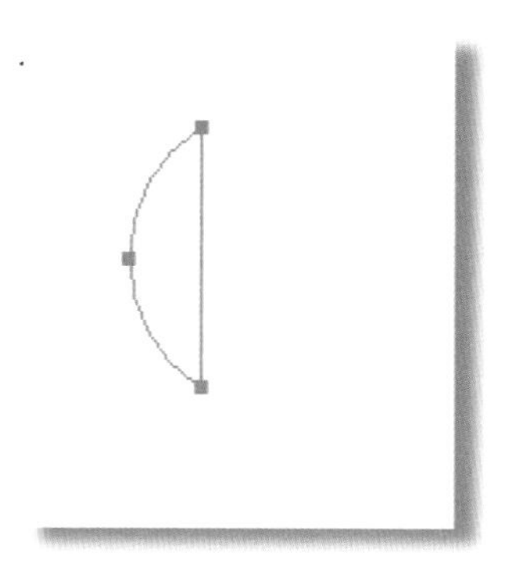
图 3-1-97　交叉形状区域

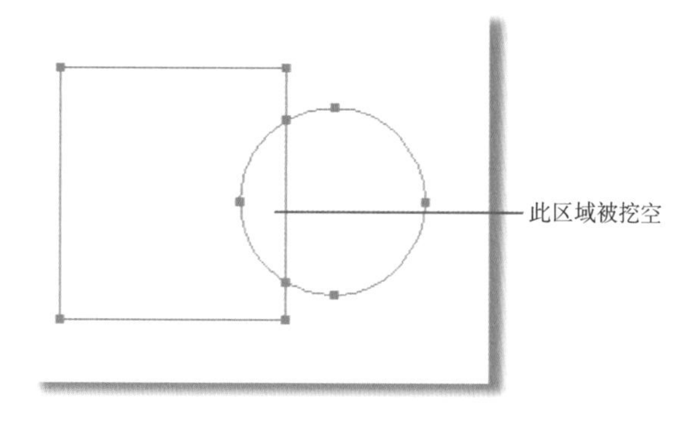

图 3-1-98　重叠形状区域除外

2. 圆角矩形工具

圆角矩形工具在 Photoshop 的形状工具中如图 3-1-99 所示。

圆角矩形工具用来创建圆角矩形的工具。选择该工具后，在画面中单击并拖动鼠标可创建任意大小的圆角矩形。圆角矩形的工具属性选项栏与矩形工具的属性选项栏基本相同，在它的工具选项栏中包含一个“半径”选项，如图 3-1-100 所示。

半径用来设置圆角矩形的圆角平径，该值越高，圆角的范围越广。图 3-1-101 和图 3-1-102 所示分别为设置该值为 10 像素和 50 像素时创建的圆角矩形。

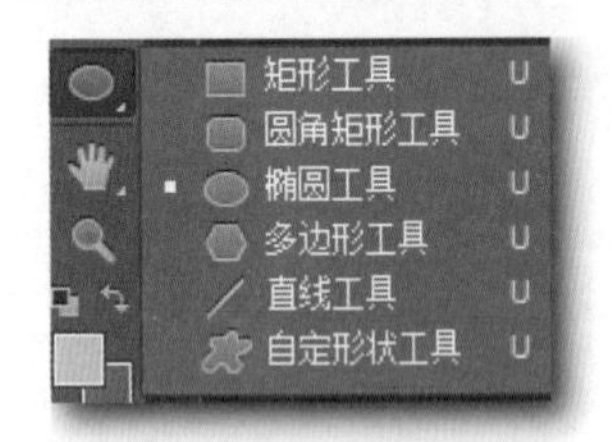

图 3-1-99　形状工具

图 3-1-100　半径选项　　图 3-1-101　半径为 10 像素　　图 3-1-102　半径为 50 像素

技能拓展

本例主要使用钢笔工具制作图 3-1-103 所示的矢量人物，制作步骤如下：

① 建立一个宽为 800 像素，高为 600 像素的新文档，新建图层，将图层名称改为“脸部”，选择钢笔工具绘制如图 3-1-104 所示的“脸部”路径，选择“路径”面板，单击“路径转为选区”按钮，选择“图层”面板，将前景色设为 #f9cbab，按【Ctrl+Backspace】组合键，填充脸部，如图 3-1-105 所示。

图 3-1-103　矢量人物

② 新建图层，将图层名称重命名为“头发”，选择钢笔工具绘制如图 3-1-106 所示的“头发”路径，选择“路径”面板，单击“路径转为选区”按钮，选择“图层”面板，将前景色设为 #372b26，按【Ctrl+Backspace】组合键，填充头发，如图 3-1-107 所示。

图 3-1-104　绘制脸部

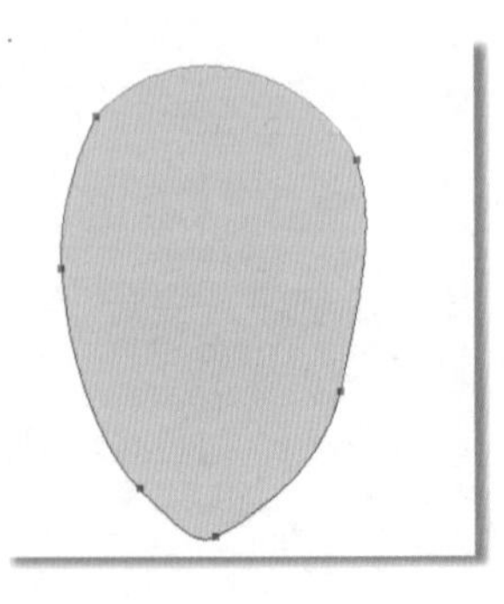

图 3-1-105　填充脸部

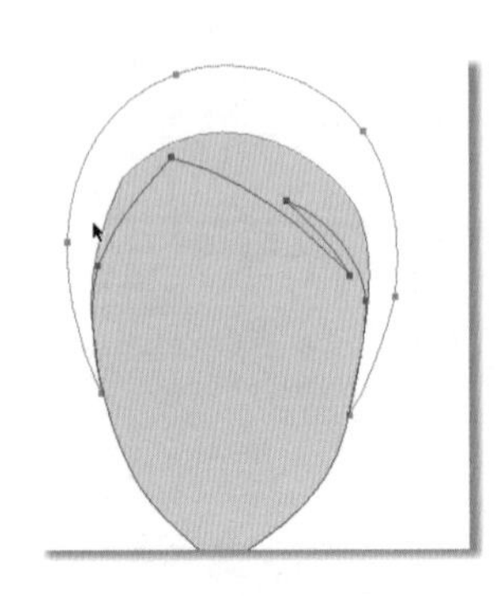

图 3-1-106　绘制头发

③ 新建图层，将图层名称重命名为“眉毛”，选择钢笔工具绘制如图 3-1-108 所示的“眉毛”路径，选择“路径”面板，单击“路径转为选区”按钮 ，选择 “图层”面板，将前景色设为 #f9cbab，按【Ctrl+Backspace】组合键，填充眉毛，如图 3-1-109 所示。

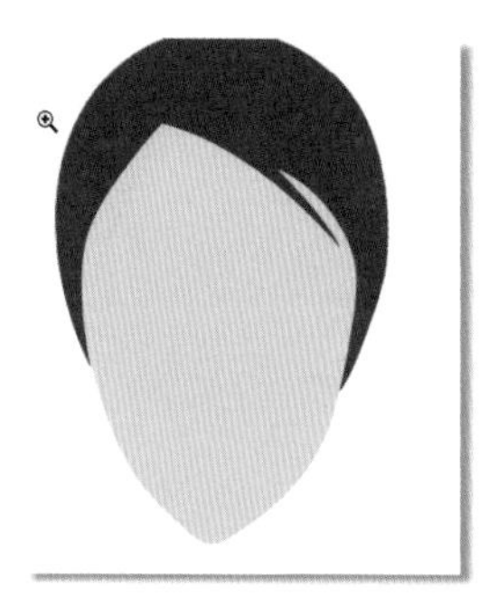

图 3-1-107　填充头发

图 3-1-108　绘制眉毛

图 3-1-109　填充眉毛

④ 新建图层，将图层名称重命名为“耳朵”，选择钢笔工具绘制如图 3-1-110 所示的“耳朵”路径，选择“路径”面板，单击“路径转为选区”按钮 ，选择 “图层”面板，将前景色设为 #372b26，按【Ctrl+Backspace】组合键，填充耳朵，如图 3-1-111 所示。

图 3-1-110　绘制耳朵

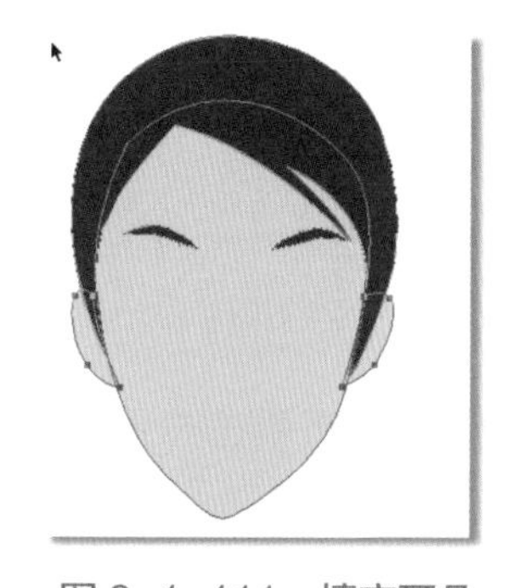

图 3-1-111　填充耳朵

⑤ 新建图层，将图层名称重命名为“眼影”，选择钢笔工具绘制“眼影”路径，选择“路径”面板，单击“路径转为选区”按钮 ，选择 “图层”面板，将前景色设为 #e3ddc0，按【Ctrl+Backspace】组合键，填充眼影，使用相同的方法制作眼睑和眼白部分，眼睑填充为 #f9cbab、眼白部分填充为 #ffffff。效果如图 3-1-112 ~ 图 3-1-117 所示。

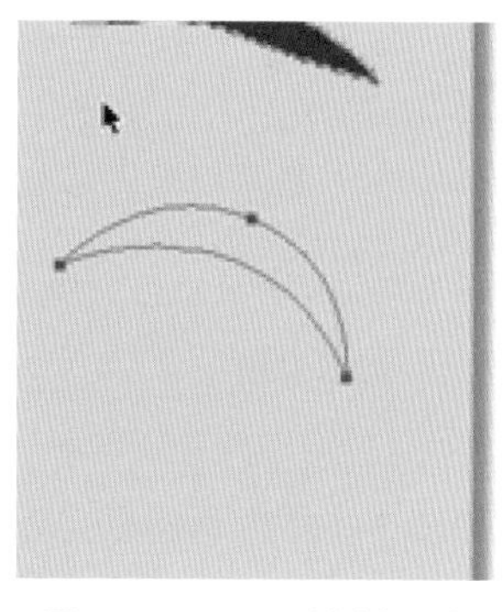

图 3-1-112　绘制眼睑

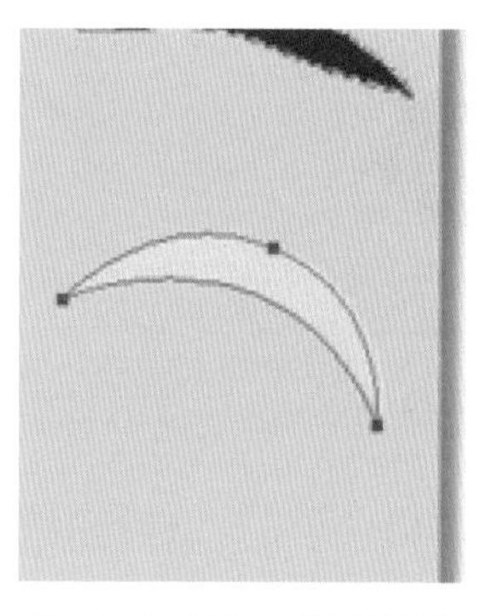

图 3-1-113　填充眼睑

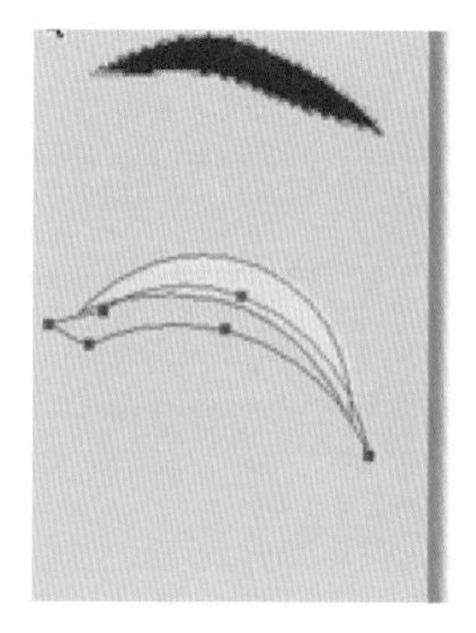

图 3-1-114　绘制睫毛

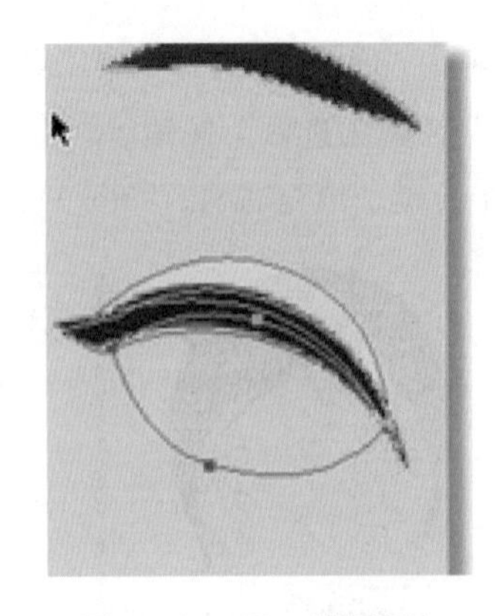
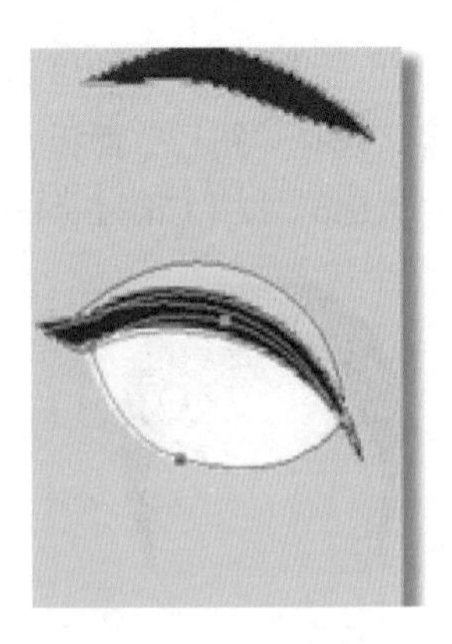

图 3-1-115　填充睫毛　　图 3-1-116　绘制眼白　　图 3-1-117　填充眼白

⑥ 在“眼白”图层上方，新建“眼球”图层，选择椭圆选框工具绘制两个正圆，填充为颜色为 #f9cbab，选择“眼球”“眼白”两个图层，选择“图层”|“创建剪贴蒙版”命令。效果如图 3-1-118 ~ 图 3-1-122 所示。

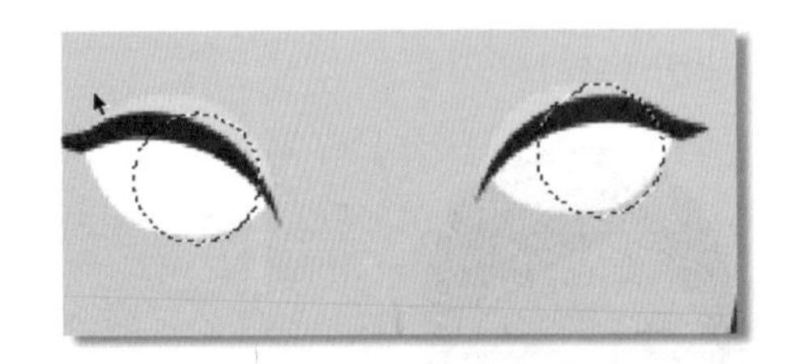

图 3-1-118　绘制眼球

图 3-1-119　填充眼球

图 3-1-120　选择眼球、眼白图层

图 3-1-121　创建剪贴蒙版

图 3-1-122　眼睛效果图

⑦ 新建图层，将图层名称重命名为“鼻子”，选择钢笔工具绘制如图 3-1-123 所示的“鼻子”路径，选择“路径”面板，单击“路径转为选区”按钮，选择“图层”面板，将前景色设

为 #e0b799，按【Ctrl+Backspace】组合键，填充鼻子，如图 3-1-124 所示。

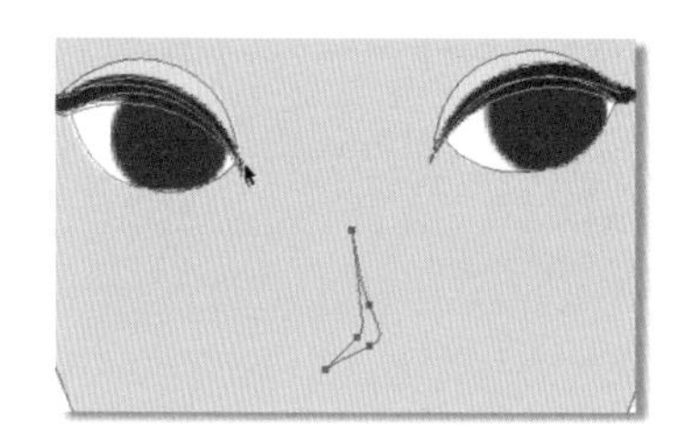

图 3-1-123　绘制鼻子

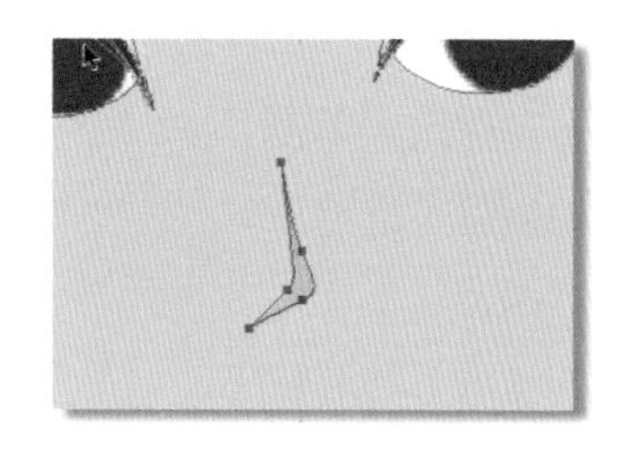

图 3-1-124　填充鼻子

⑧ 新建图层，将图层名称重命名为“腮红”，选择钢笔工具绘制两个正圆，将路径转为选区，如图 3-1-125 所示，选择 “图层”面板，将前景色设为 #f4ab94，选择“渐变填充”工具，选择“径向渐变”，填充方式为“从前景色到透明填充”，从圆形的中心向周围拖动鼠标，填充效果如图 3-1-126 所示。

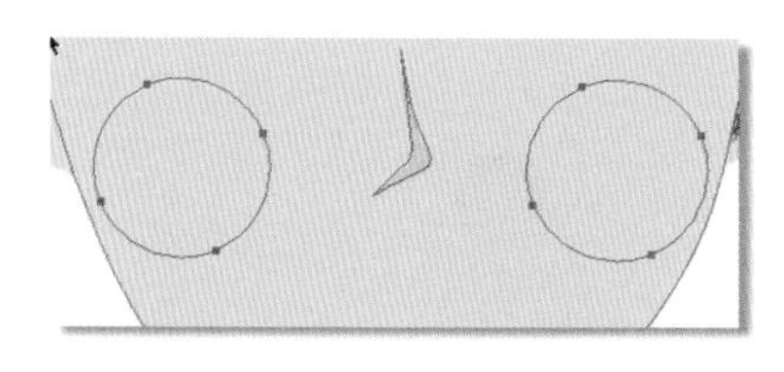

图 3-1-125　绘制腮红

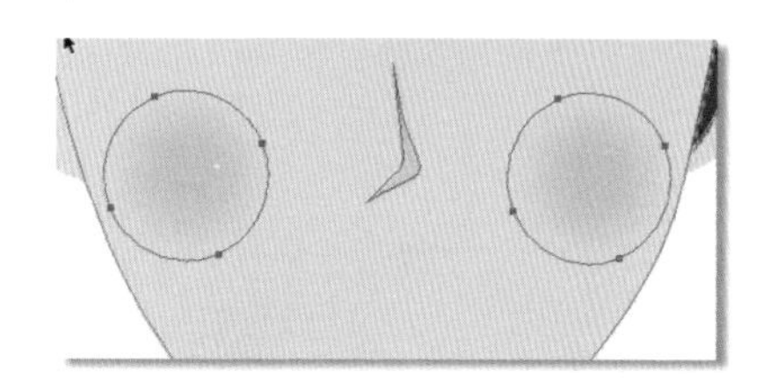

图 3-1-126　填充腮红

⑨ 新建图层，将图层名称重命名为“嘴巴”，选择钢笔工具绘制如图 3-1-127 所示的“嘴巴”及阴影和高光部分路径，将嘴巴部分填充为 #e48092，如图 3-1-128 所示，阴影部分填充为 #b5365e，如图 3-1-129 所示，高光部分填充为 #ffffff，最终效果如图 3-1-130 所示。

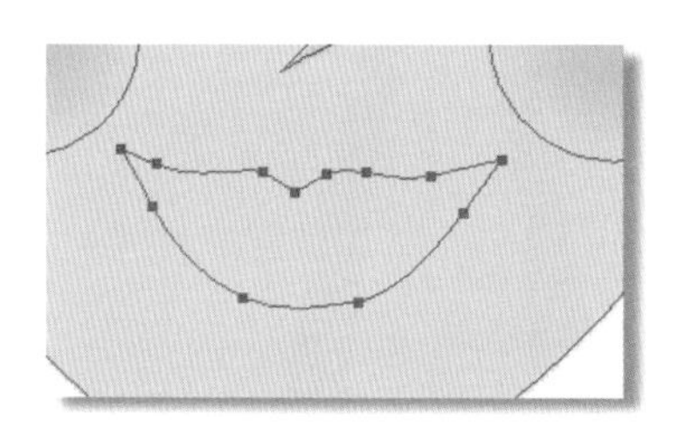

图 3-1-127　绘制嘴巴

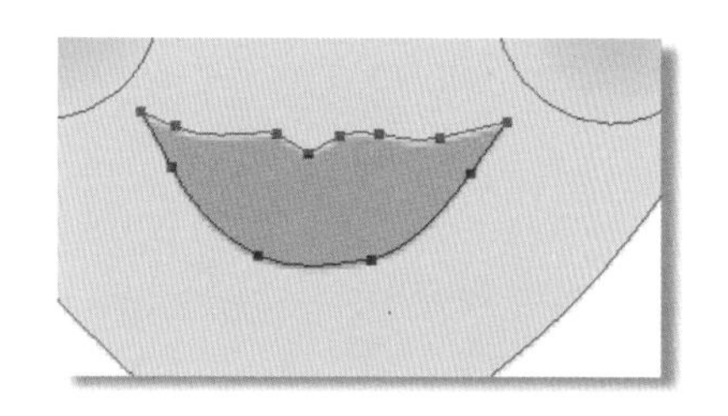

图 3-1-128　填充嘴巴

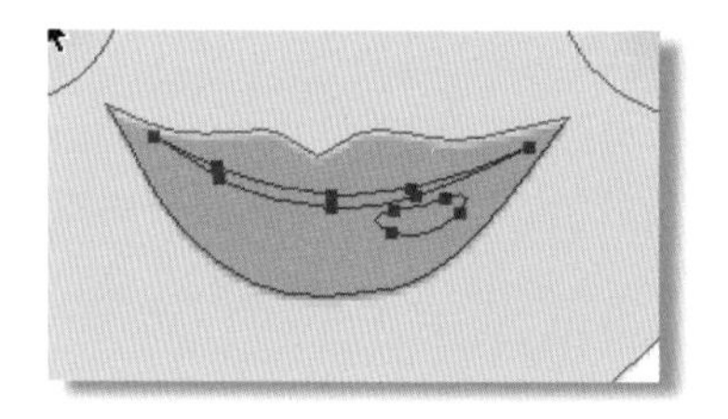

图 3-1-129　绘制嘴唇

图 3-1-130　填充嘴唇

任务总结

通过本任务的实施，应掌握下列知识和技能：

- 钢笔工具使用（重点）；
- 路径的创建（重点）；
- 路径的编辑；
- 路径和选区之间的转化；
- 图片的合成与修改（重点）。

课后练习

1. 使用钢笔工具绘制图 3-1-131 所示的图形。
2. 使用钢笔工具绘制图 3-1-132 所示的人物图。

图 3-1-131　效果图　　　图 3-1-132　人物图

子任务 4　添加文字

任务描述

在完成子任务 3 的海报玻璃缸体的制作后，下面开始制作海报的文字部分。包括字体的添加、艺术字的制作、文字线框及地图文字绘制。

任务分析

（1）熟悉“相关知识”。

（2）任务准备。

（3）打开子任务 3 中已做好的图像文件。

（4）安装字体。

（5）添加艺术字。

（6）导入地图、绘制地图。

相关知识

一、点文本

在 Photoshop 中可采用三种方式来创建文字：在某个点创建、在段落内创建以及沿路径创建。

点文本是一个水平或垂直文本行，从在图像中单击的位置开始。如果要向图像中添加少量文字，在某个点输入文本是一种不错的方式。

段落文本使用以水平或垂直方式控制字符的边界。当需要创建一个或多个段落时（如创建宣传手册），采用这种方式输入文本更有效。

路径上的文字则是沿开放或闭合路径的边缘流动。如果以水平方式输入文本，字符将与基线平行。如果以垂直方式输入文本，字符将垂直于基线。在任何一种情况下，文本都会按将点添加到路径时所采用的方向流动。

如果输入的文字超出段落边界或沿路径范围所能容纳的大小，则边界的角上或路径端点的锚点上不会出现手柄，而是用一个内含加号的小框或圆表示。

当创建文字时，图层面板中会添加一个新的文字图层。还可以创建文字形状的选框。

需要注意的是，在 Photoshop 中，因为多通道、位图或索引颜色模式不支持图层，所以不会为这些模式中的图像创建文字图层。在这些图像模式中，文字将以栅格化文本的形式出现在背景上，无法编辑。

在工具箱中选择文字输入工具，然后在图像上单击，出现闪动的插入标，此时可直接输入文字。图 3-1-133 所示为文字输入工具的工具属性选项栏。在此选项栏中，可以选择输入文字的字体、字形、字号、是否需要消除锯齿以及排列方式等等。

T 宋体 67点 浑厚

图 3-1-133　文字工具属性选项栏

输入文字后，在图层面板中可以看到新生成了一个文字图层，在图层上有一个字母 T，表示当前图层是文字图层，并会自动按照输入的文字命名新建的文字图层。

在创建用于显示在 Web 上的文字时，需考虑到消除锯齿会大量增加原图像中的颜色数量。如果希望可以通过减少图像中的颜色数量的方法来减少图像文件大小，使用消除锯齿将会带来反作用。

消除锯齿还可能导致文字的边缘上出现零杂的颜色。当减少文件大小和限制颜色数的重要性最高时，避免消除锯齿可能更好。此外，还可以考虑使用比用于打印的文字大些的文字，较大的文字使用在 Web 上查看起来更方便，并且使用户在决定是否应用消除锯齿时拥有更大的自由度。

在文本工具选项栏中，可以设置以下消除锯齿选项，如图 3-1-134 所示。

① 无：不应用消除锯齿。

② 锐利：使文字显得最锐利。

③ 犀利：使文字显得稍微锐利。

④ 浑厚：使文字显得更粗重。

⑤ 平滑：使文字显得更平滑。

1. 点文本的输入

选择文字工具后，在需要输入文字的图像上单击，即可从单击的位置开始添加一个垂直或水平的文本行，并生成一个按照输入的文字命名的文字图层，如图 3-1-135 所示。

图 3-1-134 消除锯齿选项

图 3-1-135 添加文字后自动添加一个文字图层

点文本不能自动换行，可以按【Enter】键使之进入下一行，点文本适合于输入少量文字的情况。

2. 编辑点文本

（1）设置字符格式

在 Photoshop 中，可以精确地控制文字图层中的个别字符，包括字体、大小、颜色、行距、字距调整、上标、下标、下画线、删除线、基线偏移及对齐，可以在输入字符之前设置文字属性，也可以在输入后重新设置这些属性，以更改文字图层中所选字符的外观。

必须先选择个别字符，然后才能设置其格式。可以在文字图层中选择一个字符、一定范围的字符或所有字符。

可以在工具属性选项栏中设置字符格式，也可以使用“字符”面板。

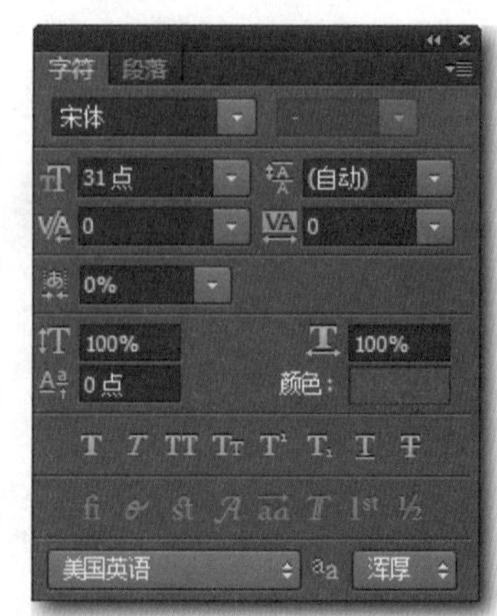

图 3-1-136 “字符”面板

在“窗口”菜单中调出“字符”面板，如图 3-1-136 所示。在“字符”面板中设置某个选项，从该选项右边的下拉列表中选取一个值即可。对于具有数字值的选项，可以使用【↑】或【↓】键来设置值，也可以直接在文本框中编辑值。直接编辑值时，按【Enter】键可应用该值，还可以在“字符”面板中访问其他命令和选项。

（2）设置段落格式

对于点文字，每行即是一个单独的段落。这部分内容在下一节具体讲述。

3. 载入点文本

按住【Ctrl】键，单击文字图层，即可将文本作为选区载入。

4. 点文本转换为段落文本

在图像中建立点文字图层，如图 3-1-137 所示，选择“图层”|“文字”|“转换为段落文本”命令，如图 3-1-138 所示，将点文字图层转换为段落文字图层，如图 3-1-139 所示。

图 3-1-137　建立点文字图层　　图 3-1-138　转换为段落文本　　图 3-1-139　转换后的效果

二、段落文本

段落是末尾带有回车符的任何范围的文字。使用“段落”面板可以设置适用于整个段落的选项，如对齐、缩进和文字行间距。对于点文字，每行即是一个单独的段落。对于段落文字，一段可能有多行，由具体设定的界框尺寸而定。

段落文字具备自动换行的功能，适合于输入大段文字。

要将建立的段落文字图层转换为点文字图层，选择“图层”|“文字”|“转换为点文本”命令即可。

段落文本：建立段落文字图层就是以段落文字框的方式建立文字图层。

1. 输入段落文字

将“横排文字”工具移动到图像窗口中，鼠标光标变为图标。单击并按住鼠标不放，拖动鼠标在图像窗口中创建一个段落定界框，如图 3-1-140 所示。插入点显示在定界框的左上角，段落定界框具有自动换行的功能，如果输入的文字较多，当文字遇到定界框时，会自动换到下一行显示。输入文字效果如图 3-1-141 所示。如果输入的文字需要分出段落，可以按【Enter】

键进行操作，还可以对定界框进行旋转、拉伸等操作。

图 3-1-140 输入段落文字

图 3-1-141 自动换行

2. 编辑定界框

输入文字后，还可对段落文字定界框进行编辑。将鼠标放在定界符的控制点上，鼠标光标变为 ，拖动控制点可以按需求缩 / 放定界框，如图 3-1-142 所示。按住【Shift】键的同时拖动控制点，可以成比例地缩 / 放定界框。

将鼠标放在定界框的外侧，鼠标光标变为 ，此时拖动控制点可以旋转定界框，如图 3-1-143 所示。按住【Ctrl】键的同时将鼠标放在定界框的外侧，鼠标光标变为 ，此时拖动鼠标可以改变定界框的倾斜度，如图 3-1-144 所示。

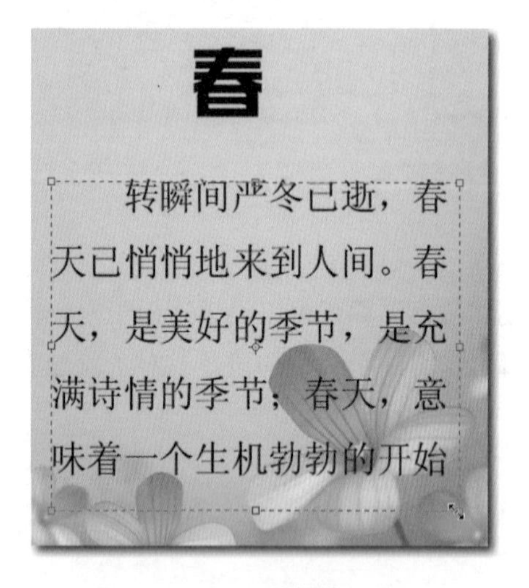

图 3-1-142 缩短定界框

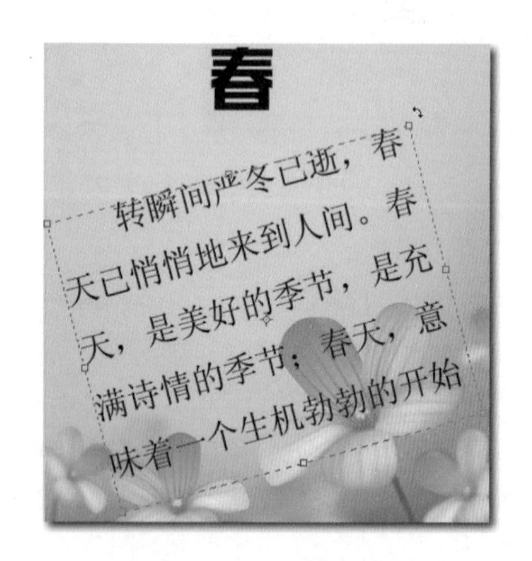

图 3-1-143 旋转定界框

3. 编辑段落文本

选择文字工具后，在需要输入文字的图像上单击并拖动鼠标，创建一个段落文字框，或者在按住【Alt】键的同时单击，弹出“段落文字大小”对话框，如图 3-1-145 所示。在弹出的“段落文字大小”对话框中输入宽度和高度，单击“确定”按钮就可以创建一个指定大小的文字框。

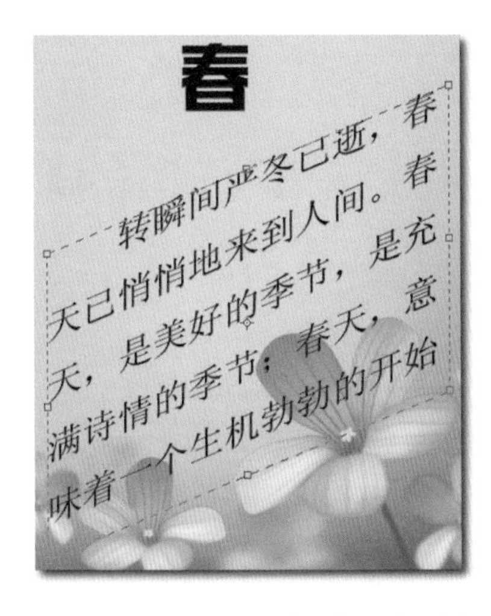

图 3-1-144　改变定界框的倾斜度

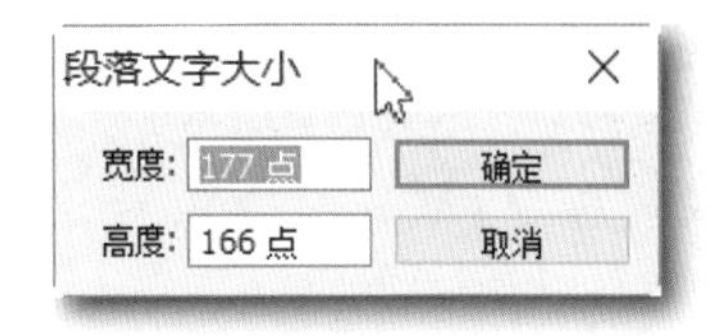

图 3-1-145　段落文字大小设置

生成的段落文字框有 8 个手柄可以控制文字框的大小和旋转方向。文字框的中心点图标表示旋转的中心点，按住【Ctrl】键的同时可用鼠标拖拉改变中心点的位置，从而改变旋转的中心点。

当创建完文字框后，在左上角会有闪动的文字输入光标，可以直接输入文字，也可以从其他软件中复制一些文字粘贴过来，并可以在工具属性选项栏中对这些文字进行字体、大小等设定。超过段落文字框范围的文字会被隐藏。如果文字框右下角的手柄变成“⊞”形，表示还有文字没有显示出来。

“段落”面板用于编辑文本段落。选择菜单“窗口”｜“段落”命令，弹出“段落”面板，如图 3-1-146 所示。

图 3-1-146　“段落”面板

这里只介绍以下几项：

① 段前添加空格：在选项中输入数值可以设置当前段落与前一段落的距离。

② 段后添加空格：在选项中输入数值可以设置当前段落与后一段落的距离。

③ ：用于设置段落的样式。

④ 连字：用于确定文字是否与连字符链接。

要将格式设置应用于单个段落，则在该段落中单击。

要将格式设置应用于多个段落，则在段落范围内建立一个选区。

要将格式设置应用于图层中的所有段落，则在图层面板中选择文字图层。

任务准备

（1）一台装有 Windows 7 的计算机，且安装了 Photoshop CS6 软件。

（2）完成海报的创意设计。参照任务 1 中的子任务 3：玻璃缸制作。

任务实施

海报背景制作的具体操作步骤如下：

步骤 1 在 Photoshop 中打开子任务 3 已完成的缸体图像文件，如图 3-1-147 所示。

步骤 2 下载字体“黑体 simhei.ttf”，如图 3-1-148 所示。

图 3-1-147　素材

图 3-1-148　黑体

步骤 3 把下载的字体文件，复制到系统指定字体文件夹中，打开“控制面板”中“外观和个性化”的“字体”文件夹，如图 3-1-149 所示。

图 3-1-149　安装新字体

步骤 4 选择字体颜色为黑色，字体黑体，在右侧添加广告语，如图 3-1-150 所示。

步骤 5 把字体的字号设置为 8 点，添加顶部西文文字；设置字号为 21 点，添加中文字，效果如图 3-1-151 所示。

步骤 6 调整字体大小为 3.5 点。绘制好线框，填入相关的信息，效果如图 3-1-152 所示。

步骤 7 方法同步骤 6，调整字号、字体，填入相关内容，效果如图 3-1-153 所示。

步骤 8 导入已经做好的地图文件，调整其大小和位置，最终效果如图 3-1-154 所示。

图 3-1-150　添加广告语

图 3-1-151　设置文本

图 3-1-152　设置文本

图 3-1-153　设置底部文字

图 3-1-154　最终效果

知识拓展

文字工具箱中共有四种文字工具：横排文字工具T、直排文字工具T、横排文字蒙版工具T和直排文字蒙版工具T。使用文字工具时，在图层面板中会自动创建相应的文字图层。而使用横排文字蒙版工具时，在图像中单击，同样会出现插入光标，但整个图像会被蒙上一层半透明的蒙版色，相当于快速蒙版的状态，此状态下可以直接输入文字，并对字体进行各种编辑和修改。单击工具箱中的其他工具，蒙版状态的文字会变为浮动的文字边框，相当于创建的文字选区。当使用直排文字蒙版工具时，可以创建垂直的文字选区。

（1）横排文字的输入

当使用横排文字工具时可以输入水平文字。在工具箱中选择横排文字工具T，在图像中输入横排文字，效果如图 3-1-155 所示。

（2）直排文字的输入

当使用直排文字工具时，可以输入垂直排列的文字。在工具箱中选择横排文字工具T，在图像中输入文字，效果如图 3-1-156 所示。

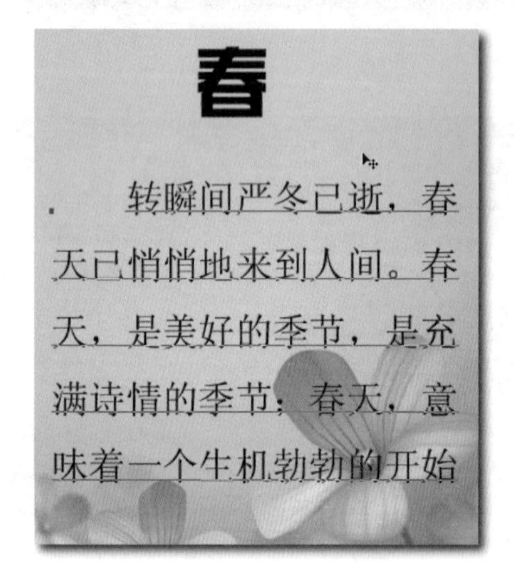

图 3-1-155　横排文字效果

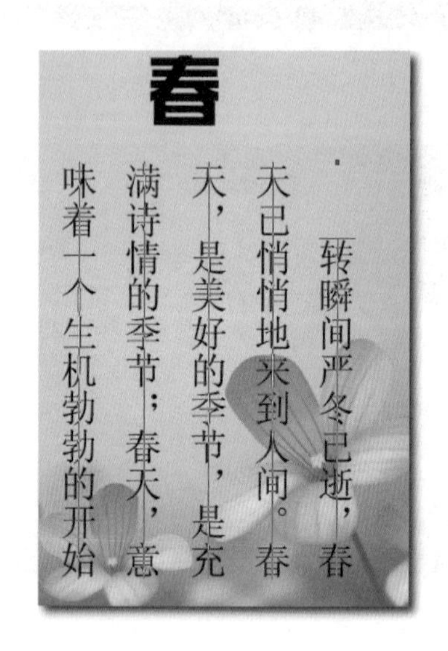

图 3-1-156　直排文字效果

横排文字可以转换为直排文字，方法是：选择“图层” | “文字” | “垂直”命令，文字即从水平方向转换为垂直方向。

（3）设置文字变形

变形命令允许扭曲文字以符合各种形状，例如可以将文字变形为扇形或波浪形。选择的变形样式是文字图层的一个属性，用户可以随时更改图层的变形样式以更改变形的整体形状。变形选项可以帮助用户精确控制变形效果的曲向及透视。

需要注意的是不能变形包含“仿粗体”格式设置的文字图层，也不能变形使用不包含轮廓数据的字体（如位图字体）的文字图层。

在图像中输入要编辑的文字，如图 3-1-157 所示，选中文字并右击，弹出如图 3-1-158 所示的菜单，在菜单中选择“文字变形”命令，弹出如图 3-1-159 所示的“变形文字”对话框。在对话框的样式下拉列表中选择要使用的变形样式，如图 3-1-160 所示，并可以更改弯曲、水平扭曲和垂直扭曲的数值，这里选择“扇形”，单击“确定”按钮后得到最终的变形效果，如图 3-1-161 所示。

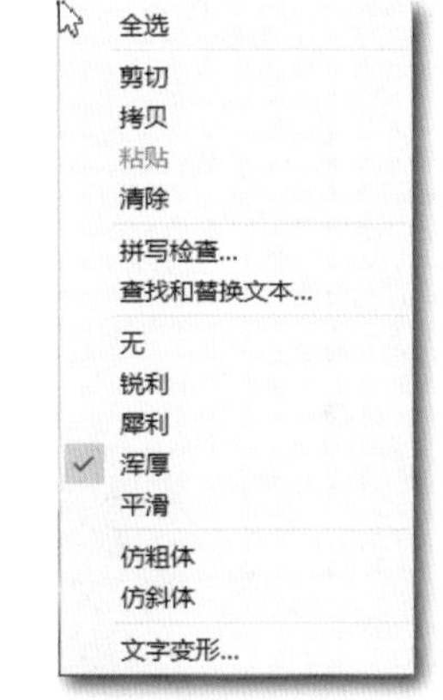

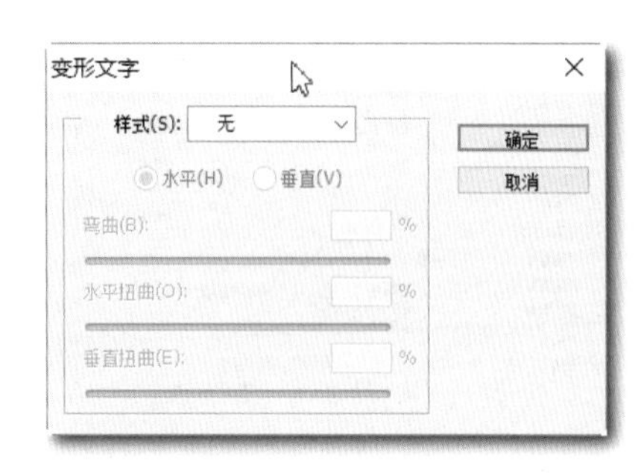

图 3-1-157　输入文本　　图 3-1-158　文字菜单　　图 3-1-159　“变形文字”对话框

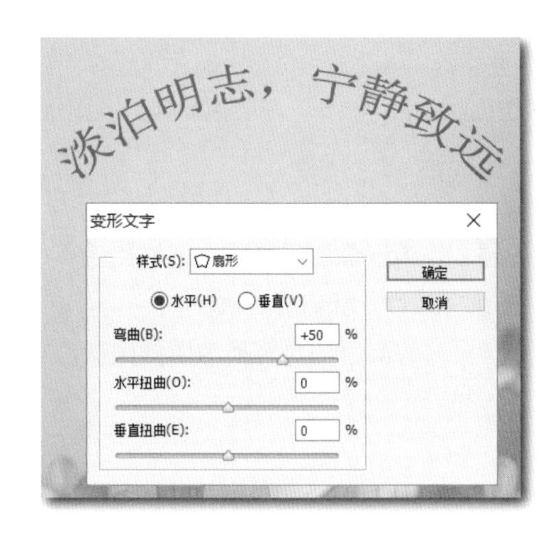

图 3-1-160　样式设置

图 3-1-161　最终效果

（4）应用文字样式

图层样式是针对图层而设置的一种“个性化”功能，尤其是对于文字图层，用户可以制作出各种创意和质感的文字效果，这些文字效果在平面设计、教学课件以及日常生活中的数码相片、DV 处理中都非常实用。

在图层面板中选择要为其添加投影的文本所在的图层，然后单击图层面板底部的“图层样式”按钮，如图 3-1-162 所示。并从出现的列表中选择“投影”，弹出“图层样式”对话框如图 3-1-163 所示。可调整“图层样式”对话框的位置以便看到该图层及其投影。

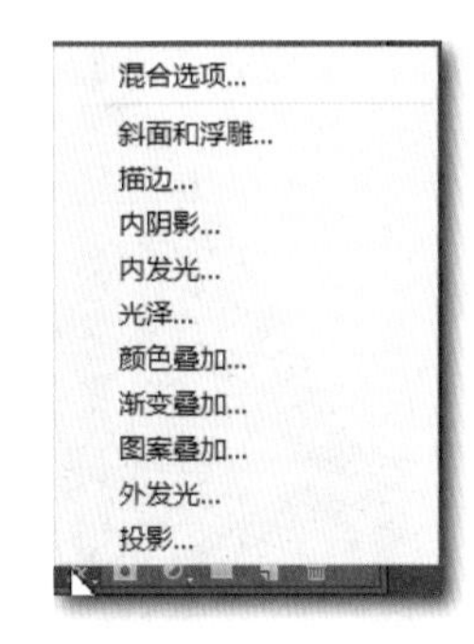

图 3-1-162　选择投影样式

根据需要在“图层样式”对话框中调整参数的设置，可以更改投影的各个选项，其中包括它与下方图层混合的方式、不透明度、光线的角度以及与文字或对象的距离等。

获得满意的投影效果后，单击“确定”按钮即可。效果如图 3–1–164 所示。

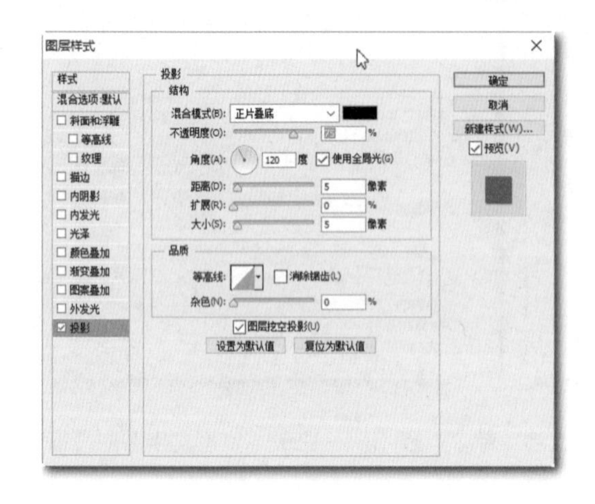

图 3–1–163 “图层样式”对话框

图 3–1–164 效果图

如果要对另一图层使用相同的投影设置，可将图层面板中的“投影”图层拖动到另一图层上，就会将投影属性应用于该图层。

（5）栅格化文字

栅格化文字就是相当于把文字图层转换为普通图层，作为图像图层处理，栅格化后不能再作为文字处理，即不能对文字的大小、颜色、字体、粗细等属性作任何的更改。

选择“图层” | “栅格化文字” | “文字”命令，可以将文字图层转换为图像图层。也可右击文字图层，在弹出的菜单中选择“栅格化文字”命令。

（6）路径文字

可以输入沿着用钢笔或形状工具创建的工作路径的边缘排列的文字，以制作一些特殊效果。当沿着路径输入文字时，文字将沿着锚点被添加到路径的方向排列。在路径上输入横排文字会导致字母与基线垂直。在路径上输入直排文字会导致文字方向与基线平等。当移动路径或更改其形状时，文字将会适应新的路径位置或形状。

图 3–1–165 所示为在路径上使用横排文字的效果，图 3–1–166 所示为在路径上使用竖排文字的效果。

图 3–1–165 在路径上使用横排文字效果

图 3–1–166 在路径上使用竖排文字效果

技能拓展

在一些商场中，常会看到立体感比较强的光亮字体广告，通过里面荧光灯的照射字体显得格外有质感，下面就来制作这样一款光亮广告字。

① 新建一个宽度为 500 像素，高度为 340 像素，分辨率为 72 像素 / 英寸，模式为 RGB，内容为白色的文件。参数设置如图 3-1-167 所示。

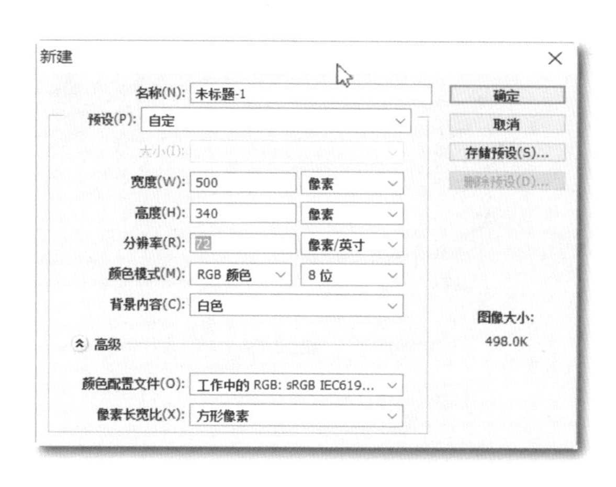

图 3-1-167　“新建”对话框

② 将背景设为黑色，设置前景色为白色，选择工具箱中的文字工具，在文本窗口中输入文本，设置其大小为 72，字体为华文隶书，工具属性选项栏设置如图 3-1-168 所示，内容为“平面图像设计”，如图 3-1-169 所示。

图 3-1-168　文字设置

③ 按【Ctrl】键，并在图层面板中的文字层图标上单击，提取文字选区，新建一个图层，选择新建图层，选择编辑菜单下的“描边”，弹出“描边”对话框，参数设置如图 3-1-170 所示。

图 3-1-169　输入文字

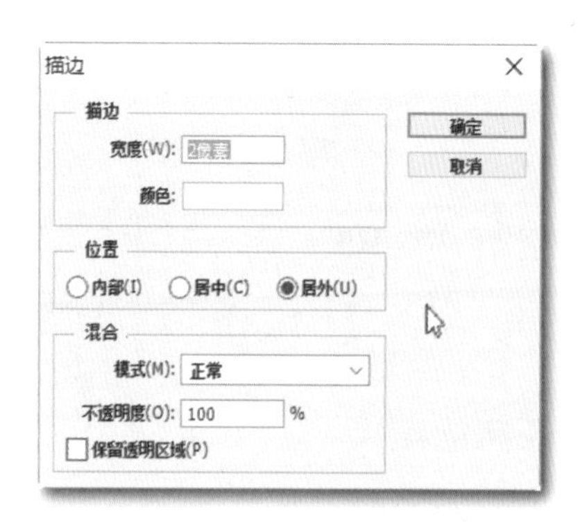

图 3-1-170　“描边”设置

④ 双击描边图层，弹出“图层样式”对话框，选择“外发光”命令，将混合模式设为滤色，不透明度设为 38%，颜色设置为 #07f4f7，大小设为 7 像素，如图 3-1-171 所示。

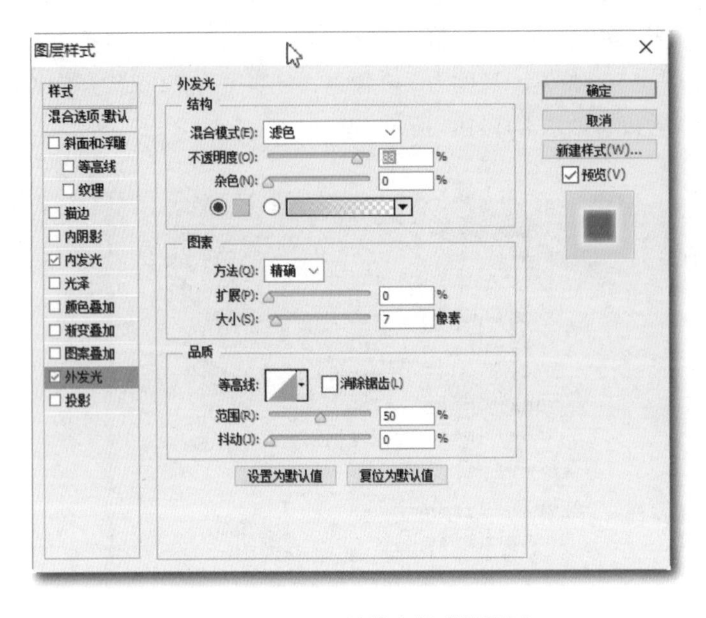

图 3-1-171　外发光样式的设置

⑤ 选择“内发光”，不透明度设为 75%，颜色设置为 #06b7f9，方法设为柔和，大小设为 8 像素。参数设置如图 3-1-172 所示。单击“确定”按钮，最终效果如图 3-1-173 所示。

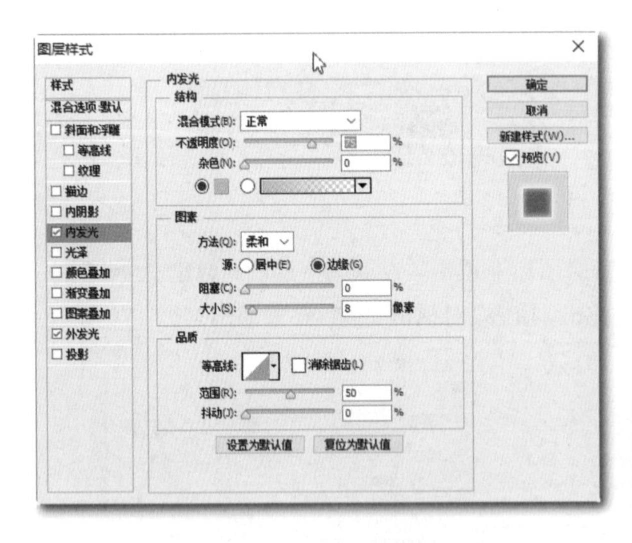

图 3-1-172　内发光样式的设置

图 3-1-173　最终效果

任务总结

通过本任务的实施，应掌握下列知识和技能：

• 选区的基本操作（重点）；

- 文字工具的使用方法；
- 选区的合成；
- 滤镜的使用。

课后练习

1. 制作如图 3–1–174 所示的文字效果。

图 3–1–174　效果图

2. 什么是段落文本？什么是点文本？它们两者之间有什么区别？如何相互转换？

任务2 三折页设计

本例制作的是一个三折页形式的楼盘展示广告，该广告可以直接发送到购房者手中，也可以邮寄给VIP客户。本例楼盘定位为6层洋楼，精致中透出尊贵，周围环境优雅。

本三折页以稳重、高贵的金色为主色调，通过园林植物等素材及欧式的装饰图形等元素体现出楼盘的尊贵和优雅。

子任务1　三折页创意与设计

任务描述

了解折页设计的相关专业知识及工作流程。本例制作的是一个三折页形式的楼盘展示广告，折页属于邮寄广告（Direct Mail，DM）的一种，它是一种以邮寄、免费赠送等方式直接送传给用户的印刷广告。邮寄广告表现形式有产品目录、传单、折页、赠品、明信片等，使用邮寄广告较多的有杂志社、商场超市、电器专卖店等，邮寄广告的发布并不全是邮寄的形式，也可以借助报纸、网络或者是人工散发。邮寄广告可以有针对性地选择邮寄对象，有的放矢，节约设计及印刷成本，减少浪费，也可以根据销售的具体情况自主地选择邮寄广告的时间及区域，具有很强的灵活性。

任务分析

（1）熟悉“相关知识”。

（2）任务准备。

（3）三折页调研分析。

（4）三折页创意。

（5）三折页设计。

（6）三折页设计修正。

相关知识

一、折页设计基本知识

折页设计具有很强的冲击力，且成本低廉，美观漂亮，对读者有吸引力。通过对各个折叠区域的精心分布，使整个设计就像在跟读者讲一个有趣的故事，而其中图片、文字的版面安排至关重要。

无论是小说、表演或演说，都具有一种“故事式”的风格——它们有开始，有推进，有结束。其中各个部分都是互相联系的。折页的运用，使读者在观看时产生一个先后顺序，且每一个区域都放置不同的内容，但整体的风格必须协调。

折页正面有两个作用：一是能起到介绍的作用，另一个是它能起到邀请的作用。为了在视觉上达到这两个目的，其所选择的素材就要有这种作用。图片素材所营造的悬念如果非常理想，就可以将文字直接“放”在读者的视线里。

二、折页的拼版方法及应用

拼版是指将要印刷的页面按其折页方式及页码顺序排列在一起，其大小由印刷幅面及印刷纸张的大小来定。拼版可分为零件的拼版和书刊的拼版两种。

1. 零件的拼版

零散件在印刷品中占有较重的分量，例如，一张需要正反印刷且幅面为 16K 的印品，可拼成正反印刷的双面版，在印刷时不需调换叼口边的单面自翻身版。若是四折，则可按其纸张的不同拼成不同的版式。尺寸为 100mm × 185mm × 4 折的扇形折叠小册子，在使用 787mm × 1092mm 纸张，采用四开幅面进行印刷时，其排版方式则采用滚翻版。该种方式在印刷翻身时，因需要调换叼口，故在印刷高精度的印刷品时，对印刷设备和纸张有较高的要求。

2. 书刊的拼版

书刊（杂志、画册、图集等）在印刷前的拼版作业时，必须首先了解所需拼版书刊的开本、页码数目、装订方式（骑马订、铁丝平订、锁线装或胶订）、印刷色数（单色、双色或四色）、使用纸张的厚薄和折页形式（手工折页或机器折页）等工艺要素，才能确定其拼版的方法。

拼版方式选择得当，不但能使拼版装订顺利，还能节约费用，提高书刊的质量。在印刷工艺中，书页的编排有特定的规律可循，无论页码多少，都需按照规律将其编排在特定的版面中，才能进行印刷，即折页数（F）与页数（L）和版面数（A）与印张数（I）之间具有一定的规律，即第一折形成两页 4 个页码，第二折形成四页 8 个页码……。

尽管装订的方式很多，但是拼版页数编排方式只有以下两种：

（1）折页、装订方式为套帖式：主要用于骑马订。

（2）折页、装订方式为排帖式：主要用于胶装和线装工艺。每一帖为 16 个页码（即 64P 每帖 16P）。

任务准备

（1）一台装有 Windows 7 的计算机，且安装了 Photoshop CS6 软件。

（2）准备好任务需求分析表。

任务实施

三折页的设计流程如下：

步骤 1 折页设计调研分析

折页设计不仅仅是简单的素材组合，它是依据客户需求进行设计。在设计之前，首先要对企业做全面深入的了解，包括经营战略、市场分析以及企业领导人员的基本意愿，这些都是折页设计开发的重要依据。对竞争对手的了解也是重要的步骤。

通过与“漫谷”楼盘执行经理进行沟通后，把收集到的信息进行分析、总结，得到的结果是，本例楼盘定位为 6 层洋楼，精致中透出尊贵，周围环境优雅，这些调研分析结果都在折页中通过不同的形式展示出来。

步骤 2 折页设计要素挖掘

要素挖掘是为设计开发工作做进一步的准备。依据对调查结果的分析，提炼出折页的结构类型、色彩取向及相关素材的取向等，使设计工作有的放矢。首先确定必要的要素素材，本三折页以稳重、高贵的金色为主色调，通过园林植物等素材及欧式装饰图形等元素，体现出楼盘的尊贵和优雅。

步骤 3 折页设计开发

有了对企业的全面了解和对设计要素的充分掌握，便可以从不同的角度和方向进行设计开发。通过设计师对客户意愿的理解，充分发挥想象，用适合的表现方式，将设计要素融入设计中，折页设计必须达到造型大气、结构稳重、色彩搭配能适合企业，避免流于俗套或大众化。

步骤 4 标志设计修正

提案阶段确定的折页，可能在细节上还不太完善，经过对折页的标准制图、大小修正等不同表现形式的修正，使折页使用更加规范，将创意设计好的折页草图绘制在纸上，用黑白颜色表现，辅助造型，观察整体效果，然后进行细节的修改，最后完成折页的正面、背面、立体等效果设计，如图 3-2-1 ~图 3-2-4 所示。

图 3-2-1　三折页正面效果图

图 3–2–2　三折页背面效果图

图 3–2–3　三折页立体效果图 1

图 3–2–4　三折页立体效果图 2

知识拓展

画册、书籍的页数一般都是 2 的倍数，所以，在做折页样的时候往往只要做一种（主要贴）到两种（特殊贴）就足够了。在正常折页的时候，右下角为第一页。下面是一些常见折页的方法，如图 3–2–5 所示。

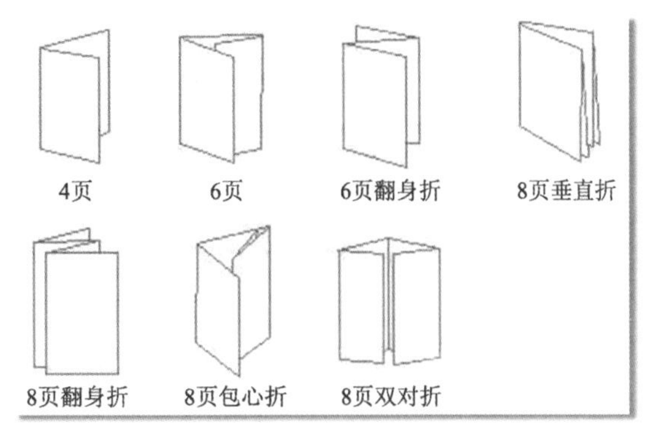

图 3–2–5　常见折页折叠方法

技能拓展

楼盘折页设计欣赏如图 3–2–6 ~ 图 3–2–8 所示。

图 3-2-6 折页欣赏 1

图 3-2-7 折页欣赏 2

图 3-2-8 折页欣赏 3

任务总结

通过本任务的实施，应掌握下列知识和技能：

- 折页设计的原则（重点）；
- 折页设计构思手法（重点）；
- 折页设计的流程（重点）。

课后练习

1. 折页的特点是什么？
2. 常用的折页构思手法有哪些？
3. 简述折页的设计流程。

子任务 2　制作三折页正面

任务描述

在完成了折页的创意与设计后，下面开始制作三折页的正面部分。在此任务中，需要使用 PhotoShop CS6 这款软件，新建文件后，开始学习图层混合模式等知识，同时学会和其他工具结合使用，进行三折页正面的制作。

任务分析

（1）熟悉“相关知识”。

（2）任务准备。

（3）在 Photoshop 中新建图像文件。

（4）对素材图像进行调整。

（5）颜色设置。

（6）图层样式设置。

相关知识

Photoshop CS6 提供了 27 种图层混合模式，如图 3-2-9 所示，利用图层的混合模式和不透明度，可以完成多种图像合成效果。下面分析图层各混合模式的作用。

（1）正常模式组

①“正常”：图层的标准模式，也是绘图与合成的基本模式。在此模式中，一个图层的像素遮盖了后面所有图层的像素，可以通过修改它的不透明度来调整下一个图层的显示效果。

②“溶解”：此模式下的图像以颗粒形式分布。当图层的不透明度为 100% 时，可见像素呈原色效果；当不透明度低于 100% 时，合成效果才显示。

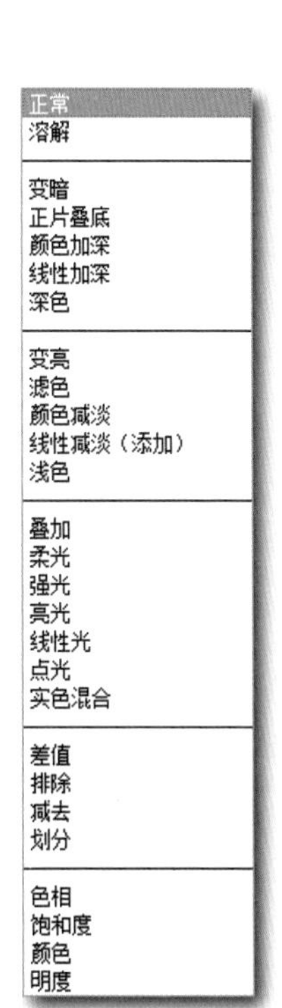

图 3-2-9　混合模式

（2）变暗模式组

①“变暗”：通过此模式能够查找各个颜色通道内的颜色信息，并按照像素对比的底色和绘图的颜色，将较暗的颜色作为混合模式，从而得到最终效果。在这个模式下，背景亮的颜色被替换，暗色则保持不变。

②“正片叠底”：此模式下，前景色与下面的图像色调结合起来会降低绘图区域的亮度，在筛选背景图像时突出色调较深的部分，减少色调浅色的部分。像素的颜色值范围为 0 ~ 255。一般情况下，黑色的像素值为 0，白色的像素值为 255。将两个颜色的像素值相乘，再除以 255 后得到的值就是“正片叠底”模式下的像素值。

③“颜色加深”与“线性加深”：“颜色加深”模式是通过增加对比度使底色变暗的一种模式，“线性加深”是通过减少对比度使底色变暗。这两种模式与白色混合时不会发生任何变化。

④“深色”：“深色”模式是比较混合色和基色的所有通道值的总和并显示值较小的颜色。“深色”不会生成第三种颜色（可以通过“变暗”混合获得），因为它将从基色和混合色中选取最小的通道值来创建结果色。

（3）变亮模式组

①“变亮”与“滤色”：“变亮”模式中亮颜色被保留，暗颜色被替换掉。它比“滤色”模式、“正片叠底”模式产生的效果更强烈些，它只对图像中比前景色更深的像素有作用，与“变暗”模式是相反的。“滤色”模式中，前景色与下面的图像色调相结合，来提高绘图区域的亮度，突出色调较低的部分，减少色调较深的部分。“滤色”与“正片叠底”模式功能相反。在“滤色”模式下，任何颜色与白色相作用，得到的结果是白色；任何颜色与黑色相作用，原来的颜色不发生改变。

②“颜色减淡”与“线性减淡”：“颜色减淡”模式是通过降低对比度使颜色变亮，它与“颜色加深”模式相反。“线性减淡”模式是通过增加对比度使颜色变亮，它与“线性加深”模式相反。在这两种模式下，图像与黑色相混合都不会发生变化。

③“浅色”：是比较混合色和基色的所有通道值的总和并显示值较大的颜色。“浅色”不会生成第三种颜色（可以通过“变亮”混合获得），因为它将从基色和混合色中选取最大的通道值来创建结果色。

（4）叠加模式组

“叠加”：用来加强绘图区域和阴影区域。它通过“屏幕”模式和“正版叠底”模式来达到效果，其效果保留了其像素和混合像素的强光、阴影等。

①“柔光”与“强光”：“柔光”模式的效果是根据明暗程度来确定图像是变亮还是变暗，如果图像比 50% 灰度要暗，效果则变暗；如果比 50% 灰度要亮，则变亮；如果底色是黑色或白色，则效果不变。它还能够形成光幻效果。“强光”模式对浅色图像的效果更亮，对暗色更暗，它可以使图像产生强烈的照射效果。

②“亮光”：若混合色比 50% 灰度亮，可以通过降低对比度来加亮图像，反之通过提高对比度来使图像变暗。

③“线性光”：根据要作用的颜色来确定增加或减低亮度，达到加深或减淡颜色的目的。

如果要作用的颜色比 50% 的灰度要亮，则降低亮度。

④“点光”：根据要作用的颜色来决定是否替换颜色。如果要作用的颜色比 50% 灰度要亮，则作用颜色被替换，而比作用颜色亮的颜色不发生改变。如果要作用的颜色比 50% 灰度要暗，则比作用颜色暗的颜色被替换，而比作用颜色暗的颜色不发生改变。这种模式常用来对图像增加特殊效果。

⑤“实色混合”：使两个图层叠加的效果具有很强的硬性边缘。

（5）差值模式组

①“差值”与“排除”：差值模式与排除模式很相似，它们将活动图层下面的图像进行比较，寻找两者中完全相同的区域，使相同的区域显示为黑色，而所有不同的区域则显示为灰度层次或彩色。在最终结果中，越接近于黑色的不相同区域，就与下面的图像越相似。在这两种模式下中，当前图层上的白色会使下面图像上显示的内容反相，而当前图层上的黑色则不会改变下面的图像。

②“差值”模式查看每个通道中的颜色信息，比较底色和绘图色，用较亮的像素点的像素值减去较暗的像素点的像素值，差值作为最终色的像素值。与白色混合将使底色反相；与黑色混合则不产生变化。差值模式结合滤镜可以制造出一些特殊效果，比如闪电等。

③“排除”模式比“差值：模式生成的颜色对比度较小，因而颜色更柔和。

④“减去”：查看各通道的颜色信息，并从底色中减去混合色。如果出现负数就剪切为零。与底色相同的颜色混合得到黑色；白色与底色混合得到黑色；黑色与底色混合得到底色。

⑤“划分”：查看每个通道的颜色信息，并用底色分割混合色。底色数值大于或等于混合色数值，混合出的颜色为白色。底色数值小于混合色，结果色比底色更暗。因此结果色对比非常强。白色与底色混合得到底色，黑色与底色混合得到白色。

（6）色相模式组

①“色相”与“饱和度”：使用“色相”模式可以用当前图层的色相值去替换下一层图像的色相值，而饱和度与亮度不变。“饱和度”模式是通过使用亮度、色相及饱和度来创建最终模式效果的，若饱和度为 0，则结果无变化。在前景色为淡色调的情况下，“饱和度”模式将增大背景像素的色彩饱和度；如果前景色是深色调，则降低饱和度。

②“颜色”与“明度”：“颜色”模式可以同时改变图像的色调与饱和度，但不改变背景的色调成分，通常用在微调或着色上。“明度”模式会增加图像的亮度，但不改变色调，它与“颜色”模式相反。

任务准备

（1）一台装有 Windows 7 的计算机，且安装了 Photoshop CS6 软件。

（2）相关图片素材。

任务实施

一、新建图像文件

步骤 1 按【Ctrl + N】组合键，新建一个宽 42.6cm、高 26.6cm、分辨率为 150 像素 / 英寸的图像文件，如图 3-2-10 所示。

步骤 2 选择“视图”|“新建参考线”命令，设置参考线如图 3-2-11 所示，在距左边界 0 cm 的位置创建一条垂直参考线。

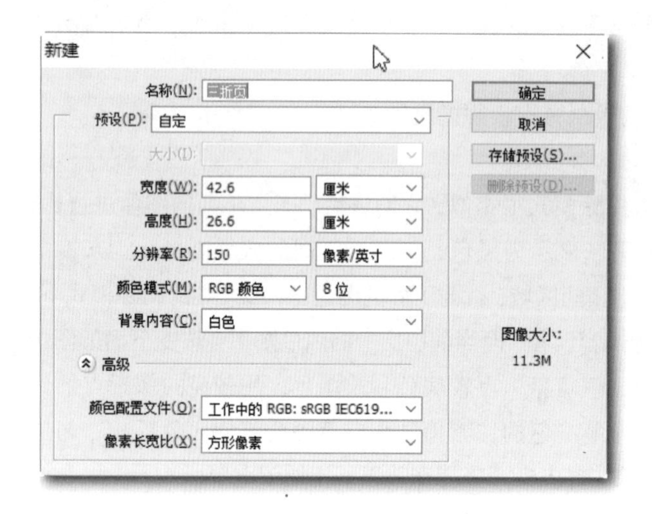

图 3-2-10 “新建”对话框

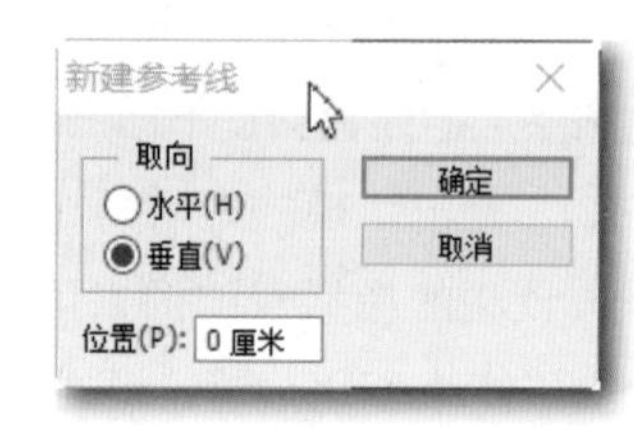

图 3-2-11 “新建参考线”对话框

注 意

印刷品需要设置至少 300 像素 / 英寸的分辨率，为了方便读者练习，这里设置分辨率为 150 像素 / 英寸。

步骤 3 使用同样的方法，分别在垂直方向 14.3 cm、28.3 cm、42.3 cm 及水平方向 0.3 cm、26.3 cm 的位置创建参考线，如图 3-2-12 所示。

步骤 4 单击图层面板下方的“创建新组”图标，创建“正面”组，同样方法再创建“背面”组，如图 3-2-13 所示。

图 3-2-12 参考线图

图 3-2-13 图层面板

二、制作背景图

步骤 1 选择工具箱中的渐变工具，单击工具箱渐变条，打开渐变编辑器，编辑如图 3-2-14

所示的渐变，从左至右各色标颜色依次为 #fff3b2、#eoc792、#91815e。

步骤 2 选择背景图层为当前图层。从画布中心向边缘拖动鼠标，填充“前景到背景渐变”的径向渐变，效果如图 3-2-15 所示。

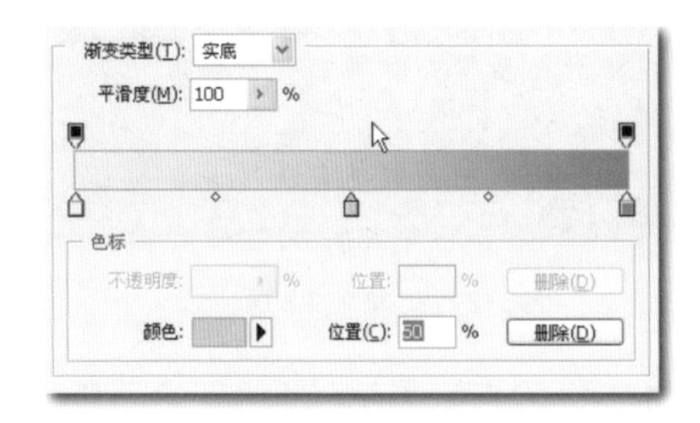

图 3-2-14　渐变设置

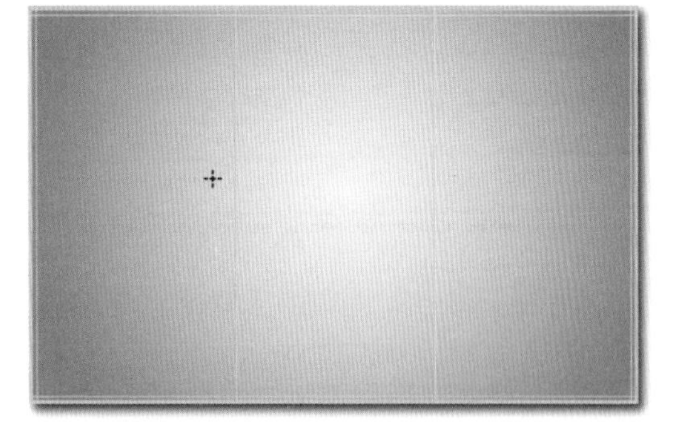

图 3-2-15　填充渐变效果图

步骤 3 按【Ctrl + O】组合键，打开如图 3-2-16 所示的花纹图案素材。

步骤 4 选择工具箱中的魔术橡皮擦工具，在白色背景位置单击，清除白色背景，得到透明背景的图案，如图 3-2-17 所示。

图 3-2-16　打开花纹图案素材

图 3-2-17　清除背景效果

提 示

魔术橡皮擦工具可以将一定容差范围内的背景颜色全部清除而得到透明区域。如果当前图层是“背景”图层，那么“背景”图层将转换为普通图层。

步骤 5 按【Ctrl + A】组合键，全选所有图像，选择“编辑”|“定义图案”命令，如图 3-2-18 所示，定义一个图案名称。

步骤 6 新建“图层 1”图层，按【Shift+F5】组合键，弹出“填充”对话框，选择创建的自定义图案作为填充图案，如图 3-2-19 所示。

步骤 7 图案填充效果如图 3-2-20 所示。

图 3-2-18　图案名称

图 3-2-19 “填充”对话框

图 3-2-20 填充效果图

步骤 8 双击图层面板“图层 1”，弹出“图层样式”对话框，选择“颜色叠加”复选框，设置叠加颜色为 #654a11，其他参数设置如图 3-2-21 所示。

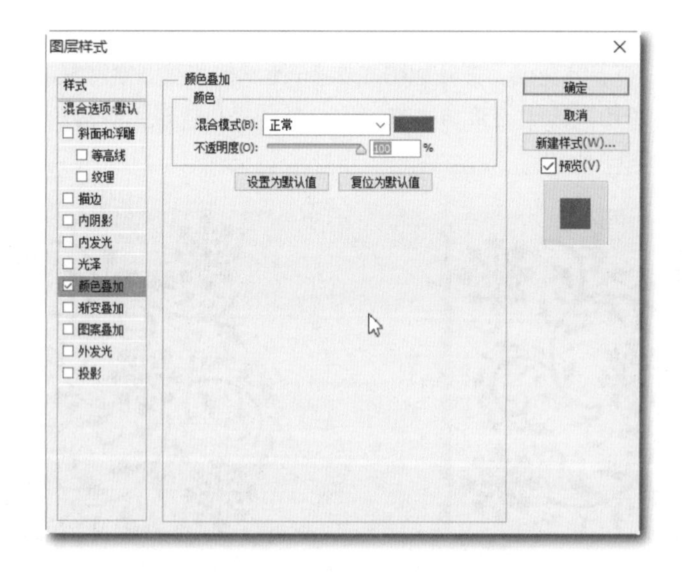

图 3-2-21 “颜色叠加”参数设置

步骤 9 更改图层不透明度为 10%，此时图像效果如图 3-2-22 所示。

图 3-2-22 更改透明度后效果图

三、添加封面图像

步骤 1 打开如图 3–2–23 所示的图像素材，使用颜色调整命令进行调整，使图像与三折页背景颜色统一，颜色调整结果如图 3–2–24 所示。

图 3–2–23 图像素材

图 3–2–24 调整色彩效果

步骤 2 按【Ctrl + B】组合键，打开“色彩平衡”对话框，分别选择“中间调”和“阴影”单选按钮，调整色彩平衡如图 3–2–25 和图 3–2–26 所示。

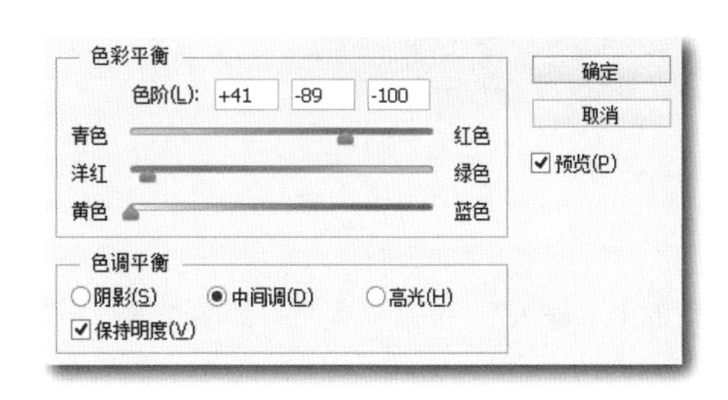

图 3–2–25 “中间调”调整

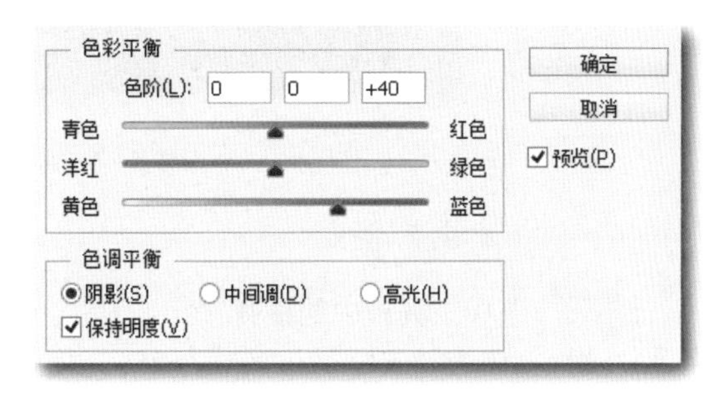

图 3–2–26 “阴影”调整

步骤 3 选择移动工具，将调整颜色后的图像拖动至三折页图像窗口，并将新建的“图层 2”图层移动至“正面”图层组，三折页正面图像都将在该图层组中制作。

步骤 4 按【Ctrl + T】组合键开启变换，调整图像大小和位置如图 3–2–27 所示，并设置图层混合模式为“正片叠底”模式。

步骤 5 新建“天空”图层，设置前景色为 #076189，背景色为 #ecf9b5，使用工具箱中的渐变工具自上而下拖动，渐变填充天空背景色。单击“图层面板”按钮添加图层蒙版，选择画笔工具，设置前景色为黑色，不透明度为 100%，在蒙版中涂抹，隐藏部分天空，制作天空和背景图相融合的效果，如图 3–2–28 所示。

图 3-2-27　正片叠底后效果

图 3-2-28　蒙版融合效果

四、添加封面广告语

步骤 1 选择工具箱中的横排文字工具 T，在封面的上部输入"——享受人与自然的奇遇——"文字，设置字体为"宋体"，字号为 25，颜色为 #352elb。

步骤 2 在中文广告语上面输入"Enjoy Authentic Noble Life"文字，选择字体为 Aristocrat，字号为 24 点，设置水平缩放为 80%，颜色为 #352e1b，如图 3-2-29 所示。

图 3-2-29　添加文字效果图

五、制作封底

步骤 1 新建“图层 3”，选择工具箱中的矩形选框工具，沿着封底辅助线绘制一个矩形选区，在选区中填充颜色为 #302813，效果如图 3-2-30 所示。设置图层混合模式为“正片叠底”，便背景图案能够显示出来。

图 3-2-30　效果图

步骤 2 选择工具箱横排文字工具 T，在封底下方输入地址、销售电话等信息，如图 3-2-31 所示。字体使用“方正大标宋简体”，颜色设置为 #e8ce98。

图 3-2-31　文字效果

步骤 3 复制封面的房产标志，将其移动至封底售楼电话的上方，如图 3-2-32 所示，封底制作完成。

图 3-2-32　封底效果图

六、制作内页 4

接下来制作正面左侧部分 (即内页 4)，该页面是一个推荐户型的展示页面。

步骤 1 按【Ctrl + O】组合键，打开图片素材。

步骤 2 选择移动工具，复制图片素材至内页 4 正中偏下的位置，如图 3–2–33 所示。

步骤 3 设置图层混合模式为“正片叠底”，消除户型图白色背景，如图 3–2–34 所示。

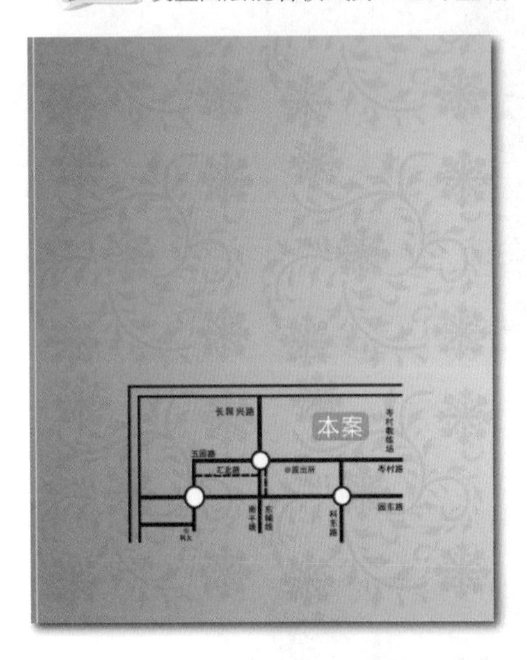

图 3–2–33　复制图片素材

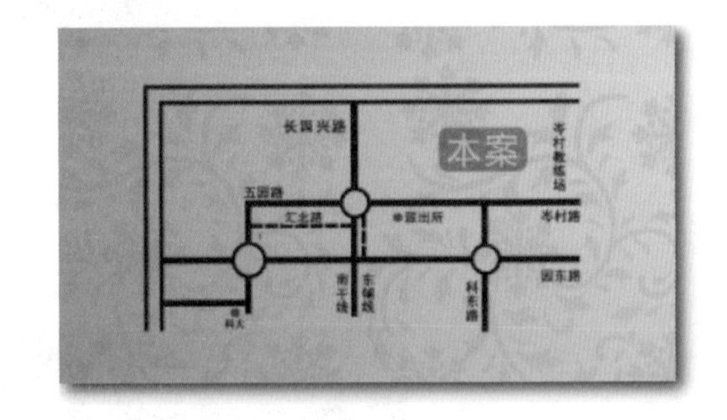

图 3–2–34　正片叠底效果

步骤 4 选择文字工具，在图片上方输入文字内容，并将“6 层洋楼”图片素材放到文字上方，如图 3–2–35 所示。

图 3–2–35　添加文字效果图

步骤 5 按【Ctrl + O】组合键，打开如图 3-2-36 所示的风景素材。

图 3-2-36　风景素材

步骤 6 为风景图层添加图层蒙版，选择渐变工具，选择黑白渐变类型，在蒙版中从上至下填充黑白渐变，使图像与背景自然融合，最后设置图层为“正片叠底”混合模式，结果如图 3-2-37 所示。

图 3-2-37　添加图层蒙版

步骤 7 制作完成，三折页正面部分效果图如图 3-2-38 所示。

图 3-2-38　正面部分效果图

知识拓展

在高级混合选项中，可以对图层进行更多的控制。填充不透明度是从 Photoshop 6.0 以后的版本中开始出现的一个新选项。它只影响图层中绘制的像素或形状，对图层样式和混合模式却不起作用。而对混合模式、图层样式不透明度和图层内容不透明度同时起作用的是图层总体不透明度。这两种不同的不透明度选项使设计者可以将图层内容的不透明度和其图层效果的不透明度分开处理。

右击当前图层，在弹出的菜单中选择“混合选项”或者选择“图层”|“图层样式”|“混合选项”命令，如图 3-2-39 所示。填充不透明度调节在图层面板中，这样调节起来更加方便。

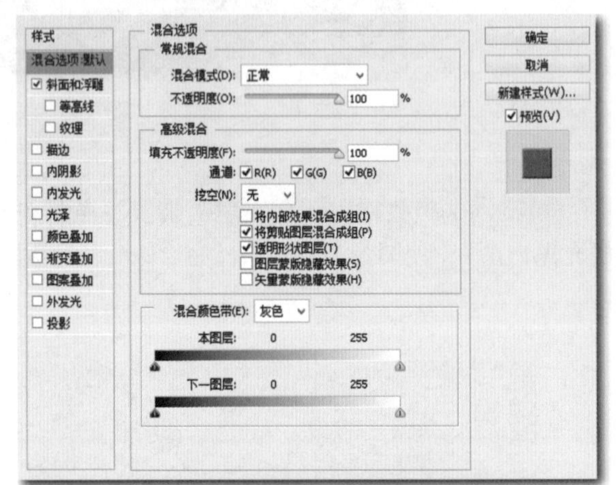

图 3-2-39　混合选项

高级混合部分还包括了限制混合通道、挖空选项和分组混合效果。限制混合通道的作用，是在混合图层或图层组时，将混合效果限制在指定的通道内，未被选择的通道被排除在混合之外。在默认情况下，混合图层或图层组时包括所有通道，图像类型不同，可供选择的混合通道也不同，用这种分离混合通道的方法可以得到非常有趣和有创意的效果。

高级混合部分中的混合颜色带可以使图层背景透明。用这种方法可使可视图层中指定的某一通道或颜色范围隐藏起来，虽然存在但不能被看到。通过细节的调节，就可以轻易地控制图层相互混合的范围，达到各种效果。

技能拓展

应用图层混合模式进行如下案例操作：

① 打开本实例素材，如图 3-2-40 所示。“汽车”的边缘比较规正，所以这里选择用钢笔工具将汽车抠出来（当然也可以用其他方便的方式将汽车抠出来），效果如图 3-2-41 所示。

图 3-2-40　素材图片

图 3-2-41　去掉背景后的图片

② 用磁性套索工具将需要换颜色的部分选出来。

③ 把汽车的颜色换成粉色，将前景色设置为 #ff00ff，新建图层，设置图层混合模式为“颜色”，按【Alt + Delete】组合键进行填充，效果如图 3-2-42 所示。

④ 图像颜色很不自然，选择“图像” | “调整” | “匹配颜色”命令，选择“中和”复选框，参数设置如图 3-2-43 所示。

图 3-2-42　填充粉色后的效果

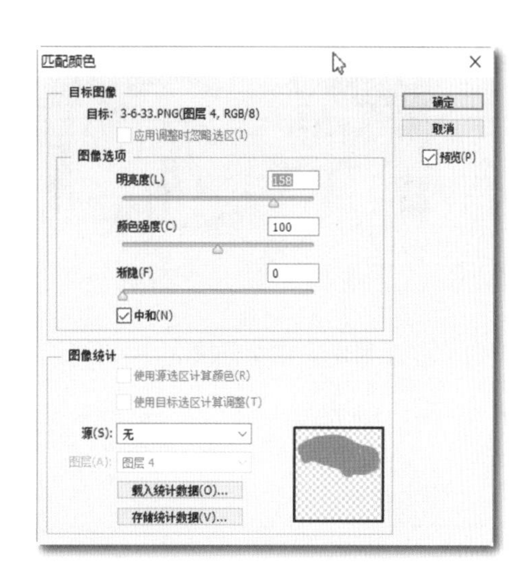

图 3-2-43　匹配颜色的设置

⑤ 设置后效果如图 3-2-44 所示。

⑥ 按【Ctrl+E】组合键合并图层，然后复制图层，改变图层混合模式为滤色，设置不透明度 15%，最终效果如图 3-2-45 所示。

图 3-2-44　设置后的效果

图 3-2-45　最终效果图

任务总结

通过本任务的实施，应掌握下列知识和技能：

- 图层混合模式（重点）；
- 图层色彩的调整；
- 文字工具的应用。

课后练习

1. 请给图 3-2-46 所示的黑白照片上色，上色后的效果如图 3-2-47 所示。

图 3-2-46　原图 1

图 3-2-47　效果图

2. 有几种方法可以将图 3-2-48 所示人物的衣服改成其他颜色？

图 3-2-48　原图 2

子任务 3　制作三折页内页

任务描述

在完成了任务 2 中子任务 2 的三折页正面制作后，下面开始制作三折页的内页。在此任务中，将学习图像调整知识、同时结合其他知识进行三折页内页的制作。

任务分析

（1）熟悉“相关知识”。

（2）任务准备。

（3）使用图层蒙版进行图像编辑。

（4）使用文本工具进行文字编辑。

（5）对图像素材进行色彩调整。

相关知识

一、“RGB 颜色”模式

RGB 颜色模式是基于自然界中 3 种基色光的混合原理，将红（Red）、绿（Green）和蓝（Blue）3 种基色按照从 0（黑）到 255（白）的亮度值在每个色阶中分配，从而指定其色彩。当不同亮度的基色混合后，便会产生出 256×256×256 种颜色，约为 1670 万种。例如，一种明亮的红色可能 R 值为 246，G 值为 20，B 值为 50。当 3 种基色的亮度值相等时，产生灰色；当 3 种亮度值都是 255 时，产生纯白色；而当所有亮度值都是 0 时，产生纯黑色。3 种色光混合生成的颜色一般比原来的颜色亮度值高，所以 RGB 模式产生颜色的方法又被称为色光加色法。计算机屏幕上的所有颜色，都由这红绿蓝三种色光按照不同的比例混合而成的。一组红色绿色蓝色就是一个最小的显示单位。屏幕上的任何一个颜色都可以由一组 RGB 值来记录和表达。

二、“CMYK 颜色”模式

除了 RGB 之外，还有一种 CMYK 色彩模式也很重要。CMYK 也称印刷色彩模式，顾名思义就是用来印刷的。它和 RGB 相比有一个很大的不同：RGB 模式是一种发光的色彩模式，例如，在一间黑暗的房间内仍然可以看见屏幕上的内容；CMYK 是一种依靠反光的色彩模式，例如，怎样阅读报纸的内容呢？是由阳光或灯光照射到报纸上，再反射到我们的眼中，才看到内容，它需要有外界光源，如果在黑暗房间内是无法阅读报纸的。

三、Photoshop 中图像色彩的调整

Photoshop 中图像色彩的调整命令均在“图像”｜“调整”菜单中，如图 3-2-49 所示。

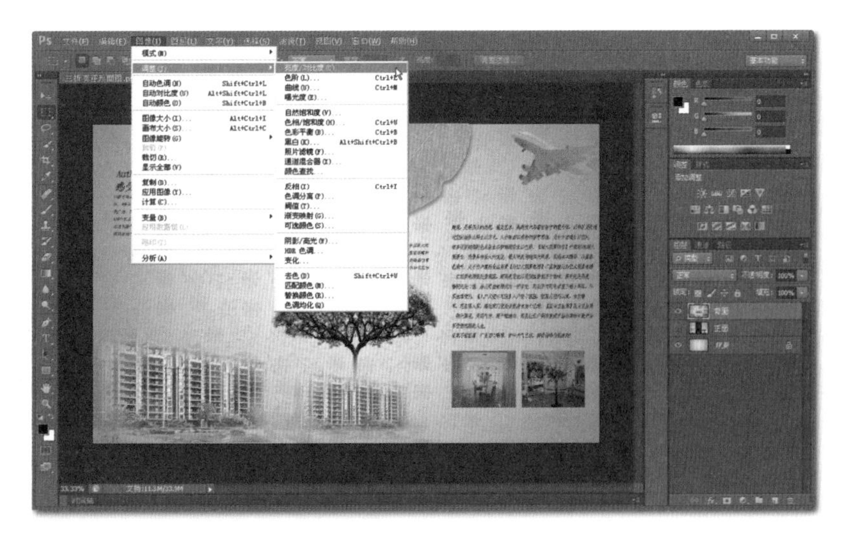

图 3-2-49　“调整”菜单

任务准备

（1）一台装有 Windows 7 的计算机，且安装了 Photoshop CS6 软件。

（2）已经完成三折页正面的制作。

任务实施

一、制作内页 1

内页 1 用于展示楼盘的整体概况，添加有楼盘的效果图和项目概况介绍文字。

步骤 1 选择“背面”图层组为当前图层组，下面创建的图层将全部放置至该图层组

步骤 2 按【Ctrl + O】组合键，打开楼盘的建筑效果图，如图 3–2–50 所示。

步骤 3 使用快速选择工具，在天空区域拖动，创建天空区域选区，如图 3–2–51 所示。

图 3–2–50 楼盘建筑效果图

图 3–2–51 创建选区

步骤 4 按【Ctrl + Shift + I】组合键反选选区，选择移动工具拖动建筑图像，按【Ctrl + T】组合键调整大小和位置，如图 3–2–52 所示。

步骤 5 选择“编辑”|“变换”|“水平翻转”命令，调整建筑的方向，如图 3–2–53 所示。

图 3–2–52 调整大小

图 3–2–53 调整建筑方向

步骤 6 单击图层面板底端的“添加图层蒙版”按钮，为当前图层添加图层蒙版。

步骤 7 选择工具箱画笔工具，设置画笔直径为 150 像素，硬度为 0，不透明度为 20%，流量为 100%。设置前景色为黑色，在建筑两侧涂抹，起到模糊边缘的效果。效果如图 3-2-54 所示。

图 3-2-54　添加蒙版后的效果

步骤 8 按【Ctrl + J】组合键，复制建筑效果图图层，按下【Ctrl + T】组合键调整图片大小和位置，如图 3-2-55 所示，设置图层不透明度为 80%，制作出远处的楼群效果。

步骤 9 选择横排文字工具，在左侧页面建筑效果图的上方输入项目概况说明文字内容。将“Authentic Noble Life”和“感受自然生活”标题设置为“方正大标宋简体”，在“字符”面板中设置为仿粗体和仿斜体，如图 3-2-56 所示。

图 3-2-55　楼群效果

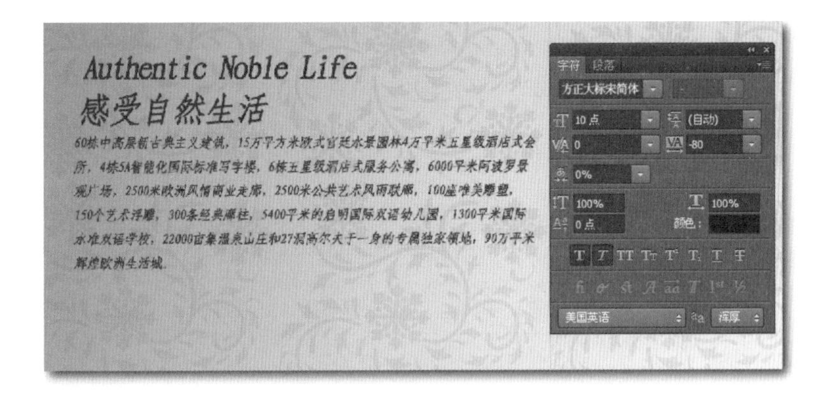

图 3-2-56　添加文本效果

步骤 10 使用文字工具选择正文文字，在“段落”面板中设置为最后一行左对齐，在“避头尾法则设置”列表框中选择“JIS 宽松”选项，以避免标点符号出现在段落文本左侧的起始位置。

二、制作内页 2

买房子就是买环境，楼盘环境是购房者考查的重点，因此本页面重点介绍楼盘的景观设计特色。

步骤 1 选横排文字工具，输入景观介绍文字，如图 3-2-57 所示，标题文字和正文文字的格式设置与内页 1 完全相同。

步骤 2 在景观说明文字下方添加绿色植物的图片来加强对园林绿化景观的描述，按【Ctrl + T】组合键调整图片大小，使图片宽度与文字等宽，如图 3-2-58 所示。设置图片混合模式为“正片叠底”。

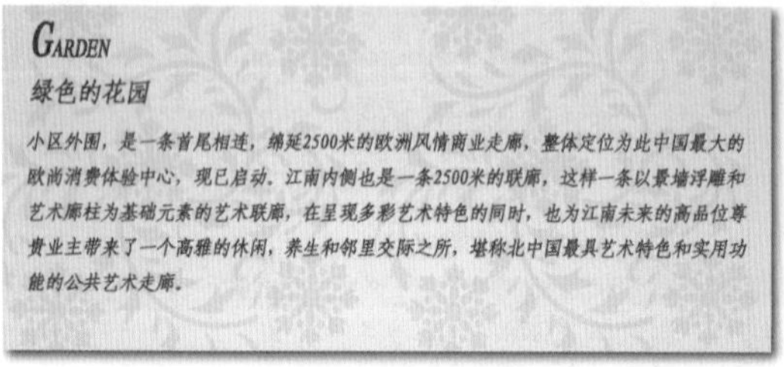

图 3-2-57　景观介绍

图 3-2-58　添加绿色植物

步骤 3 打开如图 3-2-59 所示的绿叶图片素材，使用魔棒工具在白色背景位置单击，建立选区后按【Ctrl + Shift + I】组合键反选选区，得到树叶选区。

步骤 4 选择移动工具，复制绿叶图像至折页图像窗口，按【Ctrl + T】组合键开启“自由变换”，调整绿叶图像的方向和大小，如图 3-2-60 所示。

图 3-2-59　绿叶素材

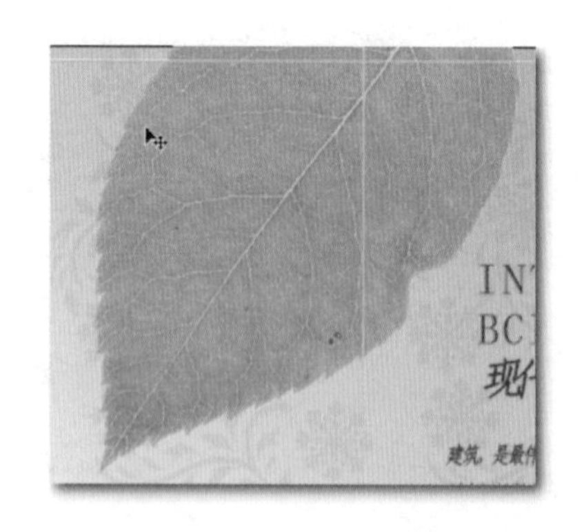

图 3-2-60　绿叶折页效果图

步骤 5 按【Ctrl + B】组合键，弹出“色彩平衡”对话框，调整绿叶颜色如图 3-2-61 和图 3-2-62 所示。

步骤 6 按【Ctrl+M】组合键，弹出“曲线”对话框，将控制曲线向上弯曲，增加绿叶图像的亮度，如图 3-2-63 所示。

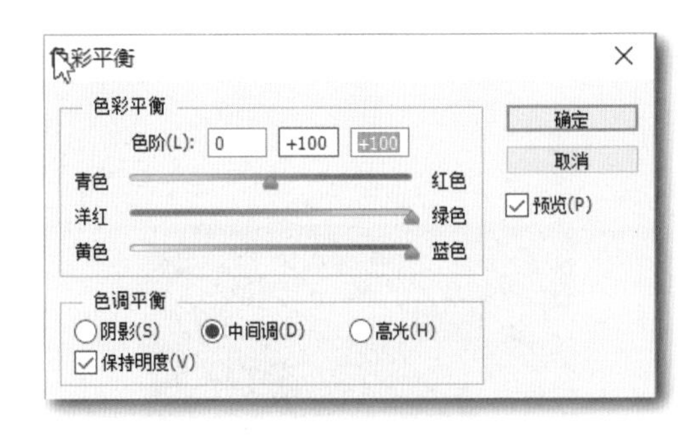

图 3-2-61　色彩平衡的中间调设置

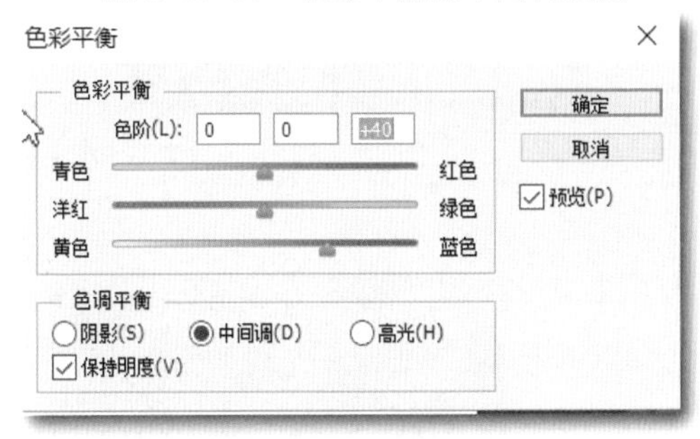

图 3-2-62　色彩平衡设置

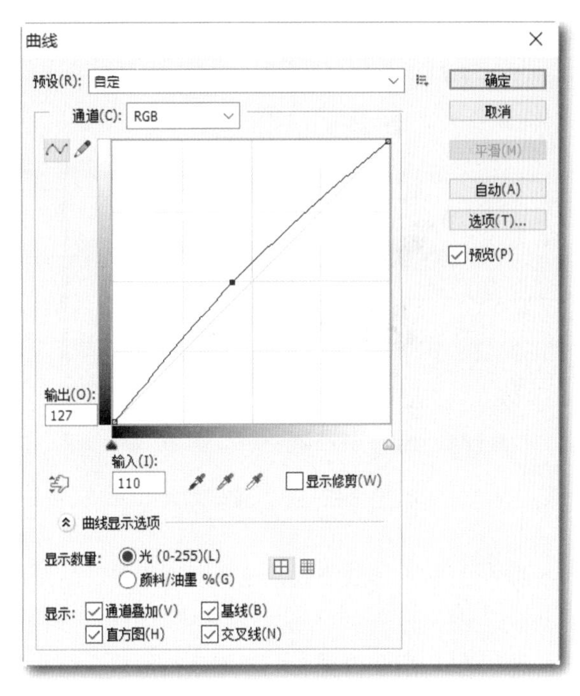

图 3-2-63　“曲线”对话框

步骤 7　设置绿叶图层混合模式为“正片叠底”。

步骤 8　双击绿叶图层，弹出“图层样式”对话框，选择“投影”选项，设置投影参数如图 3-2-64 所示。添加投影后的图层效果如图 3-2-65 所示。

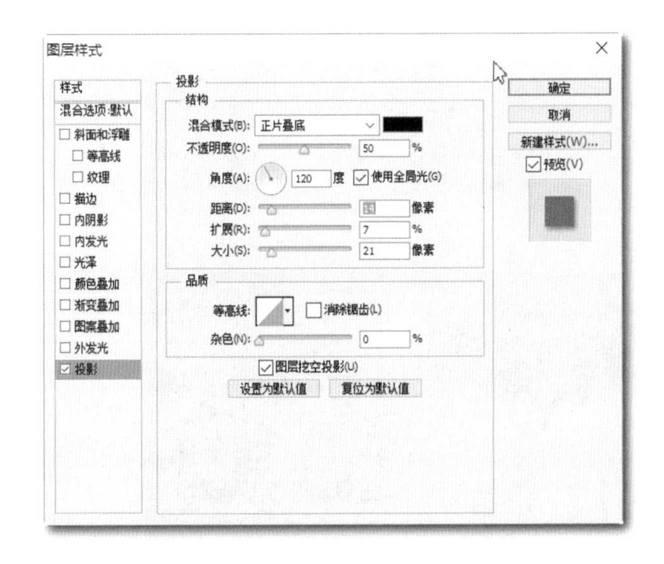

图 3-2-64　设置“投影”参数

图 3-2-65　添加投影效果

三、制作内页 3

步骤 1　按【Ctrl + O】组合键，打开如图 3-2-66 所示的素材图片。

步骤 2　选择快速选择工具，在天空背景区域拖动鼠标，创建天空背景选区，按【Ctrl +

Shift + I】组合键进行选区反选，选择工具箱中的移动工具将反选得到的飞机拖动到效果图中，如图 3-2-67 所示。

图 3-2-66　素材图片

图 3-2-67　添加背景

步骤 3　添加图层蒙版，选择渐变工具，从图像下方至上方填充黑白直线渐变，得到如图 3-2-68 所示的渐隐效果。

步骤 4　最后在内页 3 中添加建筑风格介绍文字和欧式风格室内装修图片。

步骤 5　最终制作完成的折页背面效果如图 3-2-69 所示，按【Ctrl + S】组合键保存图像。

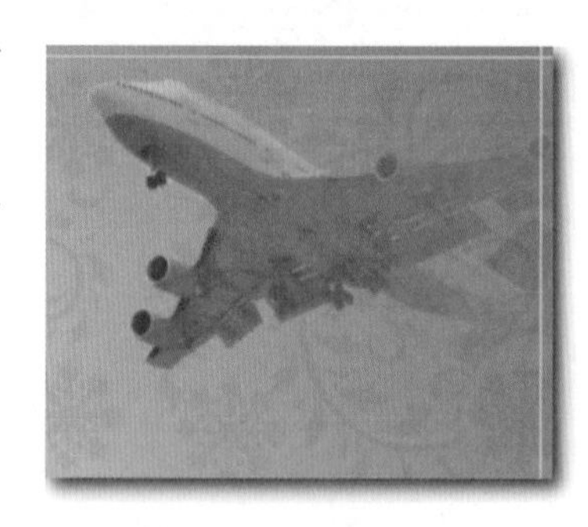

图 3-2-68　渐隐效果

图 3-2-69　完成的折页背面效果

知识拓展

1. 色阶调整

可以使用“色阶”调整图像的阴影、中间调和高光的强度级别，从而校正图像的色调范围和色彩平衡。将 “色阶 ”设置存储为预设，然后将其应用于其他图像，如图 3–2–70 所示。

外面的两个“输入色阶”滑块将黑场和白场映射到 “输出”滑块的设置。默认情况下， “输出”滑块位于色阶 0（像素为黑色）和色阶 255（像素为白色）。 “输出”滑块位于默认位置时，如果移动黑场输入滑块，则会将像素值映射为色阶 0，而移动白场滑块则会将像素值映射为色阶 255。其余的色阶将在色阶 0 和 255 之间重新分布。这种重新分布情况将会增大图像的色调范围，实际上增强了图像的整体对比度。

中间输入滑块用于调整图像中的灰度系数。它会移动中间调 （ 色阶 128），并更改灰色调中间范围的强度值，但不会明显改变高光和阴影。

2. 曲线调整

可以使用“曲线”或“色阶”调整图像的整个色调范围。 “曲线”可以调整图像的整个色调范围内的点（从阴影到高光），而“色阶”只有三个调整 （白场、黑场、灰度系数）。也可以使用“曲线”对图像中的个别颜色通道进行精确调整。可以将“曲线 ”调整设置存储为预设，如图 3–2–71 所示。

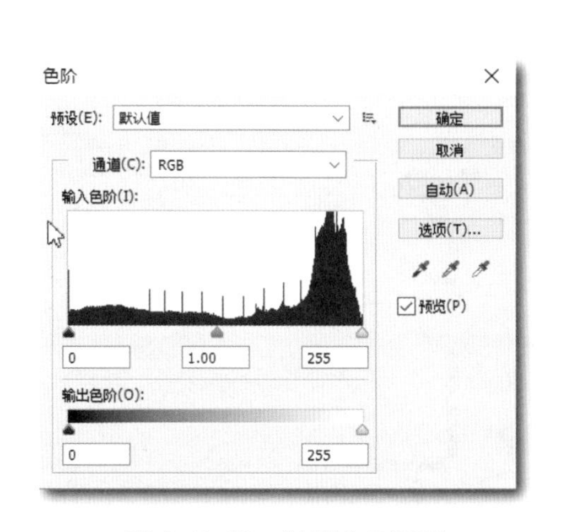

图 3–2–70 “色阶”对话框

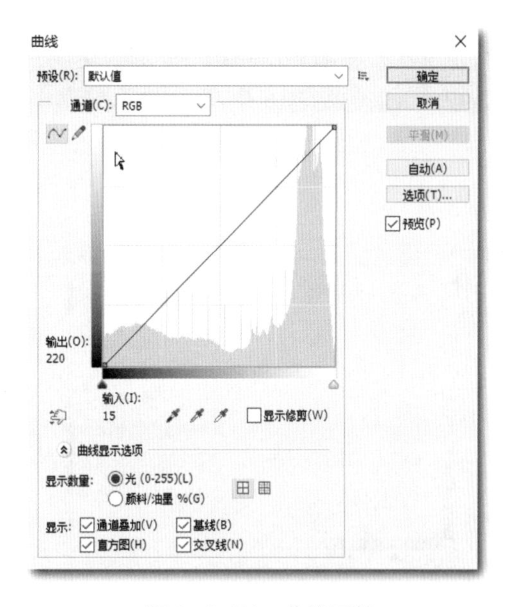

图 3–2–71 曲线调整

图形的水平轴表示输入色阶，垂直轴表示输出色阶。在“曲线 ”调整中，色调范围显示为一条直的对角基线，因为输入色阶（像素的原始强度值）和输出色阶（新颜色值）是完全相同的。

注

在“曲线”对话框中调整色调范围之后，Photoshop 将继续显示该基线作为参考。要隐藏该基线，需关闭“曲线网格选项”中的 “显示基线”。

技能拓展

给照片调色的操作步骤如下：

① 在 Photoshop CS6 中打开如图图 3-2-72 所示的图像。

② 在 Photoshop 中选择“图像”|“模式”|“Lab 颜色”命令进入 Lab 颜色模式。进行 Lab 校色，其 a 通道的曲线调整数据，如图 3-2-73 所示。然后再调整 Lab 通道曲线 b，如图 3-2-74 所示，然后再调整 Lab 通道曲线明度，如图 3-2-75 所示。

图 3-2-72 处理前的原图片

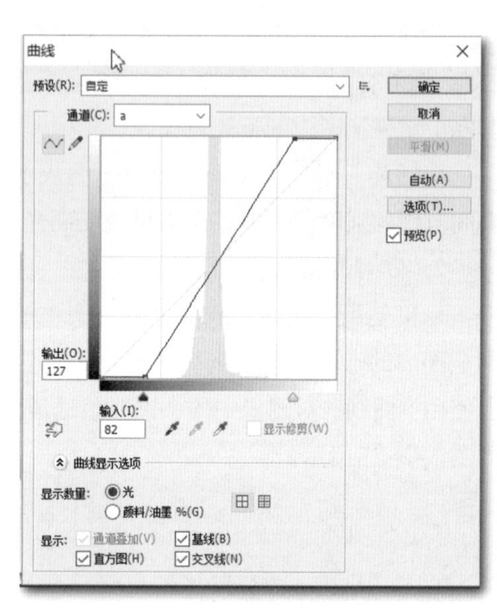

图 3-2-73 Lab 明度通道曲线 a

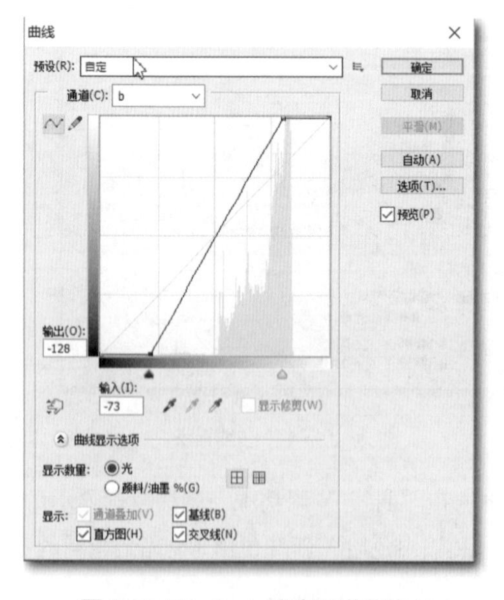

图 3-2-74 Lab 明度通道曲线 b

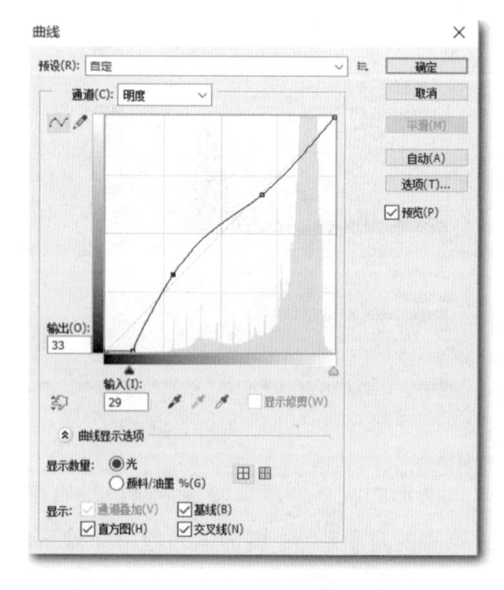

图 3-2-75 Lab 明度通道曲线明度

③ 用快速选择工具或套索工具制作出湖面的选区，并选择菜单【选择】|【调整边缘】命令

调整“羽化”值等，让边缘过渡平滑，如图 3–2–76 所示。然后存储选区并命名为“湖面”。

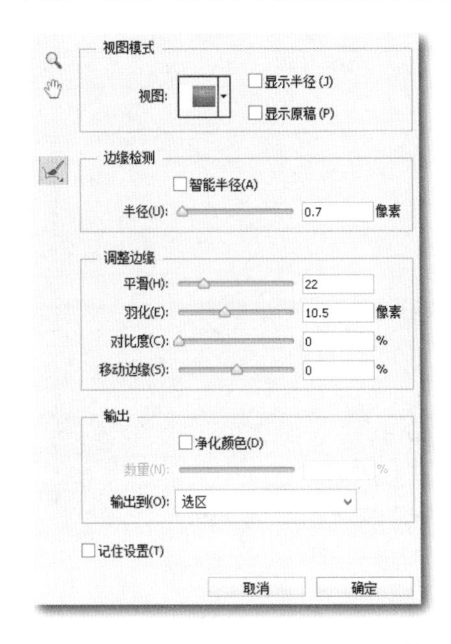

图 3–2–76　湖面选区边缘调整

④ 这时“湖面”的选区仍然存在，按快捷键【Ctrl + Shift + I】反选，再选择菜单【编辑】|【填充】命令，在弹出的面板中选择“内容”为黑色。制作湖面以外区域的蒙版，使步骤 2 的调整仅作用于湖面。

⑤ 创建“曲线”调整图层，对雪山和天空进行 Lab 校色， 其 a、b、明度通道的曲线调整数据如图 3–2–77 所示。

然后再调整 Lab 通道曲线 b，如图 3–2–78 所示。

然后再调整 Lab 通道曲线 L，如图 3–2–79 所示。

⑥ 在 Photoshop 中选择菜单【选择】|【载入选区】，选择“湖面”，再选择菜单【编辑】|【填充】命令，在弹出的面板中选择“内容”为黑色，制作蒙版调整作用于湖面以外区域，如图 3–2–80 所示。

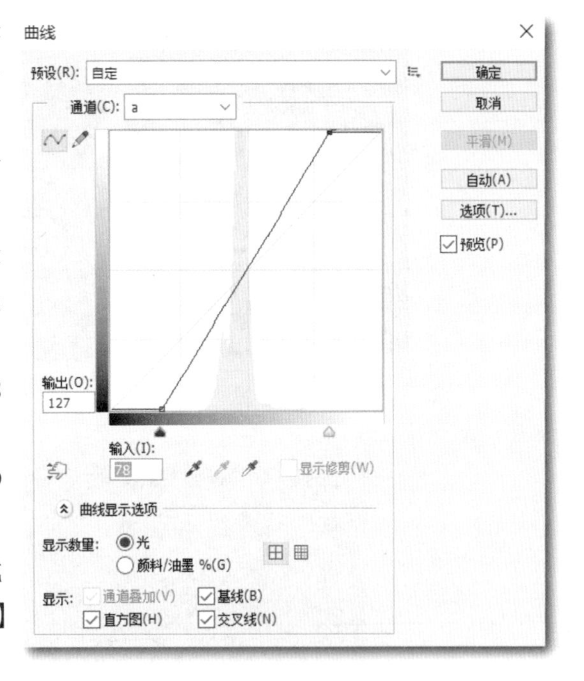

图 3–2–77　a 通道曲线

⑦ 最后进行 Photoshop 中的锐化处理，得到最终效果图如图 3–2–81 所示。

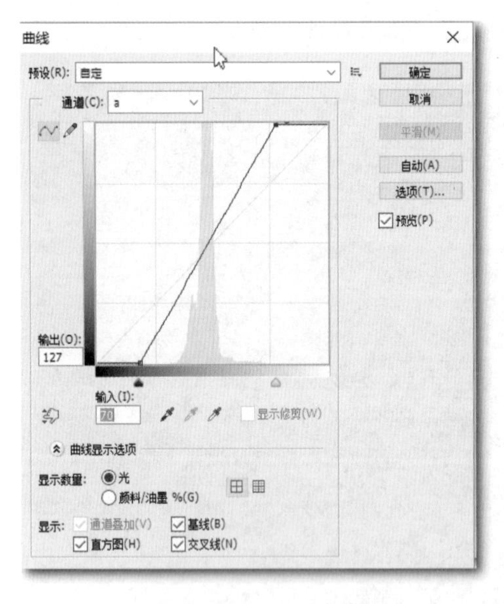

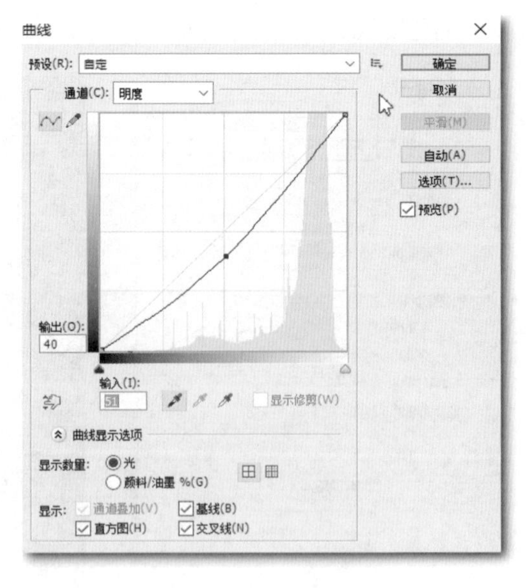

图 3-2-78　b 通道曲线

图 3-2-79　L 通道曲线

图 3-2-80　蒙版作用后的效果

图 3-2-81　色调调整最终效果

任务总结

通过本任务的实施，应掌握下列知识和技能：

- 曲线调整图像（重点）；
- 自由变换工具的使用；
- 文字工具的使用（重点）。

课后练习

1. 请采用适当的方法对图 3–2–82 所示两张照片进行调整。请思考有几种调整的方法？

图 3–2–82　原图

2. 请问常用于对于图片调整的命令有哪一些？它们分别有什么作用？

子任务 4　制作三折页立体效果

任务描述

在完成三折页正面和内页的制作后，下面开始制作三折页的立体效果。在此任务中，需使用到三折页的正面和内页文件，同时此任务中需要学习到自由变换工具等知识，通过和其他工具的结合使用，制作出三折页的立体效果。

任务分析

（1）熟悉“相关知识”。

（2）任务准备。

（3）使用裁切工具裁切图像。

（4）用自由变换工具进行图像的变换。

（5）使用渐变工具进行倒影制作。

（6）使用渐变工具进行翻角效果。

相关知识

“自由变换”是功能强大的制作手段之一，熟练掌握它的用法会给工作带来很大方便。选择“编辑”菜单下的“变换”命令，可打开“自由变换”菜单，它的子菜单中包含缩放、旋转等，自由变换的快捷键为【Ctrl + T】。“自由变换”与【Ctrl】【Shift】【Alt】三个键结合可以进行不同的变形效果。其中【Ctrl】键控制自由变化；【Shift】键控制方向、角度和等比例放大缩小；【Alt】键控制中心对称。在自由变换区右击，可出现相应的快捷菜单，如图 3–2–83 所示。

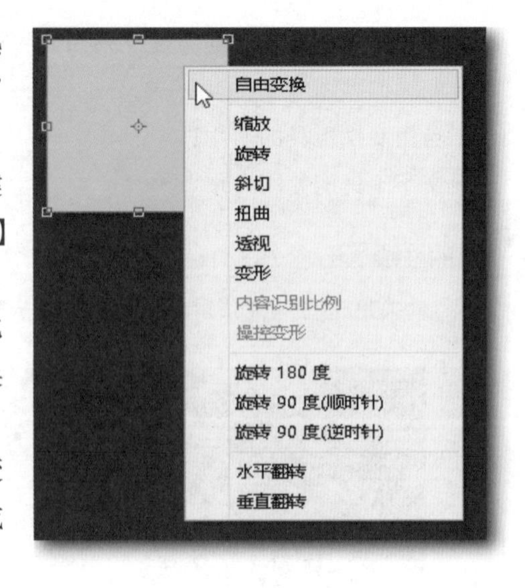

图 3–2–83　自由变换

① 缩放：相对于对象的参考点（围绕其执行变换的固定点）增大或缩小对象。可以水平、垂直或同时沿这两个方向缩放。

② 旋转：围绕参考点转动对象，默认情况下，此点位于对象的中心；但是，可以将它移动到另一个位置。

③ 斜切：垂直或水平倾斜对象。

④ 扭曲：将对象向各个方向伸展。

⑤ 透视：对对象应用单点透视。

⑥ 变形：变换对象的形状。

⑦ 旋转 180 度、顺时针旋转 90 度、逆时针旋转 90 度：围绕参考点，将对象沿顺时针或逆时针方向旋转对应度数。

任务准备

（1）一台装有 Windows 7 的计算机，且安装了 Photoshop CS6 软件。

（2）完成三折页的正面和内页制作。

任务实施

一、制作立体效果 1

步骤 1 选择“文件”|“另存为”命令，将三折页展开效果图图像文件保存为“折页立体效果图 .psd”，以避免覆盖原图像。

步骤 2 显示“正面”图层组，隐藏“背面”图层组，使当前图像窗口仅显示出折页正面效果，如图 3–2–84 所示。

步骤 3 按【Ctrl + Alt+ Shift + E】组合键，“盖印”当前可见图层，得到合并的正面图像，新图层命名为“正面”图层，如图 3–2–85 所示。

步骤 4 使用同样的方法，“盖印”折页背面所有图层，命名为“背面”图层，如图 3–2–85 所示。

步骤 5 删除“背面”和“正面”图层组，删除填充有图案的“图层 1”图层，使图层面板中只剩下“盖印”生成的“正面”和“背面”图层，以及“背景”图层。

图 3-2-84　折页正面效果图

图 3-2-85　“盖印”可见图层

步骤 6 选择“背面”图层为当前图层，选择直线工具，设置前景色为黑色，选择工具属性选项栏“像素”选项，沿中间两条参考线绘制两条垂直直线作为折线，如图 3-2-86 所示。

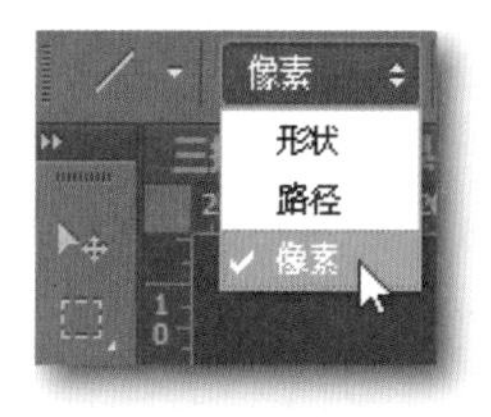

图 3-2-86　添加折线效果

图 3-2-86　添加折线效果（续）

步骤 7　按住【Ctrl】键并依次单击“背面”和“正面”图层，同时选中这两个图层，按【Ctrl + T】组合键，等比例缩放图像如图 3-2-87 所示。

图 3-2-87　等比例缩放图

步骤 8　按【Ctrl +；】组合键隐藏参考线，选择“背景”图层为当前图层，选择工具箱中的渐变工具，对当前图层进行“黑、白”上下线性渐变填充，得到如图 3-2-88 所示的渐变背景效果，按【Ctrl+S】组合键保存图像。

步骤 9　选择“文件”|“存储为”命令，保存为“立面效果 1. psd”文件。“折页立体效果 .psd”将用于制作立体效果 2。隐藏“正面”图层，使用矩形选框工具选择并删除折页背面内页 3 图像，如图 3-2-89 所示。

图 3-2-88　渐变背景效果

图 3-2-89　背面效果图

步骤 10 隐藏“背面”图层，显示“正面”图层，使用矩形选框工具选择并删除正面图像的封底和封面，保留正面左侧部分（即内页 4），如图 3-2-90 所示。

步骤 11 重新显示“背面”图层，并选择“背面”图层为当前图层，选择移动工具，调整图层顺序，将“正面”图层拖动至“背面”图层之上，并将内页 4 右侧与背面内页 2 右侧对齐。

步骤 12 选择“正面”图层为当前图层，选择“编辑”|“变换”|“扭曲”命令，移动光标至变换框左边中间控制点按住鼠标并拖动，扭曲变换图像如图 3-2-91 所示，制作出折页打开的效果。

步骤 13 下面制作阴影效果。按【Ctrl】键并单击“背面”图层缩览图，载入图层不透明区域选区。如图 3-2-92 所示。

图 3-2-90　正面效果图

图 3-2-91　折页打开效果

步骤 14 在“背面”图层上方，“正面”图层下方新建“图层 1”图层。选择渐变工具，设置前景色为黑色，在工具属性选项栏中选择“前景色到透明渐变”渐变类型、线性渐变方式。

步骤 15 按住【Shift】键，从选区右端至左端拖动鼠标，填充黑色到透明渐变，设置“图层 1”不透明度为 60%，制作出如图 3-2-93 的阴影效果。

图 3-2-92　载入选区

图 3-2-93　制作出阴影效果

步骤 16 新建“图层 2”，选择矩形选框工具，按住【Alt + Shift】键，以与原选区相交的运算方式，拖动创建内页 1 选区，

步骤 17 设置前景色为白色，在“图层 2”中使用渐变工具，从选区右侧向左侧填充“前景色到透明渐变”的线性渐变，设置图层不透明度为 70%，制作出折页边缘凸起的高光效果，如图 3-2-94 所示。

步骤 18 按【Ctrl】键，分别单击图层面板“图层 2”“图层 1”“背面”图层，同时选择这三个图层，按【Ctrl+E】组合键合并，合并图层命名为“背面”图层。

步骤 19 确认“背面”图层为当前图层，按【Ctrl+J】组合键复制，得到“背面副本”图层。

步骤 20 选择“背面副本”为当前图层，选择“编辑”|“变换”|“垂直翻转”命令，将图像垂直翻转。按住【Shift】键，将副本图层垂直向下移动，使副本图层顶端对齐背面图层的底端，如图 3-2-95 所示。

图 3-2-94 制作出高光效果

图 3-2-95 制作倒影效果

步骤 21 添加图层蒙版，从下至上填充黑白渐变，制作出投影渐隐的效果，如图 3-2-96 所示。

步骤 22 使用同样的方法，复制“正面”图层并翻转，得到如图 3-2-97 所示的效果。

图 3-2-96 投影渐隐效果

图 3-2-97 “正面”图层翻转

步骤 23 选择“编辑”|“变换”|“斜切”命令，向上拖动变换框右边中间控制点，斜切变换

倒影图像，使倒影和原图像能够边缘对齐，如图 3-2-98 所示。

步骤 24 继续添加图层蒙版并填充黑白渐变，制作出倒影的渐隐效果，如图 3-2-99 所示。

图 3-2-98 对齐倒影和原图的边缘

图 3-2-99 制作倒影的渐隐效果

二、制作立体效果 2

步骤 1 使用前面介绍的方法，制作三折面封面打开的立体效果，如图 3-2-100 所示。

步骤 2 选择封面所在图层为当前图层，选择“编辑”|“变换”|“变形”命令，进入变形编辑模式。

步骤 3 向左上方移动右下角变形控制点，制作出封面的翻开效果，如图 3-2-101 所示。

图 3-2-100 三折页打开立体效果

图 3-2-101 封面翻开效果

步骤 4 使用钢笔工具描绘封面翻开时露出的内页区域，按【Ctrl+Enter】组合键转换为选区，使用渐变工具填充渐变，制作出内页的阴影效果，如图 3-2-102 所示。最终制作完成的封面翻开立体效果如图 3-2-103 所示。

图 3-2-102　内页阴影效果

图 3-2-103　最终效果

知识拓展

“自由变换”命令可用于在一个连续的操作中应用变换（旋转、缩放、斜切、扭曲和透视），也可以应用变形变换。不必选取其他命令，只需在键盘上按住一个键，即可在变换类型之间进行切换。具体步骤如下：

① 选择要变换的对象。

② 选择“编辑” | “自由变换”命令。

③ 执行下列一个或多个操作可以得到不同的变形效果：

- 如果要通过拖动进行缩放，则拖动手柄。拖动角手柄时按住【Shift】键可按比例缩放。
- 要通过拖动进行旋转，则将指针移到定界框之外（指针变为弯曲的双向箭头），然后拖动。按【Shift] 键可将旋转限制为按 15 度增量进行。
- 要根据数字进行旋转，则在选项栏的“旋转”文本框中输入度数。
- 要相对于外框的中心点扭曲，则按住 Alt 键并拖动手柄。
- 要自由扭曲，按住【Ctrl】键并拖动手柄。
- 要斜切，按住【Ctrl+Shift】组合键并拖动边手柄。当定位到边手柄上时，指针变为带一个小双向箭头的白色箭头。
- 要应用透视，按住【Ctrl+Alt+Shift】组合键并拖动角手柄。当放置在角手柄上方时，指针变为白色箭头。
- 要变形，则单击选项栏中的“在自由变换和变形模式之间切换”按钮。拖动控制点以变换项目的形状，或从选项栏中的“变形”中选择变形形状。

④ 按【Enter】键或单击属性选项栏中的“提交”按钮 。

技能拓展

使用自由变换工具制作花纹的操作步骤如下：

① 新建一个 400 × 400 像素的新文档，并填充黑色。

② 新建图层 1，在图示位置拉出一个正圆选区，选择“编辑”菜单下的“描边”命令，描边设置为一个像素，白色，居中。如图 3-2-104 所示

图 3-2-104　描边选区

③ 按【Ctrl + J】组合键复制一层，按【Ctrl + T】组合键进行自由变换，参数设置如图 3-2-105 所示，变换后的图形如图 3-2-106 所示。

图 3-2-105　自由变换设置

④ 按住【Ctrl + Shift + Alt】组合键的同时按【T】键 6 次，变换后的效果如图 3-2-107 所示。

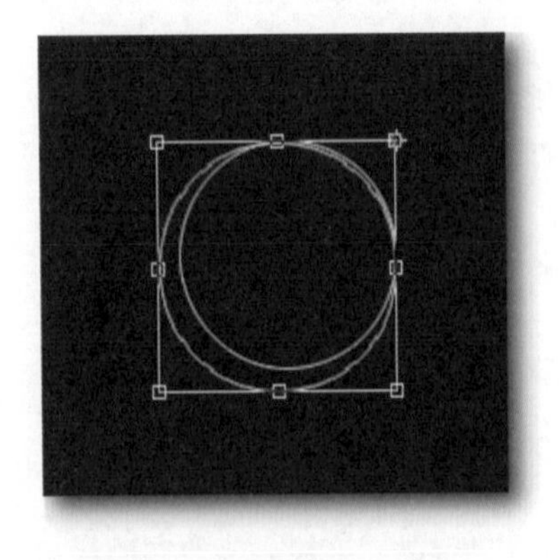

图 3-2-106　变换后效果

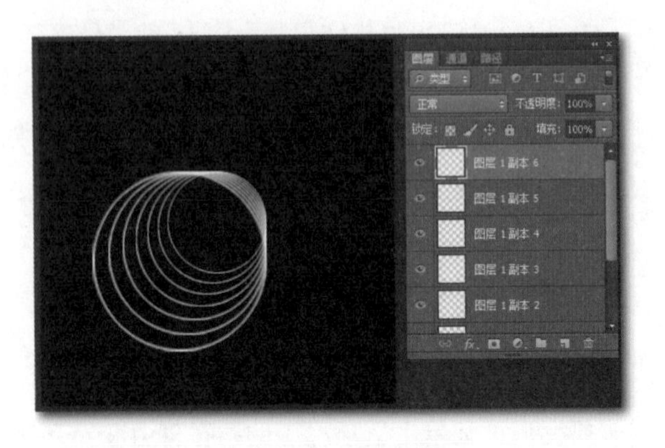

图 3-2-107　复制效果

⑤ 将除了背景层外的所有图层进行合并，并旋转变换 20 度，旋转中心在右上角，参数设置如图 3-2-108 所示。按住【Ctrl + Shift + Alt】组合键的同时按【T】键进行旋转一周。旋转后的效果如图 3-2-109 所示。

图 3-2-108　变换设置

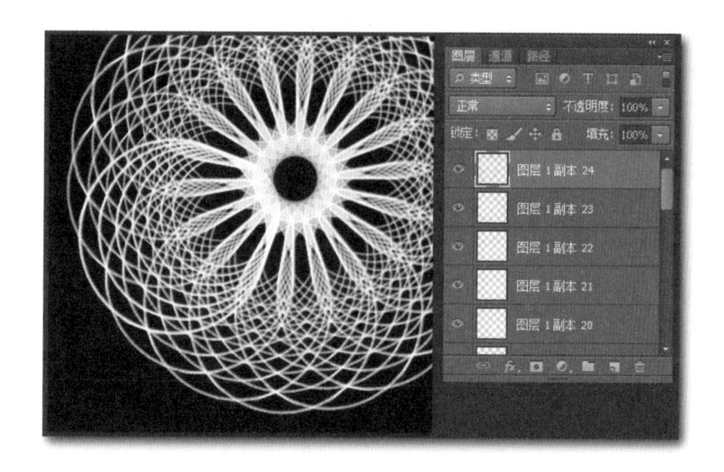

图 3-2-109　旋转效果

⑥ 将除了背景层外的所有图层进行合并，缩放图形到适当大小，按住【Ctrl】键的同时单击图层缩览图调出图形选区，选择渐变工具，渐变类型选择“色谱”，渐变方式为“径向渐变”，自中心向四周拖动鼠标，填充渐变后的效果如图 3-2-110 所示。

图 3-2-110　完成图

任务总结

通过本任务的实施，应掌握下列知识和技能：

- 自由变换工具（重点）；
- 图层蒙版的运用。

课后练习

1. 请采用图层蒙版将图 3-2-111（a）和图 3-2-111（b）进行合成，合成后的效果如图 3-2-111（c）所示。

（a）

（b）

（c）

图 3-2-111　原图及效果图

2. 自由变换可以将对象进行什么样的变形操作？试举例说明。

任务3 手提包装袋设计

某茶叶公司，为推广新品种茶叶“云雾”系列，设计手提包装袋。手提包装袋的设计要考虑产品的特点、消费人群、宣传效果等因素。首先绘制出包装袋的结构图，同时要注意尺寸大小的设置，之后应制作出包装袋的平面展开图及立体效果图。

任务描述

本任务要完成的是茶叶手提包装袋的设计与制作，包装袋中要包含公司名称，要体现出“云雾”茶的产品特性，以便达到宣传效果；色彩和构成方面要符合产品的意境；设计素材要与商品紧密相关，并能在一定程度上传递商品信息。

任务分析

（1）熟悉“相关知识”。

（2）任务准备。

（3）制作背景。

（4）绘制茶叶。

（5）制作标志。

（6）制作立体效果图。

相关知识

一、什么是包装

包装是品牌理念、产品特性、消费心理的综合反映，它直接影响到消费者的购买欲。包装是建立产品与消费者亲和力的有力手段。当今，包装与商品已融为一体。包装作为实现商品价值和使用价值的手段，在生产、流通、销售和消费领域中，发挥着极其重要的作用，包装的功能是保护商品、传达商品信息、方便使用、方便运输、促进销售、提高产品附加值。包装作为一门综合性学科，具有商品和艺术相结合的双重性。

二、包装设计基本流程

① 设计课题的立项与调研。

② 包装与生产工艺方式的总体策划定位。

③ 销售包装设计的创新点定位于设计创意构思。

④ 包装材料的选择与设计。

⑤ 包装造型设计。

⑥ 包装结构设计。

⑦ 包装视觉传达设计。

⑧ 商品包装附加物设计。

⑨ 包装的防护技术应用处理。

⑩ 编制设计说明书。

三、包装的分类

商品种类繁多，形态各异，其功能作用、外观内容也各有千秋。所谓内容决定形式，包装也不例外。所以，为了区别商品与设计上的方便，对包装设计进行如下分类。

1. 按产品内容分

日用品类、食品类、烟酒类、化装品类、医药类、文体类、工艺品类、化学品类、五金家电类、纺织品类、儿童玩具类、土特产类等。

2. 按包装材料分

不同的商品，考虑到它的运输过程与展示效果等，所以使用材料也不尽相同。如纸包装、金属包装、玻璃包装、木包装、陶瓷包装、塑料包装、棉麻包装、布包装等。

3. 按产品性质分

（1）销售包装

销售包装又称商业包装，可分为内销包装、外销包装、礼品包装、经济包装等。销售包装是直接面向消费的，因此在设计时，要有一个准确的定位（关于包装设计的定位，在后面有详细介绍），符合商品的诉求对象，力求简洁大方，方便实用，而又能体现商品性。

（2）储运包装

储运包装，也就是以商品的储存或运输为目的的包装。它主要在厂家与分销商、卖场之间流通，便于产品的搬运与计数。在设计时，并不是重点，只要注明产品的数量，发货与到货日期、时间与地点等即可。

任务准备

（1）一台装有 Windows 7 的计算机，且安装了 Photoshop CS6 软件。

（2）本任务素材图片。

任务实施

一、制作背景

步骤 1 绘制如图 3-3-1 所示的包装结构图

步骤 2 按【Ctrl + R】组合键，在图像窗口中显示标尺，选择移动工具，从标尺上拖出辅助线，如图 3-3-2 所示.

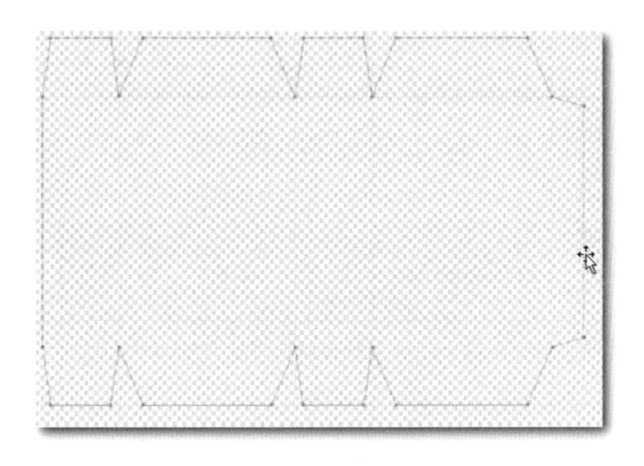

图 3-3-1　包装结构图

图 3-3-2　拖出辅助线

步骤 3 单击“路径”面板按钮，新建“路径 1”。隐藏“背景”图层，选择工具箱钢笔工具，沿着辅助线绘制路径，如图 3-3-3 所示，并将图形填充为白色，手提袋两侧填充为 #e8f6dd.

步骤 4 选择“图层”|“创建剪贴蒙版”命令，或按【Ctrl + Alt + G】组合键创建剪贴蒙版，如图 3-3-4 所示，多余图像被隐藏。

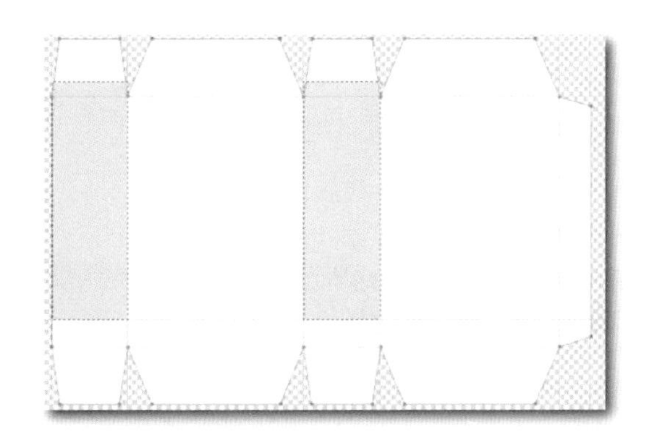

图 3-3-3　填充路径

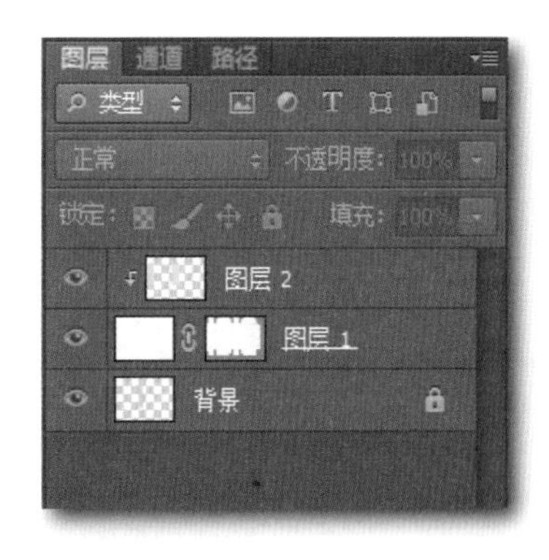

图 3-3-4　创建剪贴蒙版

步骤 5 新建“图层 3”，选择工具箱矩形选框工具，按住【Shift】键沿着辅助线绘制两个矩形选区，选择工具箱渐变工具设置前景色为 # 96c570，背景色为白色，按住【Shift】键从选区顶端至底端拉一直线，填充“前景色到背景色渐变’，如图 3-3-5 所示。

二、绘制茶叶

步骤 1 新建一个图层，重命名为“茶叶”，新建“路径 2”，选择工具箱中的钢笔工具，绘制如图 3-3-6 所示。

图 3-3-5 线性渐变效果

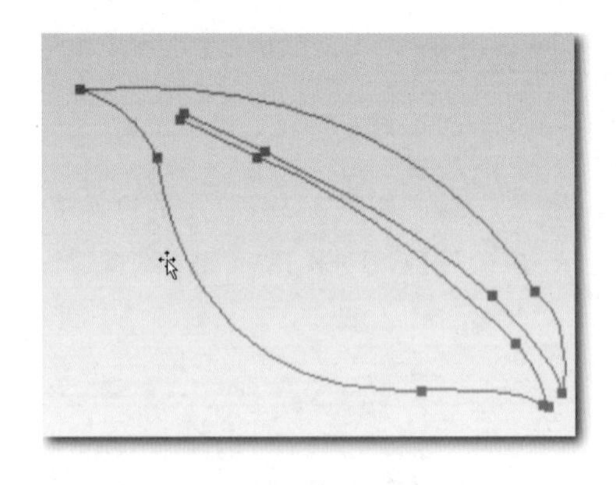

图 3-3-6 叶状路径

步骤 2 按【Ctrl + Enter】组合键，将路径作为选区载入，得到选区。设前景色为 #6a9a44，选择工具箱中的渐变工具，使用“前景色到透明渐变”，从选区左上角至右下角进行拖动，效果如图 3-3-7 所示。

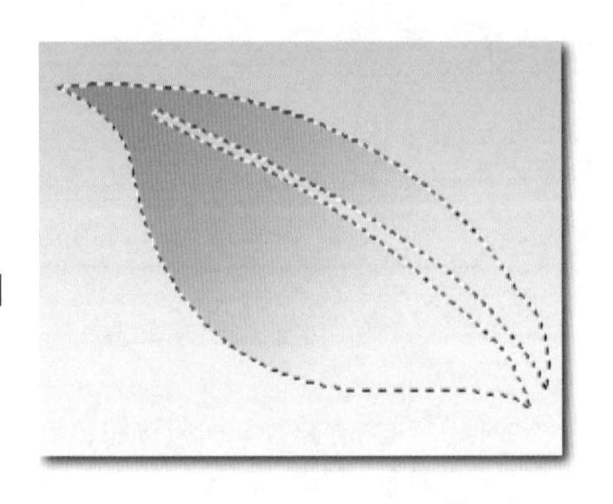

图 3-3-7 填充线性渐变

步骤 3 按【Ctrl + D】组合键取消选择。按【Ctrl + J】组合键复制几个“茶叶”，分别对几个“茶叶”按【Ctrl + T】组合键调整大小和位置，如图 3-3-8 所示.

步骤 4 按【Ctrl + O】组合键，打开茶园图像素材，将素材拖入手提袋窗口，对齐茶树图底端与包装盒底端，如图 3-3-9 所示。

图 3-3-8 茶叶图层

图 3-3-9 添加素材

三、制作标志

步骤 1 新建一个 350 × 600 像素的文件，设置前景色为 #9dc979，背景色为 #d3e7c4，从画布顶端到底端填充前景到背景的渐变，中间绘制一个黑色圆角矩形，边框描边为白色，如图 3-3-10 所示

步骤 2 选择工具箱中的减淡工具，在工具属性选项栏中设置画笔直径为 25 像素，选择“阴影”范围，设置曝光度为 50 %，在黑色圆角矩形上施动鼠标，局部减淡图像的色调，如图 3-3-11 所示。

图 3-3-10　绘制黑色圆角矩形　　　图 3-3-11　局部减淡图像

步骤 3 选择“滤镜”|“素描”|“绘图笔”命令和“撕边”命令，“绘图笔”对话框及“撕边”对话框设置参数如图 3-3-12 所示。

步骤 4 在矩形上方，输入“云雾”两字，填充白色，并将文字栅格化，如图 3-3-13 所示。

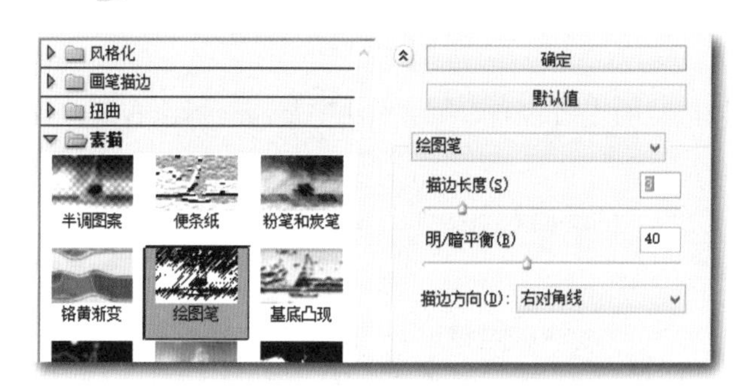

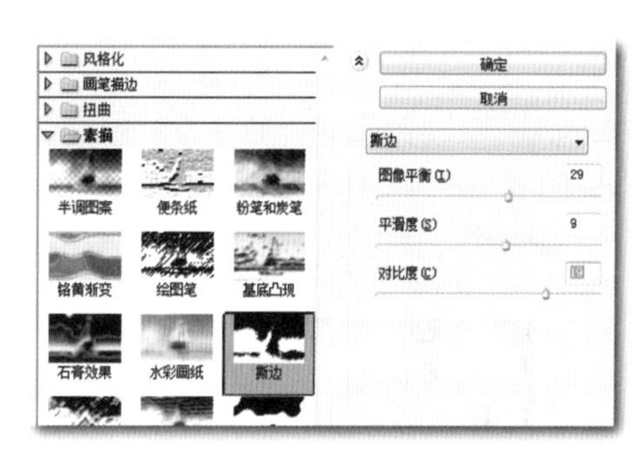

图 3-3-12　“绘图笔”及“撕边”对话框

步骤 5 选择工具箱中的魔棒工具，容差设为 32，在白色文字上单击，将白色去掉得到镂空效果，如图 3-3-14 所示。

图 3-3-13　输入文字　　　图 3-3-14　镂空文字

步骤 6 执行“图层”|“图层样式”|“颜色叠加”命令，参数设置如图 3–3–15 所示，叠加颜色为# 205628

步骤 7 选择工具箱中的直排文字工具，输入“张家界绿茶”文字，在标志下方输入茶叶介绍文字，如图 3–3–16 所示。

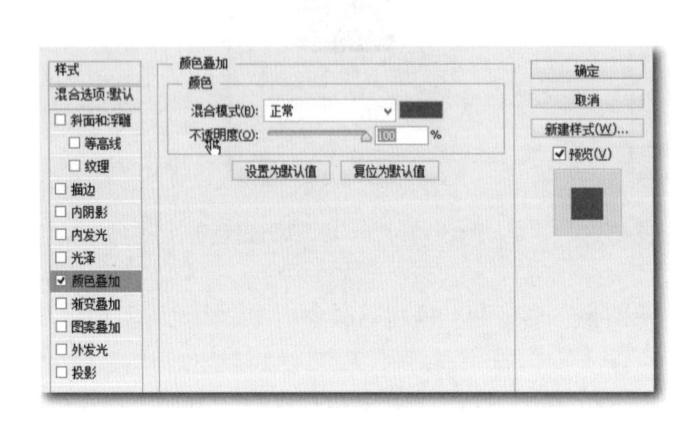

图 3–3–15 更改图层样式

图 3–3–16 输入说明文字

步骤 8 将制作完成的标志添加至手提袋包装的正面和侧面，将书法字复制至标志右下方位置，如图 3–3–17 所示。

步骤 9 复制得到另一侧面和正面图像，完成后的平面效果图如图 3–3–18 所示。

图 3–3–17 加文字标志

图 3–3–18 平面效果图

四、制作立体效果图

步骤 1 新建一个 10cm × 8cm 大小的图像文件，分辨率为 300 像素 / 英寸，设置前景色为 #2e580b，背景为白色，选择工具箱中的渐变工具，使用“前景色到背景色渐变”在背景图层中填充从上到下的线性渐变，效果如图 3–3–19 所示。

步骤 2 打开前面制作的手提袋包装平面展开图，隐藏背景图层，选择图层面板最上面的图层，按【Ctrl + Alt + Shift + E】组合键，“盖印”所有可见图层，按【Ctrl + ;】组合键隐藏辅助线，选择工具箱中的矩形选框工具框选图像，分别框选出一个正面、一个侧面、两个倒角图像并复制到新建图层，如图 3-3-20 所示。

图 3-3-19 绘制渐变

图 3-3-20 分割图形

步骤 3 选择工具箱中的移动工具，将正面、侧面和两个倒角图像拖动到立体效果图窗口，按【Ctrl + T】组合键开启自由变换，分别扭曲变换各图像如图 3-3-21 所示。

步骤 4 选择背景图层为当前图层，新建一个图层，选择工具箱中的多边形套索工具，创建如图 3-3-22 所示选区并填充白色，制作出手提袋内侧面效果。使用相同的方法制作右内侧面效果，如图 3-3-23 所示。

图 3-3-21 变换图像

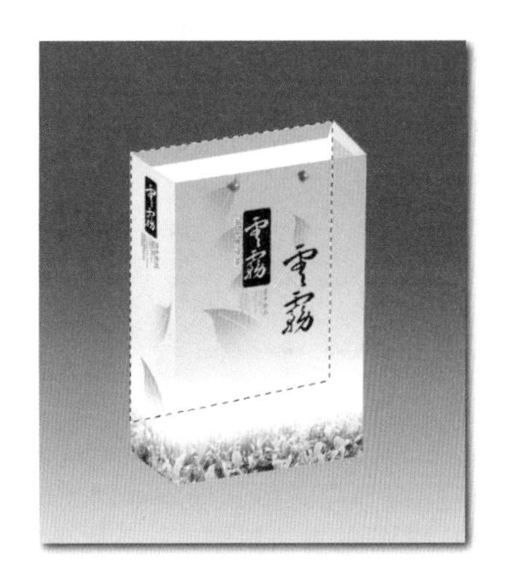

图 3-3-22 制作出手提袋内侧面效果

步骤 5 选择图层面板最上面的图层为当前图层，新建一个图层，选择工具箱中的画笔工具，设置画笔大小为 30 像素，硬度为 50%，不透明度为 100%，前景色为 #325c0f，绘制出手提袋 4 个穿绳孔，如图 3-3-24 所示。

步骤 6 继续新建一个图层，选择工具箱中的钢笔工具，单击工具属性选项栏中的“路径”按钮，绘制如图 3-3-25 所示的两条路径。

步骤 7 选择工具箱中的路径选择工具，选择前面那条路径，选择画笔工具，设置画笔大小为 15 像素，硬度为 100 %，不透明度为 100 %，设置前景色为 #lf5327，单击路径面板“用画笔描边路径”按钮，打开图层样式面板，选择“斜面与浮雕”样式，设置参数如图 3-3-26 所示。

图 3-3-23　制作出手提袋右内侧面效果

图 3-3-24　制作穿绳孔

图 3-3-25　绘制路径

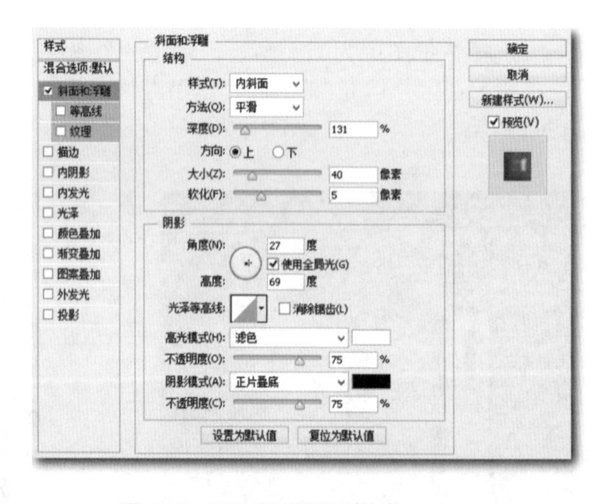

图 3-3-26　设置图层样式

步骤 8 添加样式后的效果如图 3-3-27 所示，使用同样的方法制作另一条提绳，其图层样式参数设置如图 3-3-28 所示，手提袋包装立体效果图全部制作完成，最终效果如图 3-3-29 所示

图 3-3-27　应用图层样式后效果

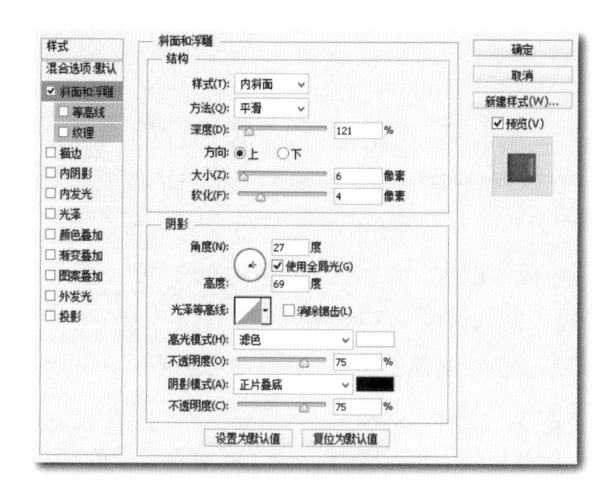

图 3-3-28　设置图层样式

图 3-3-29　立体包装袋效果

知识拓展

包装设计是以商品的保护、使用及促销为目的，将科学的、社会的、艺术的、心理的诸要素综合起来的专业设计学科。其内容主要有容器造型设计、结构设计、装潢设计等。不同类型的商品应选择合适的包装材料常用包装材料如下：

① 塑料袋：“美国线”一般要求热封口，材质为高压的 PE 料，除非客户有指定要求，否则不允许用 PP 料。

② OPP 袋：透明度好，但属脆性，易破裂，多用于蜡烛、小玩具等产品的包装，“欧洲线”客人常要求使用这种包装袋。

③ 彩盒：分为有瓦楞彩盒和无瓦楞彩盒，

④ 普通棕色瓦楞盒：常用的为 3 层瓦楞盒和 5 层瓦楞盒，产品包装好后，一般要用胶带封口。

⑤ 白盒：可分为有瓦楞（3 层或 5 层）白盒和无瓦楞白盒，产品包装后一般要用胶带封口。

⑥ 展示盒：其种类较多，主要有彩色展示盒，带 PVC 盖的展示盒等，通过该包装可直观地看到包装盒内的产品。

⑦ 塑料袋 + 吊卡：一般称 PBH。

⑧ 吸塑卡：Blister Card，简称 BC。

⑨ PVC 盒或 PVC 桶。

⑩ 收缩膜；也称热缩膜，小玩具、蜡烛等产品用此类包装较多。

⑪ 挂卡。

⑫ 蛋隔盒。

⑬ 背卡。

⑭ 礼品盒；多用于首饰、文具等产品的包装，种类较多。

技能拓展

四川“竹叶青”茶业有限公司为明前春茶的全面上市，以“新店面”“新产品”“新春茶”“三新”全面出击春茶市场。其包装设计如下所示。

1. 标志设计

“竹叶青”是竹叶青茶业独家拥有的茶叶品类资源。企业及品牌识别设计以“竹叶青”独有的修长茶叶形态，拼凑成一个“竹”字，表现产品属性及其专有特色。而LOGO中圆形的线条代表品尝竹叶青时专用的透明玻璃茶杯。“竹”字浮在茶杯中，象征竹叶青茶叶垂直浮在水中的状态，充分表现出一种休闲、平和的意境。除了把竹叶青睿智、内敛的品牌个性流露出来，还显现出“平常心”的品牌理念。整个设计线条简约流畅，茶叶造型清雅修长，配以青绿色为品牌主色，一种品茶时闲适、舒服、自然的状态跃然于眼前。效果如图3-3-30 所示。

2. 铁盒包装欣赏

“论道”铁盒装，在比例匀称的正方铁盒上印上《道德经》中的文字，设计简约，散发大气；而品味铁盒装利用不同大小的标志拼凑成时尚活力的图案，在无序间看到有序的系统，把图案应用在绿色长形铁盒上，既时尚又富冲击力，代表品牌年轻活力的一面；静心铁盒装则是紧扣的标志排列成一行整齐的图案，有源源不绝的含意，散发大气。效果如图3-3-31 所示。

图3-3-30　标志设计

图3-3-31　铁盒包装

3. 木盒包装欣赏

日本禅味的原木盒，配以《道德经》摘章与水晶玻璃棒缀饰，看上去如同珍藏贵重书画卷轴的长形锦盒，超越了茶叶作为健康饮品的传统价值，成为一种品位与文化的象征，效果如图3-3-32 所示。

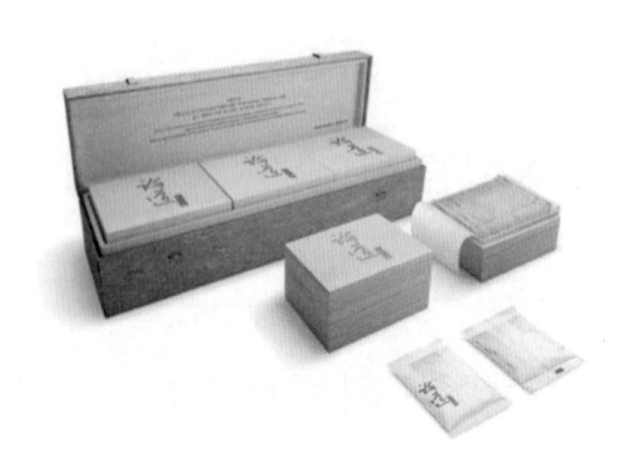

图3-3-32　木盒包装

任务总结

通过本任务的实施，应掌握下列知识和技能：

- 包装设计的方法和技巧（重点）；
- 包装设计的流程；
- 常用的包装材料。

课后练习

1. 请进行一定的市场调查，为当地的一款绿茶进行包装设计。
2. 请为一款手帕纸进行包装设计，包装材料任选，注意设计合理，符合大众消费心理。